DIE GRUNDLEHREN DER MATHEMATISCHEN WISSENSCHAFTEN

IN EINZELDARSTELLUNGEN MIT BESONDERER BERÜCKSICHTIGUNG DER ANWENDUNGSGEBIETE

GEMEINSAM MIT

W. BLASCHKE
HAMBURG

M. BORN
GÖTTINGEN

C. RUNGE
GÖTTINGEN

HERAUSGEGEBEN VON

R. COURANT
GÖTTINGEN

BAND XXXII

VORLESUNGEN ÜBER GRUNDLAGEN DER GEOMETRIE

VON

KURT REIDEMEISTER

SPRINGER-VERLAG

BERLIN · HEIDELBERG · NEW YORK

1968

VORLESUNGEN ÜBER

GRUNDLAGEN DER GEOMETRIE

VON

KURT REIDEMEISTER

BERICHTIGTER NACHDRUCK

MIT 37 TEXTFIGUREN

SPRINGER-VERLAG

BERLIN · HEIDELBERG · NEW YORK

1968

Prof. Dr. Kurt Reidemeister

Mathematisches Institut der Universität Göttingen

ISBN-13: 978-3-642-88673-7   e-ISBN-13: 978-3-642-88672-0

DOI: 10.1007/978-3-642-88672-0

Titel Nr. 5015

HANS HAHN

ZUGEEIGNET

Vorwort.

Das vorliegende Buch ist den Grundlagen der linearen Geometrie gewidmet. Im ersten Teil wird, der Idee des Erlanger Programms von FELIX KLEIN gemäß, die Kongruenz und Invarianz bezüglich beliebiger Gruppen von Transformationen diskutiert und nach Erörterung der Körperaxiome die n-dimensionale lineare Geometrie über Schiefkörpern aus den Gruppen linearer Transformationen erklärt. Daß der gruppentheoretische Aufbau hier zu den Grundlagen gezählt ist, wird, hoffe ich, durch die logisch exakten Formulierungen in Kapitel 1 gerechtfertigt.

Im zweiten Teil handelt es sich um die Axiomatik der ebenen linearen Geometrie, im wesentlichen also um die Auswertung des Satzes von DESARGUES und des Satzes von PASCAL. Die Bedeutung dieser Sätze für die affine Geometrie ist vor allem durch HILBERTS klassisches Werk über die Grundlagen der Geometrie klargestellt. Der DESARGUESsche Satz besagt, daß die Streckenverhältnisse der Ebene einen Schiefkörper bilden, der PASCALsche Satz besagt, daß sie einen Körper bilden. Der Beweis für diese beiden Tatsachen läßt sich aber auf mannigfache Weise anordnen. Und es erschien mir daher wichtig und lehrreich, dem Grund dieser verschiedenen Möglichkeiten nachzuspüren. Es mußte sich doch jedes Verknüpfungsgesetz der Streckenrechnung in einem wohlbestimmten Schließungssatze sichtbar machen und die logische Abhängigkeit dieser Schließungssätze voneinander feststellen lassen.

Glücklicherweise haben nun diese Schließungssätze auch von anderer Seite her Interesse. W. BLASCHKE hat auf dem Mathematiker-Kongreß in Bologna die Vermutung ausgesprochen, daß die Theorie der Kurvengewebe auch für die Grundlagen der Geometrie fruchtbar werden könnte. Das bestätigte sich hier. Die meisten Schließungssätze, auf die man durch den oben angegebenen Gedanken geführt wird, sind Konfigurationen aus Geraden, die einem Gewebe aus drei oder vier Geradenbüscheln angehören. So könnte man den zweiten Teil des vorliegenden Buches geradezu als eine Axiomatik dieser Gewebe bezeichnen. Ich möchte aber betonen, daß ich nur solche Sätze über Gewebe aufgenommen habe, die mir auch von seiten der ebenen Geometrie wertvoll erschienen.

Spezielle Vorkenntnisse aus der höheren Mathematik werden nirgends vorausgesetzt. Natürlich muß der Leser mit analytischer Geometrie vertraut und für abstrakte Gedanken zugänglich sein. Fräulein FEHRENZ und den Herren BLASCHKE, R. BRAUER, PODEHL, THOMSEN danke ich für Ratschlag und Hilfe.

Königsberg, im Juni 1930.   KURT REIDEMEISTER.

Inhaltsverzeichnis.

Teil I.

Analytischer Aufbau der Geometrie.

Einleitung.

Kapitel 1.

Gruppen von Transformationen.

Kapitel 2.

Grundlagen der Algebra.

Kapitel 3.
Affine Geometrie.

Teil II.
Axiomatischer Aufbau der Geometrie.
Einleitung.

Kapitel 4.
Gewebe und Gruppen.

Kapitel 5.
Die Vektoren der affinen Ebene.

Kapitel 6.

Gewebe und Zahlensysteme.

Kapitel 7.

Affine und projektive Geometrie.

Abschnitt 3 von Kapitel 1 z. B. wird mit **1, 3**, Abschnitt 2 der Einleitung zu Teil I mit $I, 2$ zitiert.

Teil I.

Analytischer Aufbau der Geometrie.

Einleitung.

1. Geometrie als Analysis.

Die analytische Geometrie der euklidischen Ebene entsteht, indem jedem Punkt der Ebene mit Hilfe eines Koordinatensystems zwei Zahlen, die Koordinaten des Punktes, zugeordnet und die geometrischen Beziehungen von Punkten in analytischen Beziehungen ihrer Koordinaten ausgedrückt werden. Jedem Satz der Geometrie entspricht alsdann ein bestimmter Satz der Analysis und jedem geometrischen Beweise eines geometrischen Satzes ein bestimmter analytischer Beweis eines analytischen Satzes. Das Umgekehrte aber ist nicht der Fall: es sind nur ganz spezielle Sätze der Analysis, die sich als Sätze der euklidischen Geometrie aussprechen lassen, und es ist daher nichts natürlicher, als nach einem Kennzeichen dieser Sätze — nach einer Kennzeichnung der analytischen Geometrie innerhalb der Analysis, zu fragen.

Diese Kennzeichnung wäre aber auch für die Geometrie selbst von großer Bedeutung; denn ist sie gelungen, so ist damit auch ein Weg angegeben, unabhängig von der Raumanschauung das Gebäude der Geometrie zu errichten.

Die Lösung dieses Problems, die hier behandelt werden soll, ist die folgende: Wir wissen, daß die analytische euklidische Geometrie eng mit gewissen Transformationen, den Bewegungen, zusammenhängt; wir werden sehen, daß sie sich mittels dieser Transformationen definieren läßt. Dem tieferen Grund dieses Zusammenhanges zwischen Geometrie und Transformationen nachzugehen, ist das Ziel des ersten Kapitels. Vor weiteren allgemeinen Erwägungen geben wir sogleich genau die analytische Aufgabe an, als deren Lösung wir die euklidische Geometrie betrachten wollen.

2. Kongruenz und Bewegungen.

x_1, x_2 seien zwei reelle Zahlen. Jedem Paar reeller Zahlen wird durch eine Transformation B der Schar

$$\begin{aligned} \bar{x}_1 &= x_1 \cos \alpha - x_2 \sin \alpha + a_1 \\ \bar{x}_2 &= x_1 \sin \alpha + x_2 \cos \alpha + a_2\,, \end{aligned}$$

(B)

wo α, a_1, a_2 ebenfalls reelle Zahlen sind, ein bestimmtes gleiches oder anderes Paar reeller Zahlen $\bar{x}_1$, $\bar{x}_2$ zugeordnet. Die Transformationen B mögen „*Bewegungen*" heißen.

Die Gesamtheit der Zahlenpaare $x_1^{(i)}$, $x_2^{(i)}$ ($i = 1, 2, \ldots, n$) bildet eine endliche geordnete Menge $\mathfrak{M}$ von n Zahlenpaaren — endlich, weil die Anzahl n der Paare endlich ist, geordnet, weil die Zahlenpaare in bestimmter Weise numeriert sind. Durch eine Transformation B aus der Schar (B) wird jeder geordneten Menge $\mathfrak{M}$ von n Zahlenpaaren eine bestimmte andere geordnete Menge

$$\overline{\mathfrak{M}} = B\,(\mathfrak{M}), \quad \text{nämlich} \quad \bar{x}_1^{(i)}, \bar{x}_2^{(i)} \qquad (i = 1, 2, \ldots, n)$$

zugeordnet.

Wir verwenden diese Begriffe zu den folgenden beiden Definitionen:

Def. 1. *Eine Menge $\mathfrak{M}$ ist kongruent zu einer Menge $\overline{\mathfrak{M}}$, in Zeichen*

$$\mathfrak{M} \equiv \overline{\mathfrak{M}},$$

wenn es eine Transformation B aus der Schar (B) *gibt, welche die Menge $\overline{\mathfrak{M}}$ der Menge $\mathfrak{M}$ zuordnet,* d. h. *wenn*

$$\overline{\mathfrak{M}} = B\,(\mathfrak{M}).$$

Def. 2. *Eine Eigenschaft einer Menge $\mathfrak{M}$ ist invariant bezüglich der Schar* (B), *wenn sie mit $\mathfrak{M}$ auch jeder Menge*

$$\overline{\mathfrak{M}} = B\,(\mathfrak{M})$$

zukommt, wo B eine beliebige Transformation der Schar (B) *ist.*

Dann formulieren wir die folgenden beiden Aufgaben:

1. Es sollen die kennzeichnenden invarianten Eigenschaften der Menge $\mathfrak{M}$ angegeben werden. Das heißt, man soll solche invariante Eigenschaften einer Menge $\mathfrak{M}$ angeben, die garantieren, daß jede Menge mit denselben Eigenschaften zu $\mathfrak{M}$ kongruent ist. Oder anders gesagt: es sollen Eigenschaften angegeben werden, in denen zwei Mengen $\mathfrak{M}$ und $\overline{\mathfrak{M}}$ übereinstimmen müssen, damit sie kongruent sind.

2. Es sollen solche invariante Eigenschaften $\mathfrak{E}$ von Mengen angegeben werden, daß umgekehrt die Transformationen (B) *als diejenigen Transformationen gekennzeichnet sind, welche alle Mengen $\mathfrak{M}$ in Mengen $\mathfrak{M}^*$ mit denselben Eigenschaften $\mathfrak{E}$ transformieren.*

Diese Begriffsbildung, diese Fragen und die Antworten auf diese Fragen sind jedermann bekannt, der mit der analytischen Geometrie der Ebene vertraut ist.

Deutet man nämlich x_1, x_2 und $\bar{x}_1$, $\bar{x}_2$ als kartesische Punktkoordinaten bezüglich desselben Koordinatensystems, so bedeuten die Transformationen (B) euklidische Bewegungen. Kongruenten Mengen aus endlich vielen geordneten Punkten entsprechen also im Sinne der Definition (1) kongruente Mengen von Zahlenpaaren und umgekehrt, geometrischen Eigenschaften derartiger Punktmengen — (die ja doch bei Bewegungen erhalten bleiben) — invariante Eigenschaften der Menge ihrer Koordinatenpaare, und die Aufgabe 1 ist sofort so zu beantworten:

1. Alle Mengen, die nur ein Zahlenpaar enthalten, sind zueinander kongruent.

2. Mengen, die zwei Zahlenpaare enthalten, sind dann und nur dann zueinander kongruent, wenn

$$(x_1^{(1)} - x_1^{(2)})^2 + (x_2^{(1)} - x_2^{(2)})^2 = (\bar{x}_1^{(1)} - \bar{x}_1^{(2)})^2 + (\bar{x}_2^{(1)} - \bar{x}_2^{(2)})^2 .$$

3. Mengen aus drei Zahlenpaaren sind kongruent, wenn:

a) die sich entsprechenden Untermengen aus je zwei Zahlenpaaren kongruent sind und außerdem

$$b) \qquad \begin{vmatrix} x_1^{(1)} & x_2^{(1)} & 1 \\ x_1^{(2)} & x_2^{(2)} & 1 \\ x_1^{(3)} & x_2^{(3)} & 1 \end{vmatrix} = \begin{vmatrix} \bar{x}_1^{(1)} & \bar{x}_2^{(1)} & 1 \\ \bar{x}_1^{(2)} & \bar{x}_2^{(2)} & 1 \\ \bar{x}_1^{(3)} & \bar{x}_2^{(3)} & 1 \end{vmatrix}$$

ist[1].

Der Beweis ergibt sich aus dem dritten Kongruenzsatz der euklidischen Geometrie und aus der Erklärung des normierten Flächeninhaltes für Dreiecke mit geordneten Ecken bzw. Dreiecke, für deren Rand noch ein Umlaufssinn festgelegt ist.

4. Mengen aus n Zahlenpaaren sind kongruent, wenn alle Untermengen aus je drei entsprechenden Zahlenpaaren kongruent sind.

Die zweite Frage ist so zu beantworten:

Eine eineindeutige Transformation von Zahlenpaaren, welche die Kongruenz aller Mengen von zwei Paaren und das Vorzeichen einer Determinante, wie unter 3b) angegeben, erhält, ist eine Transformation der Schar (B).

Eine eineindeutige Punkttransformation, welche den Abstand je zweier Punkte unverändert läßt, führt nämlich Gerade in Gerade über; sie erhält die Winkel zwischen je zwei Geraden und ist also eine Bewegung oder aus einer Bewegung und einer Spiegelung zusammengesetzt — je nachdem sie den Umlaufssinn eines Dreiecks erhält oder umkehrt.

Man sieht, daß die rein analytisch definierten Aufgaben, die wir an die Transformationen (B) in natürlicher Weise anknüpfen konnten, in einem wirklich sehr engen Zusammenhange mit der euklidischen Geometrie stehen. Wäre die Bemerkung, daß die geometrischen Eigenschaften einer Punktmenge gerade die invarianten Eigenschaften der Menge der entsprechenden Zahlenpaare und umgekehrt seien, nicht etwas vage, so könnten wir sie geradezu als Definition einer geometrischen

---

[1] Es ist hinreichend für Kongruenz, außer *3a* nur zu fordern, daß das Vorzeichen der beiden in *3b* genannten Determinanten übereinstimmt.

Aussage verwenden. Von der Ausdrucksweise abgesehen, wären dann die analytische euklidische Geometrie und die Untersuchung invarianter Eigenschaften der Mengen $\mathfrak{M}$ dasselbe, und wir brauchten auch tatsächlich nur diese „Eigenschaften" formallogisch genauer zu umgrenzen, um jenen Zusammenhang sauber beschreiben zu können. Die grundlegende geometrische Eigenschaft aber, der Kongruenzbegriff, ist durch Def. 1 bereits vollständig und genau auf analytischem Wege erklärt.

Eine Verallgemeinerung dieses Kongruenzbegriffes liegt auf der Hand: Wir ersetzen die Transformationen (B) durch geeignete andere Scharen von Transformationen. Und es kommt jetzt alles darauf an, zu sehen, wie die Eigenschaften einer Schar von Transformationen und die Eigenschaften des Kongruenzbegriffes zusammenhängen.

3. Transitivität der Kongruenz und Gruppeneigenschaft der Bewegungen.

Wir werden jedenfalls wünschen, daß der einer Schar von Transformationen zugeordnete Kongruenzbegriff *symmetrisch* und *transitiv* sei, d. h. wir möchten, daß die folgenden beiden uns geläufigen Eigenschaften des Kongruenzbegriffes erhalten bleiben:

Satz 1. *Aus* $\mathfrak{M} \equiv \overline{\mathfrak{M}}$ *folgt* $\overline{\mathfrak{M}} \equiv \mathfrak{M}$, *die Kongruenzrelation ist symmetrisch.*

Satz 2. *Aus* $\mathfrak{M} \equiv \overline{\mathfrak{M}}$ *und* $\overline{\mathfrak{M}} \equiv \mathfrak{M}^*$ *folgt* $\mathfrak{M} \equiv \mathfrak{M}^*$, *die Kongruenzrelation ist transitiv.*

Aus Satz 1 und 2 folgt, daß jede Menge zu sich selbst kongruent, d. h. die Kongruenzrelation reflexiv ist. Denn ist $\mathfrak{M} \equiv \overline{\mathfrak{M}}$, so ist nach Satz 1, auch $\overline{\mathfrak{M}} \equiv \mathfrak{M}$ und daher nach Satz 2, wie behauptet, $\mathfrak{M} \equiv \mathfrak{M}$.

Sehen wir zu, wie sich Satz 1 und 2 aus der Definition der Kongruenz in **I**, 2, Def. 1 beweisen läßt. Wir haben zu zeigen:

Zu Satz 1: Gibt es eine Transformation B der Schar (B), so daß

$$\overline{\mathfrak{M}} = B\,(\mathfrak{M}),$$

so gibt es auch eine Transformation B^*, so daß

$$\mathfrak{M} = B^*\,(\overline{\mathfrak{M}}).$$

Zu Satz 2: Gibt es eine Transformation B_1, so daß $\overline{\mathfrak{M}} = B_1\,(\mathfrak{M})$ und eine Transformation B_2, so daß $\overline{\overline{\mathfrak{M}}} = B_2\,(\overline{\mathfrak{M}})$, so gibt es auch eine Transformation B_3, so daß

$$\overline{\overline{\mathfrak{M}}} = B_3\,(\mathfrak{M}).$$

Das folgt aber sofort aus den folgenden Eigenschaften der Schar (B):

I. Ordnet eine Transformation B der Schar (B) den Zahlenpaaren x_1, x_2 die Zahlenpaare $\bar{x}_1$, $\bar{x}_2$ zu, so gibt es auch eine Transformation der Schar, welche den Werten $\bar{x}_1$, $\bar{x}_2$ die Werte x_1, x_2 zuordnet. Diese

Transformation heißt die zur ursprünglichen inverse Transformation und wird mit B^{-1} bezeichnet.

II. Die Schar (B) hat die Gruppeneigenschaft, d. h.: ordnet eine Transformation B_1 den Zahlenpaaren x_1, x_2 die Zahlenpaare $\bar{x}_1$, $\bar{x}_2$ zu und eine zweite Transformation B_2 den Zahlenpaaren $\bar{x}_1$, $\bar{x}_2$ die Zahlenpaare $\bar{\bar{x}}_1$, $\bar{\bar{x}}_2$, so gibt es eine Transformation B_3 der Schar, welche den Zahlenpaaren x_1, x_2 die Zahlenpaare $\bar{\bar{x}}_1$, $\bar{\bar{x}}_2$ zuordnet.

Offenbar kann man bei allen Mengen $B^* = B^{-1}$ nehmen, und daraus ergibt sich die Symmetrie der Kongruenzrelation. Aus der Gruppeneigenschaft folgt, daß es eine Transformation B_3 gibt, für die bei allen Mengen $\overline{\overline{\mathfrak{M}}} = B_3\,(\mathfrak{M})$ gilt und damit die Transitivität der Kongruenz.

4. Überblick.

Die Beweise des vorigen Abschnitts setzen nur die in I und II ausgesprochenen Eigenschaften der Bewegungen (B) voraus, und wir werden Transformationsscharen mit diesen Eigenschaften also zur Definition von symmetrischen und transitiven Kongruenzbegriffen ebensogut wie die Bewegungen verwenden können.

Davon wollen wir uns ausführlich und unmittelbar überzeugen. Da es ganz unwichtig ist, daß diese Transformationen gerade Transformationen von Zahlenpaaren sind, formulieren wir dazu einige zwar abstrakte, aber einfache Sätze über eineindeutige Transformationen von Gegenständen, die Gruppeneigenschaft einer Schar von solchen Transformationen und den Kongruenzbegriff, der sich daraus erklären läßt.

Es zeigt sich dabei, daß wir einen besonders einfachen Ausschnitt aus der euklidischen Geometrie bekommen, wenn wir die Bewegungen in die umfassenderen Gruppen der linearen Transformationen, in die Gruppe der affinen und projektiven Transformationen einbetten und die zugehörige affine und projektive Geometrie bilden. Von da ab ist das Buch der linearen Geometrie gewidmet. Im ersten Teil erfolgt ihr analytischer Aufbau. In Kapitel 2 werden die Grundlagen der Algebra erörtert, in Kapitel 3 wird alsdann die n-dimensionale affine Geometrie entwickelt, indem die in Kapitel 1 dargestellten Prinzipien auf Zahlen-n-Tupel und lineare Transformationen aus Schiefkörpern angewendet werden.

Kapitel 1.

Gruppen von Transformationen.

Einleitung.

Die Gruppeneigenschaft von Transformationen führt auf den Begriff der Gruppe, dessen Bedeutung für Algebra und Geometrie sich im folgenden immer von neuem erweisen wird. Die wichtigsten Geometrien lassen sich geradezu als die Diskussion der Struktur der zugehörigen Gruppe auffassen (vgl. 1, 8 und 1, 9). Einen näheren Einblick in die

Geometrie gewinnen wir durch Einführung des Koordinatenvektors und der natürlichen Koordinaten. Liegen zwei Gruppen von Transformationen desselben Bereiches vor, von denen die eine Untergruppe der anderen ist, so bestehen zwischen den zugehörigen Geometrien einfache Beziehungen, die es uns ermöglichen, die Bedeutung der linearen Transformationen für die euklidische Geometrie zu erklären.

1. Eineindeutige Transformationen.

Es sei eine Klasse $\mathfrak{Z}$ von Gegenständen vorgelegt, die wir mit großen lateinischen Buchstaben $Z_1, Z_2, \ldots$ bezeichnen wollen. Unter $\mathfrak{M}(Z_1, Z_2, \ldots, Z_n)$ verstehen wir die geordnete Menge der n Gegenstände Z_i $(i = 1, 2, \ldots, n)$, in der Reihenfolge ihrer Numerierung. Ist $\mathfrak{M}_1 = \mathfrak{M}(Z_{11}, Z_{12}, \ldots, Z_{1m})$ und $\mathfrak{M}_2 = \mathfrak{M}(Z_{21}, Z_{22}, \ldots, Z_{2n})$, so sei $\mathfrak{M}(\mathfrak{M}_1, \mathfrak{M}_2) = \mathfrak{M}(\mathfrak{M}_1, Z_{21}, \ldots, Z_{2n}) = \mathfrak{M}(Z_{11}, \ldots, Z_{1m}, \mathfrak{M}_2)$ $= \mathfrak{M}(Z_{11}, \ldots, Z_{1m}, Z_{21}, \ldots, Z_{2n})$. Es sei

$$(F) \qquad \overline{Z} = F(Z)$$

eine *eineindeutige Transformation* der Gegenstände, d.h.: Durch F sei jedem Gegenstande Z ein wohlbestimmter Gegenstand $\overline{Z}$ zugeordnet; unter den zugeordneten Werten $\overline{Z}$ mögen alle Gegenstände der Klasse $\mathfrak{Z}$ vorkommen; sind Z_1 und Z_2 verschieden, so seien auch die zugeordneten $\overline{Z}_1$ und $\overline{Z}_2$ verschieden.

Erklären wir die Transformation F^{-1} durch die Festsetzung

$$F^{-1}(\overline{Z}) = Z,$$

so ist dies wieder eine eineindeutige Transformation. Sie heißt die zu F inverse Transformation. Die zu F^{-1} inverse Transformation ist offenbar F selbst, in Zeichen

$$(F^{-1})^{-1} = F.$$

Sind F_1 und F_2 irgend zwei eineindeutige Transformationen und ist

$$\overline{Z} = F_1(Z), \qquad \overline{\overline{Z}} = F_2(\overline{Z}),$$

so ist die Zuordnung

$$\overline{\overline{Z}} = F_3(Z),$$

wieder eine eineindeutige. Wir wollen F_3 das *Produkt der Transformationen* F_1 und F_2 nennen und schreiben dafür

$$F_3 = F_2 F_1.$$

Das Gleichheitszeichen bedeutet die Identität der beiden Transformationen.

2. Das assoziative Gesetz.

Diese Multiplikation der Transformationen genügt einem wichtigen formalen Gesetz. Sind nämlich F_1, F_2 und F_3 drei eineindeutige Transformationen und ist

$$F_{21} = F_2 F_1 \qquad F_{32} = F_3 F_2 \, ,$$

so ist

$$F_3 F_{21} = F_{32} F_1 \, ;$$

dafür schreiben wir auch

$$(A) \qquad F_3 (F_2 F_1) = (F_3 F_2) F_1 \, .$$

Die Richtigkeit dieser Beziehung ist evident. Ist nämlich

$$\overline{Z} = F_1(Z) \, , \quad Z' = F_2(\overline{Z}) \, , \quad Z^* = F_3(Z') \, ,$$

so ist

$$Z' = F_{21}(Z) \, , \quad Z^* = F_{32}(\overline{Z})$$

und daher

$$Z^* = F_3(F_{21}(Z)) = F_{32}(F_1(Z))$$

dieselbe Transformation der Z.

Die formale Wichtigkeit von (A) wird sich bald herausstellen. Man nennt eine *Multiplikation, für die (A) erfüllt ist, assoziativ, (A) selbst das assoziative Gesetz.* (A) hat zur Folge, daß man von dem Produkt dreier Transformationen in einer bestimmten Reihenfolge, F_3, F_2, F_1, sprechen kann. Man folgert sehr leicht, daß auch von dem Produkt von $4, 5, \ldots$ eineindeutigen Transformationen in einer bestimmten Reihenfolge zu sprechen erlaubt ist; da z. B.

$$(F_4 F_3)(F_2 F_1) = F_4(F_3(F_2 F_1)) = F_4((F_3 F_2) F_1) = (F_4(F_3 F_2)) F_1$$
$$= ((F_4 F_3) F_2) F_1$$

können wir einfach die Klammern fortlassen.

Allgemein beweist man dies leicht durch vollständige Induktion. Sei also das Produkt von n Transformationen

$$F_n F_{n-1} \cdots F_1$$

als eindeutig erkannt. Einem Produkt von $n + 1$ Transformationen sei dadurch eine bestimmte Bedeutung verliehen, daß die Elemente $F_{n+1} \cdots F_{\nu+1}$ und $F_\nu \cdots F_1$ durch eine Klammer zusammengefaßt werden; die Verteilung der übrigen Klammern ist dann nach Voraussetzung gleichgültig. Sei nun $\nu > 1$. Dann ist

$$(F_{n+1} \cdots F_{\nu+1})(F_\nu \cdots F_1) = (F_{n+1} \cdots F_{\nu+1})(F_\nu(F_{\nu-1} \cdots F_1))$$

nach (A) gleich

$$((F_{n+1} \cdots F_{\nu+1}) F_\nu)(F_{\nu-1} \cdots F_1) = (F_{n+1} \cdots F_\nu)(F_{\nu-1} \cdots F_1) \, .$$

Indem wir nacheinander alle Elemente $F_{\nu-1}, \ldots, F_2$ in die linke Klammer hineinbringen, erkennen wir

$$(F_{n+1} \cdots F_{\nu+1})(F_\nu \cdots F_1) = (F_{n+1} \cdots F_2) F_1$$

und daraus folgt die Behauptung unmittelbar.

Beispiel: Nehmen wir eine Klasse $\mathfrak{Z}$, die nur endlich viele Gegenstände $Z_1, \ldots, Z_m$ enthält, so entspricht jeder Transformation $F(Z) = \bar{Z}$ oder ausführlicher

$$F(Z_i) = Z_{n_i} \qquad\qquad (i = 1, 2, \ldots, m)$$

eine bestimmte Permutation

$$\begin{pmatrix} 1\,2\,\ldots\,m \\ n_1\,n_2\,\ldots\,n_m \end{pmatrix}$$

und umgekehrt: nach Numerierung der Z auch jeder Permutation eine Transformation F. Der Zusammensetzung zweier Transformationen entspricht das Produkt dieser Permutationen.

3. Gruppen.

Es sei jetzt eine Schar $\mathfrak{F}$ von eineindeutigen Transformationen von $\mathfrak{Z}$ gegeben, welche die beiden folgenden Eigenschaften besitzt:

1. Kommt die Transformation F in der Schar $\mathfrak{F}$ vor, so kommt auch die zu F inverse Transformation F^{-1} in $\mathfrak{F}$ vor.

2. Kommen die Transformationen F_1 und F_2 in $\mathfrak{F}$ vor, so kommt auch das Produkt $F_1 F_2$ in $\mathfrak{F}$ vor (Gruppeneigenschaft von $\mathfrak{F}$).

Eine solche Schar $\mathfrak{F}$ bildet eine *Gruppe*. Eine Klasse $\mathfrak{F}$ von Elementen F, für die eine Kompositionsvorschrift erklärt ist, heißt nämlich eine Gruppe, wenn die folgenden Aussagen über sie richtig sind:

Γ. 1. Die Komposition $F_1 F_2$ irgend zweier Elemente der Klasse ist stets ausführbar (d. h. $F_1 F_2$ ist ein Element der Klasse).

Γ. 2. Das assoziative Gesetz der Komposition ist erfüllt:

$$(F_1 F_2)\, F_3 = F_1 (F_2 F_3)\,.$$

Γ. 3. Es gibt ein Einheitselement, d. h. ein Element E, für das stets $FE = EF = F$ ist.

Γ. 4. Es gibt zu jedem Element F ein inverses Element F^{-1}, für das $FF^{-1} = E$ ist.

Γ. 1 bis *Γ. 4* heißen die Gruppenaxiome.

Γ. 3 ist erfüllt, wenn wir zu der Schar $\mathfrak{F}$ die identische Transformation, welche jeden Gegenstand Z sich selber zuordnet, mit hinzunehmen.

Γ. 4 folgt dann aus der Eigenschaft 1, *Γ. 1* aus der Gruppeneigenschaft von $\mathfrak{F}$, *Γ. 2* aus der Formel (A) des vorigen Abschnitts.

Das einfachste Beispiel einer Gruppe von Transformationen bildet die Gesamtheit der Permutationen von m Gegenständen. Die natürlichen positiven und negativen Zahlen mit Einschluß der Null bilden eine Gruppe, wenn die Addition als Komposition genommen wird. Die positiven rationalen Zahlen bilden eine Gruppe, wenn die Multiplikation der Zahlen als Komposition genommen wird.

Daß sich aus jeder Gruppe auch Gruppen von Transformationen gewinnen lassen, wird in **1, 9** und **1, 10** ausgeführt werden.

Einige Folgerungen aus der Definition der Gruppe:

In einer Gruppe gibt es nur ein Einheitselement. Ist nämlich E^* ein Element, für das stets

$$E^* F = F E^* = F$$

ist, so ist EE^* einerseits gleich E und andererseits gleich E^*, also $E = E^*$.

Zu einem Element F^{-1} gibt es nur ein Element X, für das

$$F^{-1} X = E$$

ist, und zwar ist

$$X = F;$$

denn für ein solches X ist

$$FF^{-1} X = FE = F,$$

also

$$X = F.$$

Aus $FF^{-1} = E$ folgt danach $F^{-1} F = E$. Ferner gibt es zu jedem F nur ein einziges inverses Element, denn aus $FF^* = E$ folgt durch Multiplikation mit F^{-1}

$$F^{-1} F F^* = F^{-1}$$

und daraus

$$F^* = F^{-1}.$$

F^{-1} ist also ein eindeutiges Symbol und

$$(F^{-1})^{-1} = F.$$

Gilt für die Komposition stets

$$F_1 F_2 = F_2 F_1,$$

so heißt die Gruppe eine *kommutative Gruppe*.

4. Untergruppen. Isomorphismen.

Bilden die Elemente $F^{(1)}$ eine Gruppe $\mathfrak{F}^{(1)}$ und gehören alle $F^{(1)}$ auch zu der Gruppe $\mathfrak{F}$, aber nicht alle Elemente von $\mathfrak{F}$ auch zu $\mathfrak{F}^{(1)}$, so heißt $\mathfrak{F}^{(1)}$ eine *Untergruppe* von $\mathfrak{F}$.

Ist F_0 irgend ein Element aus $\mathfrak{F}$ und durchläuft $F^{(1)}$ alle Elemente von $\mathfrak{F}^{(1)}$, so bildet die Gesamtheit der Elemente

$$F_0 F^{(1)} F_0^{-1},$$

die mit $F_0 \mathfrak{F}^{(1)} F_0^{-1}$ bezeichnet werde, ebenfalls eine Gruppe. In der Tat, ist

$$F_1^{(1)} F_2^{(1)} = F_3^{(1)},$$

so ist auch

$$(1) \qquad (F_0 F_1^{(1)} F_0^{-1})(F_0 F_2^{(1)} F_0^{-1}) = F_0 F_3^{(1)} F_0^{-1}.$$

$F_0 \mathfrak{F}^{(1)} F_0^{-1}$ heißt eine zu $\mathfrak{F}^{(1)}$ *konjugierte Untergruppe* von $\mathfrak{F}$. Die Gesamtheit der zu $\mathfrak{F}^{(1)}$ konjugierten Untergruppen bilden eine *Klasse konjugierter Untergruppen*. $\mathfrak{F}^{(1)}$ und $F_0 \mathfrak{F}^{(1)} F_0^{-1}$ bestimmen dieselbe Klasse konjugierter Untergruppen. Formal verschiedene, ja sogar alle der zu $\mathfrak{F}^{(1)}$ konjugierten Gruppen können natürlich mit $\mathfrak{F}^{(1)}$ identisch sein.

Durch

$$(2) \qquad\qquad F_0 F F_0^{-1} = F'$$

wird jedem Elemente F aus $\mathfrak{F}$ ein wohl bestimmtes Element F' aus $\mathfrak{F}$ zugeordnet. Umgekehrt entspricht aber auch jedem F' ein wohl bestimmtes F; denn es ist

$$F_0^{-1} F' F_0 = F.$$

Nach der Gleichung (1) folgt weiter sofort: Ist

$$(3) \qquad\qquad F_1 F_2 = F_3 .$$

so ist auch

$$(4) \qquad\qquad F_1' F_2' = F_3' .$$

Jede eineindeutige Abbildung $J(F) = F'$ der Gruppenelemente, für welche aus (3) auch (4) folgt, heißt ein *Automorphismus* der Gruppe. Die Abbildung (2) ist also ein Automorphismus; sie wird ein *innerer Automorphismus* genannt. Zwei Automorphismen lassen sich als eineindeutige Abbildungen hintereinander ausführen oder miteinander multiplizieren. Die Produkttransformation und ebenso die inverse Transformation ist wieder ein Automorphismus. Die Automorphismen einer Gruppe bilden also selbst eine Gruppe. Das Einheitselement derselben ist der Automorphismus, bei dem jedes Element sich selbst zugeordnet wird.

Sind zwei Gruppen $\mathfrak{F}$ und $\mathfrak{G}$ vorgelegt und lassen sich die Elemente F von $\mathfrak{F}$ den Elementen G von $\mathfrak{G}$ eineindeutig so zuordnen, daß aus $F_1 F_2 = F_3$ für die entsprechenden Elemente $G = J(F)$ auch $G_1 G_2 = G_3$ folgt, so heißen die Gruppen $\mathfrak{F}$ und $\mathfrak{G}$ zueinander isomorph und $G = J(F)$ ein *Isomorphismus* zwischen den Gruppen $\mathfrak{F}$ und $\mathfrak{G}$. Zwei isomorphe Gruppen haben die gleiche Struktur, d. h. zwei solche Gruppen können sich nur durch Eigenschaften unterscheiden, die auf die Kompositionsvorschrift für ihre Elemente keinen Einfluß haben.

5. Kongruenz.

Wir erklären nun an **1, 1** anknüpfend ähnlich wie in *I,* 2 wieder den Kongruenzbegriff für die geordneten Mengen $\mathfrak{M}$. Ist

$$\mathfrak{M} = \mathfrak{M}(Z_1, \ldots, Z_n) \quad \text{und} \quad \overline{\mathfrak{M}} = \mathfrak{M}(F(Z_1), \ldots, F(Z_n)),$$

so schreiben wir dafür auch

$$(1) \qquad\qquad \overline{\mathfrak{M}} = F(\mathfrak{M})$$

und erklären:

$\mathfrak{M}$ *ist kongruent zu* $\overline{\mathfrak{M}}$ *bezüglich der Schar* $\mathfrak{F}$, *in Zeichen*

$$\mathfrak{M} \equiv \overline{\mathfrak{M}},$$

wenn es eine Transformation F *aus* $\mathfrak{F}$ *gibt, für die* (1) *erfüllt ist.* Wir nennen eine Eigenschaft einer Menge oder eine Beziehung zwischen Mengen *invariant* gegenüber $\mathfrak{F}$, wenn sie mit $\mathfrak{M}$ auch jeder kongruenten Menge $\overline{\mathfrak{M}}$ zukommt.

Offenbar läßt sich dann ganz wie oben *I*, 3 beweisen: Bildet die Schar $\mathfrak{F}$ eine Gruppe von Transformationen, so ist die Kongruenz bezüglich $\mathfrak{F}$ symmetrisch und transitiv, d. h.

$$\text{aus } \mathfrak{M} \equiv \overline{\mathfrak{M}} \quad \text{folgt} \quad \overline{\mathfrak{M}} \equiv \mathfrak{M}$$

und

$$\text{aus } \mathfrak{M} \equiv \overline{\mathfrak{M}}, \quad \overline{\mathfrak{M}} \equiv \overline{\overline{\mathfrak{M}}} \quad \text{folgt} \quad \mathfrak{M} \equiv \overline{\overline{\mathfrak{M}}}.$$

Wegen dieser beiden Sätze sind alle zu $\mathfrak{M}$ kongruenten Mengen auch untereinander kongruent. Dies veranlaßt uns zu der folgenden Begriffsbildung. Unter $\mathfrak{m}\,[\mathfrak{M}]$ wollen wir die Gesamtheit der zu $\mathfrak{M}$ kongruenten Mengen verstehen. Ist

$$\mathfrak{M} \equiv \overline{\mathfrak{M}}, \quad \text{so ist} \quad \mathfrak{m}\,[\mathfrak{M}] = \mathfrak{m}\,[\overline{\mathfrak{M}}],$$

d. h. so ist die Gesamtheit der zu $\mathfrak{M}$ kongruenten Mengen mit den zu $\overline{\mathfrak{M}}$ kongruenten Mengen identisch, und umgekehrt. Das folgt aus der Transitivität der Kongruenz. Diese formale Bildung gibt uns ein Mittel an die Hand, um später in systematischer Weise Begriffe wie „Maßzahl der Länge einer Strecke" oder kürzer „Länge einer Strecke", „Koordinatenvektor" und „natürliche Koordinaten" zu bilden.

Satz 1: *Die Kongruenzbeziehung zwischen zwei Mengen ist eine invariante Beziehung.* Denn aus $\mathfrak{M} \equiv \overline{\mathfrak{M}}$ folgt $F\,(\mathfrak{M}) \equiv F\,(\overline{\mathfrak{M}})$ für alle F aus $\mathfrak{F}$. Ist nämlich $\overline{\mathfrak{M}} = F_0\,(\mathfrak{M})$, so ist

$$F\,(\overline{\mathfrak{M}}) = F\,F_0\,F^{-1}\,(F\,(\mathfrak{M})).$$

Der Zusammenhang zwischen kongruenten Mengen und Transformationen wird durch die folgenden Sätze verdeutlicht:

Satz 2: *Die Transformationen* F, *welche die Elemente* Z *einer Menge* $\mathfrak{M}$ *in sich überführen, bilden eine Gruppe.*

In der Tat, wenn F die $Z_1, Z_2, \ldots, Z_n$ sich selbst zuordnet, so ordnet auch die inverse Funktion F^{-1} diese Elemente sich selbst zu, und wenn F_1 und F_2 die Elemente $Z_1, Z_2, \ldots, Z_n$ sich selbst zuordnen, so ordnet auch $F_2 F_1$ diese Elemente sich selbst zu.

Satz 3: *Sind* $\mathfrak{M}$ *und* $\overline{\mathfrak{M}}$ *kongruente Mengen, so ist die Gruppe von Transformationen, welche* $\overline{\mathfrak{M}}$ *fest läßt, zu der Gruppe von Transformationen, welche* $\mathfrak{M}$ *in sich überführt, konjugiert.*

In der Tat gibt es eine Transformation $\overline{F}$, für die

$$\overline{\mathfrak{M}} = \overline{F}(\mathfrak{M}),$$

und ist $F(\mathfrak{M}) = \mathfrak{M}$, so ist $\overline{\mathfrak{M}} = \overline{F}F(\mathfrak{M})$ oder

$$\overline{\mathfrak{M}} = \overline{F}F\overline{F}^{-1}(\overline{\mathfrak{M}}),$$

und ist umgekehrt $F^*(\overline{\mathfrak{M}}) = \overline{\mathfrak{M}}$, so ist auch

$$\mathfrak{M} = \overline{F}^{-1}F^*\overline{F}(\mathfrak{M}).$$

Satz 4: *Sind F_1 und F_2 zwei Transformationen, welche $\mathfrak{M}$ in $\overline{\mathfrak{M}}$ überführen, so führt $F_1^{-1}F_2$ die Menge $\mathfrak{M}$ in sich über.*

6. Bezugsmengen.

Wir wollen nun der Schar $\mathfrak{F}$ von Transformationen die weitere Eigenschaft auferlegen:

Es gebe eine Menge $\mathfrak{B}$ von folgender Art: Ist $F(\mathfrak{B}) = \mathfrak{B}$, so ist F die identische Transformation. $\mathfrak{B}$ enthalte nicht alle Elemente aus $\mathfrak{Z}$.

Solche Mengen wollen wir *Bezugsmengen* nennen. Mit $\mathfrak{B}$ ist nach Satz 3 des vorigen Abschnitts auch jede zu $\mathfrak{B}$ kongruente Menge $\overline{\mathfrak{B}}$ Bezugsmenge. Ist $\mathfrak{B}$ eine Bezugsmenge und $\mathfrak{B} \equiv \overline{\mathfrak{B}}$, so gibt es nach Satz 4 nur eine einzige Transformation F, für welche $\overline{\mathfrak{B}} = F(\mathfrak{B})$ ist. Für die Bewegungen bilden z. B. die Zahlenpaare x_1, x_2; y_1, y_2 mit $(x_1 - y_1)^2 + (x_2 - y_2)^2 = 1$ eine solche Bezugsmenge.

Mit Hilfe einer Klasse $\mathfrak{m}(\mathfrak{B})$ von Bezugsmengen lassen sich die Analoga der beiden in I, 2 für Bewegungen gestellten Aufgaben lösen. Ist $\mathfrak{M}$ nämlich eine Menge, welche die Gegenstände einer Bezugsmenge $\mathfrak{B}$ enthält, so gibt es auch nur eine Transformation, welche $\mathfrak{M}$ in eine zu $\mathfrak{M}$ kongruente Menge überführt. Insbesondere ist dies der Fall für Mengen, die aus einer Menge $\mathfrak{B}$ und einem weiteren Element Z bestehen.

Sind $\mathfrak{M}$ und $\overline{\mathfrak{M}}$ zwei kongruente solche Mengen, $\mathfrak{B}$ und $\overline{\mathfrak{B}}$ bzw. ihre Untermengen, $\overline{Z}_{m+1}$ und Z_{m+1} die beiden weiteren Elemente und ist

$$\overline{\mathfrak{B}} = F(\mathfrak{B}),$$

so muß

$$\overline{Z}_{m+1} = F(Z_{m+1})$$

sein. Damit zwei Mengen

$$\mathfrak{M} = (\mathfrak{B}, Z_{m+1}, \ldots, Z_{m+n}) \quad \text{und} \quad \overline{\mathfrak{M}} = \mathfrak{M}(\overline{\mathfrak{B}}, \overline{Z}_{m+1}, \ldots, \overline{Z}_{m+n})$$

kongruent sind, muß also mit

$$\overline{\mathfrak{B}} = F(\mathfrak{B}) \quad \text{auch} \quad \overline{Z}_{m+i} = F(Z_{m+i}) \qquad (i = 1, 2, \ldots, n)$$

sein. Ist

$$\mathfrak{M}_i = \mathfrak{M}\,(\mathfrak{B}, Z_{m+i}), \quad \overline{\mathfrak{M}}_i = \mathfrak{M}\,(\overline{\mathfrak{B}}, \overline{Z}_{m+i}), \qquad (i = 1, 2, \ldots, n),$$

so ist also notwendig und hinreichend für $\mathfrak{M} \equiv \overline{\mathfrak{M}}$, daß

$$\mathfrak{M}_i \equiv \overline{\mathfrak{M}}_i \qquad (i = 1, \ldots, n).$$

Das Ergebnis von $I, 2$ ist offenbar ein Spezialfall des eben Bewiesenen.

Es lassen sich jetzt auch die Transformationen aus $\mathfrak{F}$ leicht kennzeichnen. Eine Transformation H, welche 1. eine Menge $\mathfrak{B}$ in eine kongruente Menge $\overline{\mathfrak{B}}$ und 2. jede Menge $\mathfrak{M}\,(\mathfrak{B}, Z)$ in die zu ihr kongruente $\overline{\mathfrak{M}} = \mathfrak{M}\,(\overline{\mathfrak{B}}, \overline{Z})$ überführt, ist eine Transformation aus $\mathfrak{F}$. Ist nämlich

$$\overline{\mathfrak{B}} = F\,(\mathfrak{B})\,,$$

so ist einerseits

$$\overline{Z} = F\,(Z),$$

weil $\mathfrak{M}$ und $\overline{\mathfrak{M}}$ kongruent sind, und andererseits

$$\overline{Z} = H\,(Z),$$

weil $\overline{\mathfrak{M}} = H\,(\mathfrak{M})$ ist, und dies gilt für alle Elemente Z.

7. Grundmenge und Koordinatenvektor.

Wir können eine Bezugsmenge $\mathfrak{B}$ als Koordinatensystem und die Gesamtheit der zu der Menge $\mathfrak{M}\,(\mathfrak{B}, Z)$ kongruenten Mengen als *Koordinatenvektor*, wie wir sagen wollen, auffassen[1]. Die Klasse $\mathfrak{z} = \mathfrak{m}\,(\mathfrak{M})$ der zu einer Menge $\mathfrak{M} = \mathfrak{M}\,(\mathfrak{B}, Z)$ kongruenten Mengen ist nach **1, 5** und **1, 6** durch irgend ein in ihr enthaltenes Element $\mathfrak{M}$ eindeutig festgelegt. Ist andererseits $\mathfrak{z}$ eine Klasse dieser Art, und $\mathfrak{B}$ eine bestimmte Bezugsmenge, so gibt es nur ein Z, so daß $\mathfrak{M}\,(\mathfrak{B}, Z)$ zu $\mathfrak{z}$ gehört. $\mathfrak{z}$ heißt also mit dem Recht der Analogie Koordinatenvektor von Z bezüglich des Bezugssystems $\mathfrak{B}$.

Bei einer Transformation F, welche das Bezugssystem $\mathfrak{B}$ in $\overline{\mathfrak{B}}$ und Z in $\overline{Z}$ überführt, bleiben die Koordinatenvektoren ungeändert, wenn wir gleichzeitig an Stelle der Bezugsmenge $\mathfrak{B}$ die Bezugsmenge $\overline{\mathfrak{B}}$ einführen, weil

$$\mathfrak{M}\,(\mathfrak{B}, Z) \equiv \mathfrak{M}\,(\overline{\mathfrak{B}}, \overline{Z})$$

ist. Wechseln wir die Bezugsmenge, indem wir $\mathfrak{B}$ mit $\overline{\mathfrak{B}} = F\,(\mathfrak{B})$ ver-

---

[1] Im nächsten Abschnitt wird diese Begriffsbildung noch deutlicher werden. Es sei ferner auf die Beispiele in den letzten Abschnitten dieses Kapitels hingewiesen.

tauschen und also einem Elemente Z an Stelle von $\mathfrak{z} = \mathfrak{m}\,[\mathfrak{M}\,(\mathfrak{B}, Z)]$ den Vektor $\bar{\mathfrak{z}} = \mathfrak{m}\,[\mathfrak{M}\,(\overline{\mathfrak{B}}, Z)]$ zuordnen, so ist

$$(1) \qquad\qquad \bar{\mathfrak{z}} = \mathfrak{m}\,[\mathfrak{M}\,(\mathfrak{B}; F^{-1}\,(Z))]\,.$$

Wir wollen jetzt den Transformationen des Bereiches $\mathfrak{Z}$ Transformationen der Koordinatenvektoren

$$\bar{\mathfrak{z}} = F\,(\mathfrak{z})$$

an die Seite stellen.

$\mathfrak{B}_0$ sei eine zunächst beliebig herausgegriffene, von jetzt an aber festgehaltene Bezugsmenge; sie heiße die *Grundmenge.* Ist nun $\mathfrak{z} = \mathfrak{m}\,[\mathfrak{M}\,(\mathfrak{B}_0, Z)]$, so verstehen wir unter $F\,(\mathfrak{z})$ die durch $\mathfrak{M}\,(\mathfrak{B}_0, F\,(Z))$ bestimmte Klasse $\mathfrak{m}\,[\mathfrak{M}\,(\mathfrak{B}_0, F\,(Z))]$.

Diese Erklärung ist von der Auswahl von $\mathfrak{B}_0$ abhängig. Denn setzen wir an Stelle von $\mathfrak{B}_0$ etwa $\mathfrak{B}_1$, so wird

$$F\,(\mathfrak{z}) = \mathfrak{m}\,[\mathfrak{M}\,(\mathfrak{B}_1, F\,(Z))]$$

und da keineswegs

$$\mathfrak{M}\,(\mathfrak{B}_0, F\,(Z)) \equiv \mathfrak{M}\,(\mathfrak{B}_1, F\,(Z))\,,$$

ist diese Erklärung von der ersten verschieden.

Bei einer Transformation F geht der Punkt mit dem Koordinatenvektor $\mathfrak{z}$ bezüglich der Grundmenge $\mathfrak{B}_0$ als Bezugssystem in den Punkt mit den Koordinaten $F\,(\mathfrak{z})$ über. Wechseln wir das Bezugssystem und führen an Stelle von $\mathfrak{B}_0$ eine Bezugsmenge $F_0\,(\mathfrak{B}_0) = \mathfrak{B}$ ein, so erhält ein Element Z mit dem Koordinatenvektor

$$\mathfrak{z} = \mathfrak{m}\,[\mathfrak{M}\,(\mathfrak{B}_0, Z)]$$

bezüglich $\mathfrak{B}_0$ nach (1) bezüglich $\mathfrak{B}$ den Koordinatenvektor

$$\mathfrak{z}^* = F_0^{-1}\,(\mathfrak{z})\,.$$

Infolgedessen bekommt die Transformation $F\,(Z) = \overline{Z}$, durch die Transformation des Koordinatenvektors $\mathfrak{z}$ bezüglich einer beliebigen Bezugsmenge $\mathfrak{B}$ ausgedrückt, die folgende Gestalt: Ist

$$\mathfrak{B} = F_0\,(\mathfrak{B}_0)\,,$$

$$\mathfrak{z} = \mathfrak{m}\,[\mathfrak{M}\,(\mathfrak{B}, Z)] \qquad \bar{\mathfrak{z}} = \mathfrak{m}\,[\mathfrak{M}\,(\mathfrak{B}, \overline{Z})]\,,$$

so ist einerseits

$$\mathfrak{M}\,(\mathfrak{B}, Z) = \mathfrak{M}\,(F_0\,(\mathfrak{B}_0), Z) \equiv \mathfrak{M}(\mathfrak{B}_0, F_0^{-1}\,(Z))$$

und andererseits

$$\mathfrak{M}\,(\mathfrak{B}, \overline{Z}) = \mathfrak{M}\,(F_0\,(\mathfrak{B}_0), F\,(Z)) \equiv \mathfrak{M}\,(\mathfrak{B}_0, F_0^{-1}\,F\,(Z))\,,$$

also

$$(2) \qquad\qquad \bar{\mathfrak{z}} = F_0^{-1}\,F\,F_0\,(\mathfrak{z})\,.$$

8. Natürliche Koordinaten.

Wir wollen jetzt annehmen, die Z seien Zahlen-n-Tupel

$$Z = (z_1, z_2, \ldots, z_n).$$

Jeder Transformation F entspricht ein System von Funktionen

$$\bar{z}_i = f_i(z_1, \ldots, z_n) \qquad (i = 1, 2, \ldots, n).$$

Es sei $\mathfrak{B}_0$ eine beliebige Grundfigur aus m Zahlen-n-Tupeln und $\mathfrak{B}$ eine andere Bezugsmenge, für die $F(\mathfrak{B}_0) = \mathfrak{B}$ ist. Wir erklären dann n Funktionen $J_i(\mathfrak{B}, Z)$, indem wir

$$J_i(\mathfrak{B}, Z) = J_i(\mathfrak{B}_0, F^{-1}(Z)), \quad J_i(\mathfrak{B}_0, Z) = z_i \qquad (i = 1, 2, \ldots, n)$$

setzen. Durch diese Festsetzung sind n Funktionen von $(m+1)$ Zahlen-n-Tupeln erklärt, die ihren Wert nicht ändern, wenn die $(m+1)$ Zahlen-n-Tupel durch $(m+1)$ andere ersetzt werden, die aus den ursprünglichen durch ein und dieselbe Transformation F hervorgehen. In der Tat: ist

$$\mathfrak{M}(\mathfrak{B}, Z) \equiv \mathfrak{M}(\overline{\mathfrak{B}}, \overline{Z}),$$

ist mit anderen Worten bei geeignetem $\overline{F}$

$$\overline{\mathfrak{B}} = \overline{F}(\mathfrak{B}), \qquad \overline{Z} = \overline{F}(Z),$$

so ist

$$J_i(\mathfrak{B}, Z) = J_i(\overline{\mathfrak{B}}, \overline{Z}).$$

Denn aus $\mathfrak{B} = F(\mathfrak{B}_0)$ folgt $\overline{\mathfrak{B}} = \overline{F}F(\mathfrak{B}_0)$ und also

$$J_i(\overline{\mathfrak{B}}, \overline{Z}) = J_i(\mathfrak{B}_0, F^{-1}\overline{F}^{-1}(\overline{Z})) = J_i(\mathfrak{B}_0, F^{-1}(Z)) = J_i(\mathfrak{B}, Z).$$

Solche Funktionen heißen *Invarianten*.

Die n angegebenen Invarianten sind aber von besonderer Beschaffenheit. Sind nämlich die ersten m Zahlen-n-Tupel, d. h. also $\mathfrak{B}$, und die Werte der Funktionen

$$J_i(\mathfrak{B}, Z_{m+1}) = a_i \qquad (i = 1, 2, \ldots, n)$$

gegeben, so ist dadurch $Z_{m+1} = (z_{m+1,\,1}\ z_{m+1,\,2}, \ldots, z_{m+1,\,n})$ eindeutig bestimmt. Denn ist $\mathfrak{B} = F_0(\mathfrak{B}_0)$, so ist

$$J_i(\mathfrak{B}, Z_{m+1}) = J_i(\mathfrak{B}_0, F_0^{-1}(Z_{m+1})),$$

und wenn die Transformation F_0 durch

$$\bar{z}_i = f_{0i}(z_1, \ldots, z_n)$$

vermittelt wird, so ist also offenbar

$$z_{m+1,\,i} = f_{0i}(a_1, \ldots, a_n).$$

Wir nennen daher $J_i(\mathfrak{B}, Z)$, $(i = 1, 2, \ldots, n)$ die *natürlichen Koordinaten* von Z bezüglich $\mathfrak{B}$.

Jedem Koordinatenvektor $\mathfrak{z} = \mathfrak{m}\,[\mathfrak{M}\,(\mathfrak{B}_0, Z)]$ entspricht ein n-Tupel von natürlichen Koordinaten und umgekehrt.

Das $\mathfrak{z}$ entsprechende Zahlen-n-Tupel läßt sich folgendermaßen festlegen:

Ist $\mathfrak{z} = \mathfrak{m}\,[\mathfrak{M}\,(\mathfrak{B}_0, Z)]$ und $Z = (z_1, z_2, \ldots, z_n)$, so seien die $\mathfrak{z}$ entsprechenden n-Tupel ebenfalls $z_1, z_2, \ldots, z_n$. Jeder Transformation der Koordinatenvektoren

$$\bar{\mathfrak{z}} = F\,(\mathfrak{z})$$

entspricht dann dieselbe Transformation von Zahlen-n-Tupeln wie $\bar{Z} = F\,(Z)$.

Um die Darstellung einer Transformation F in natürlichen Koordinaten bezüglich eines beliebigen Bezugssystems $\mathfrak{B} = F_0\,(\mathfrak{B}_0)$ zu finden, hat man die Formel (2) aus **1, 7** als Transformation von Zahlen-n-Tupeln zu schreiben.

Man kann unter den hier gemachten Voraussetzungen die Frage nach der Kongruenz der Mengen $\mathfrak{M}$ auf zwei verschiedene Weisen beantworten. Entweder wie bisher, indem man die Kongruenz zweier $\mathfrak{M}$ auf die Kongruenz von Teilmengen bzw. andere mit $\mathfrak{M}$ invariant verknüpften Mengen zurückführt, oder aber zweitens, indem man die Bedingungen angibt, welche die der Menge $\mathfrak{M}$ zugeordneten Zahlen-n-Tupel erfüllen müssen, damit die Mengen kongruent sind. Die erste Antwort ist eine rein geometrische, die zweite eine analytische Aussage. Die letztere kann aber dadurch wieder zu einer geometrischen werden, daß den Zahlen und ihrer Addition und Multiplikation eine rein geometrische Bedeutung zukommt, wie ja z. B. in der gewöhnlichen Geometrie den Zahlen die Bedeutung der Länge einer Strecke zukommt und ihre Addition z. B. aus dem Abtragen von Strecken auf einer Geraden erklärt werden kann.

9. Transitive, asystatische Gruppen von Transformationen[1].

Unter Umständen kann man die Elemente Z eineindeutig auf Untergruppen von $\mathfrak{F}$ abbilden. Wir wollen die folgende Annahme machen:

1. $\mathfrak{F}$ ist *transitiv*, d. h. es gibt eine Transformation aus $\mathfrak{F}$, welche einen festen Punkt Z_0 in einen bestimmten vorgegebenen Punkt Z überführt.

2. $\mathfrak{F}$ ist *asystatisch*, d. h. sind Z_1 und Z_2 verschiedene Elemente, so gibt es stets eine Transformation in $\mathfrak{F}$, welche Z_2 festläßt und Z_1 in $\bar{Z}_1 \neq Z_1$ transformiert.

Alsdann folgt:

Jedem Elemente Z entspricht eine wohl bestimmte Untergruppe $\mathfrak{F}_Z$

---

[1] Dieser und der folgende Abschnitt können überschlagen werden.

von solchen Transformationen aus $\mathfrak{F}$, die Z fest lassen; alle dabei auftretenden Untergruppen gehören nach **1, 5** einer Klasse konjugierter Untergruppen an. Umgekehrt entspricht einer jeden Untergruppe dieser Klasse ein Gegenstand Z, welcher bei allen ihren Transformationen festbleibt.

Wir ordnen nun jeder Transformation F aus $\mathfrak{F}$ eine bestimmte Transformation im Bereich der $\mathfrak{F}_z$ zu, indem wir $F[\mathfrak{F}_z] = F\,\mathfrak{F}_z F^{-1}$ setzen. Es ist alsdann

$$F[\mathfrak{F}_z] = \mathfrak{F}_{F(Z)}, \qquad F_1[F_2[\mathfrak{F}_z]] = F_1 F_2[\mathfrak{F}_z].$$

Ist umgekehrt nun irgend eine Gruppe $\mathfrak{F}$ gegeben und $\mathfrak{Z}$ eine Schar konjugierter Untergruppen $\mathfrak{F}_z$ von $\mathfrak{F}$, so werde

$$F[\mathfrak{F}_z] = F\,\mathfrak{F}_z F^{-1} = \mathfrak{F}_{\bar{z}}$$

gesetzt. Diese Transformation ist eine im Bereich der $\mathfrak{F}_z$ eineindeutige. Denn F^{-1} liefert die zu F inverse Transformation. (Es kann hierbei übrigens der Fall eintreten, daß diese Transformation die Identität ist, ohne daß F das Einheitselement von $\mathfrak{F}$ ist.) Das Produkt der Transformationen F_2, F_1 ist

$$F_2[F_1[\mathfrak{F}_z]] = F_2 F_1[\mathfrak{F}_z].$$

Die Schar hat also die Gruppeneigenschaft. Wir haben also Gegenstände, nämlich die $\mathfrak{F}_z$ und eine Gruppe von Transformationen dieser Gegenstände mit Hilfe der gegebenen Gruppe $\mathfrak{F}$ definiert. Schließlich ist auch die Schar von Transformationen transitiv. Denn alle $\mathfrak{F}_z$ sind nach Voraussetzung zu einem vorgegebenen $\mathfrak{F}_{z_0}$ konjugiert.

Ein Beispiel für transitive asystatische Gruppen sind die Bewegungen; hier entspricht jedem Punkte der Ebene eineindeutig die Gruppe der Drehungen um diesen Punkt. Sieht man diese Gruppe als das ursprünglich Gegebene an, so kann man die Punkte als gewisse Untergruppen dieser Gruppe definieren.

10. Einfach transitive Transformationsgruppen.

Noch in einem anderen Falle läßt sich die Klasse der Gegenstände Z unmittelbar aus der Gruppe erklären: nämlich unter der Voraussetzung, daß die Gruppe $\mathfrak{F}$ von Transformationen *einfach transitiv* ist, d. h. daß es eine und nur eine Transformation F gibt, welche ein festes Z_0 in ein beliebiges Z überführt.

Eine Transformation, die ein Z festläßt, ist dann die identische.

Als Bezugsmengen sind hier Mengen, die aus einem Element bestehen, $\mathfrak{B} = \mathfrak{M}(Z)$ zu verwerten, als Grundmenge $\mathfrak{B}_0$ werde irgend ein Z_0 genommen. Die Koordinatenvektoren $\mathfrak{z}$ werden durch $\mathfrak{M}(\mathfrak{B}_0, Z)$ $= \mathfrak{M}(Z_0, Z)$ eineindeutig repräsentiert. Dieselben kann man den Elementen von $\mathfrak{F}$ eindeutig zuordnen, indem man F so bestimmt, daß

$\mathfrak{M}(Z_0, Z) = \mathfrak{M}(Z_0, F(Z_0))$ ist und $\mathfrak{M}(Z_0, Z)$ das Element F zuordnet. Eine Transformation $\bar{Z} = \bar{F}(Z)$ führt alsdann das F entsprechende Element Z in das $\bar{F}F$ entsprechende über.

Ist umgekehrt irgend eine Gruppe $\mathfrak{F}$ gegeben, so kann man daraus eine einfach transitive Gruppe von Transformationen erklären, indem man als Bereich $\mathfrak{Z}$ die Gruppenelemente F selbst nimmt; ebenfalls ordnet man jedem Gruppenelement $\bar{F}$ eine Transformation des Bereiches zu, indem man $\bar{F}(F)$ als $\bar{F}\cdot F$ erklärt.

Beispiele von einfach transitiven Transformationsgruppen sind die Translationen

$$x_1' = x_1 + a_1, \quad x_2' = x_2 + a_2$$

und die Transformationen

$$x_1' = a_1 x_1, \quad x_2' = a_1 x_2 + a_2 \qquad (a_1 \neq 0, \quad x_1 \neq 0).$$

11. Kongruenz nach Untergruppen.

Wir betrachten jetzt zwei Gruppen $\mathfrak{F}_1$ und $\mathfrak{F}_2$ von Transformationen desselben Bereiches $\mathfrak{Z}$ nebeneinander. $\mathfrak{F}_2$ sei eine Untergruppe von $\mathfrak{F}_1$. Wir können je nach Zugrundelegung von $\mathfrak{F}_1$ oder $\mathfrak{F}_2$ zwei Kongruenzbegriffe unterscheiden, die wir mit $\underset{1}{\equiv}$ und $\underset{2}{\equiv}$ bezeichnen. Es folgt alsdann: Ist $\mathfrak{M} \underset{2}{\equiv} \overline{\mathfrak{M}}$, so ist auch $\mathfrak{M} \underset{1}{\equiv} \overline{\mathfrak{M}}$. Das Umgekehrte gilt nicht.

Eine invariante Eigenschaft oder Beziehung bezüglich $\mathfrak{F}_2$ ist im allgemeinen keine invariante Eigenschaft oder Beziehung bezüglich $\mathfrak{F}_1$. Dagegen ist eine bezüglich $\mathfrak{F}_1$ invariante Eigenschaft stets auch eine gegen $\mathfrak{F}_2$ invariante. Auch vom Standpunkte der Gruppe $\mathfrak{F}_2$ ist es daher von Interesse, die invarianten Eigenschaften bezügl. $\mathfrak{F}_1$ zu untersuchen, weil dadurch eine natürliche Klassifikation der Eigenschaften gegenüber $\mathfrak{F}_2$ erzielt wird. Dieser einfache Gedanke hat sich in der Geometrie als überaus fruchtbar erwiesen.

Andererseits vereinfacht die Untersuchung der Kongruenz bezüglich $\mathfrak{F}_2$ auch die bezüglich $\mathfrak{F}_1$. Dies zeigt folgende Begriffsbildung besonders deutlich:

$\mathfrak{m}_2[\mathfrak{M}]$ sei die Klasse der bezüglich $\mathfrak{F}_2$ zu $\mathfrak{M}$ kongruenten Mengen. Ist also $\mathfrak{M} \underset{2}{\equiv} \overline{\mathfrak{M}}$, so ist $\mathfrak{m}_2[\mathfrak{M}] = \mathfrak{m}_2[\overline{\mathfrak{M}}]$. Wir können dann eine Kongruenz bezüglich $\mathfrak{F}_1$ zwischen den Klassen $\mathfrak{m}_2$ erklären, indem wir

$$\mathfrak{m}_2 \underset{1}{\equiv} \overline{\mathfrak{m}}_2$$

setzen, wenn für ein $\mathfrak{M}$ aus $\mathfrak{m}_2$ und ein $\overline{\mathfrak{M}}$ aus $\overline{\mathfrak{m}}_2$

$$\mathfrak{M} \underset{1}{\equiv} \overline{\mathfrak{M}}$$

ist. Diese Erklärung ist offenbar von der Auswahl von $\mathfrak{M}$ und $\overline{\mathfrak{M}}$ aus den Klassen $\mathfrak{m}_2$ und $\overline{\mathfrak{m}}_2$ unabhängig. Man braucht also nur noch die Klassen

$\mathfrak{m}_2$ nach $\mathfrak{F}_1$ zu klassifizieren, wenn man die Kongruenz bezügl. $\mathfrak{F}_2$ bereits beherrscht.

Unter Umständen lassen sich die Bedingungen für die Kongruenz bezüglich einer Untergruppe $\mathfrak{F}_2$ aus den Kongruenzbedingungen bei der Gruppe $\mathfrak{F}_1$ ablesen — z. B. wenn $\mathfrak{F}_2$ aus allen denjenigen Transformationen von $\mathfrak{F}_1$ besteht, welche die Elemente einer Menge $\mathfrak{M}_0 = \mathfrak{M}$ $(Z_{01}, Z_{02}, \ldots, Z_{0n})$ in sich überführen. Notwendig und hinreichend für

$$\mathfrak{M}^* \underset{2}{\equiv} \overline{\mathfrak{M}}$$

ist alsdann, daß

$$\mathfrak{M}\,(Z_{01}, Z_{02}, \ldots, Z_{0n}, \mathfrak{M}^*) \underset{1}{\equiv} \mathfrak{M}\,(Z_{01}, Z_{02}, \ldots, Z_{0n}, \overline{\mathfrak{M}})$$

ist.

12. Lineare Transformationen und euklidische Geometrie.

Die Feststellungen des vorigen Abschnitts zeigen uns einen Weg zu Geometrien, welche die euklidische Geometrie enthalten und deswegen besondere Wichtigkeit für uns haben, weil wir mit ihrer Hilfe die Bewegungsinvarianten klassifizieren können: — indem wir nämlich Gruppen von Transformationen angeben, welche die Bewegungen (B) als Untergruppe enthalten.

Dies geht auf verschiedene Weise. Sind $z = x_1 + i x_2$, z. B. komplexe Zahlen, so bilden

$$(1) \qquad\qquad \bar{z} = \frac{a z + b}{c z + d}, \qquad\qquad a d - b c \neq 0$$

eine Gruppe von Transformationen, wenn a, b, c, d alle komplexen Zahlen durchlaufen, die der Nebenbedingung genügen. Durch diese Transformationen wird die Menge der komplexen Zahlen noch nicht vollständig eineindeutig auf sich abgebildet. Ist $c \neq 0$, so entspricht dem Element

$$-\frac{d}{c} \text{ kein } \bar{z}; \quad \text{zu } \bar{z} = \frac{a}{c} \text{ gehört kein } z.$$

Wir nehmen daher zu den komplexen Zahlen ein weiteres Element hinzu, das mit ∞ bezeichnet werde, und setzen fest:

Ist $c \neq 0$, so ist

$$\text{für } z = -\frac{d}{c} \text{ gerade } \bar{z} = \infty, \text{ für } z = \infty \text{ gerade } \bar{z} = \frac{a}{c};$$

ist $c = 0$, so ist

$$\text{für } z = \infty \quad \text{auch} \quad \bar{z} = \infty.$$

Dann sind die Transformationen eineindeutig. Durch Trennung von reellem und imaginärem Bestandteil $(z = x_1 + i x_2)$ erhält man Transformationen von Zahlenpaaren x_1, x_2; zu der Gesamtheit der Zahlenpaare hat man noch ein weiteres Element ∞ hinzuzufügen, das $z = \infty$

entspricht. Setzt man $c = 0$; $d = 1$; $|a| = 1$, so wird eine Transformation (1) zu einer Bewegung. Die Transformationen (1) führen Kreise in Kreise über und lassen sich im wesentlichen dadurch charakterisieren. Dabei sind die Geraden als Kreise durch ∞ anzusehen.

In der analytischen Geometrie bevorzugt man eine andere Möglichkeit der Einbettung der Bewegungen: die in die Gruppen der affinen und projektiven Transformationen. Dieselben führen je drei linear abhängige Zahlenpaare wieder in solche, gerade Linien in gerade Linien über.

Welche Klassifikation der Bewegungsinvarianten wird durch diese linearen Transformationen bewirkt? Die elementare Geometrie gibt die Gesetzmäßigkeiten für die Konstruktionen mit Zirkel und Lineal an. Konstruktionen mit dem Lineal allein gehören zu der viel einfacheren Geometrie der linearen Transformationen. Und es wird sich herausstellen, daß die invarianten Eigenschaften gegenüber den affinen und projektiven Transformationen sich sogar sämtlich durch Konstruktionen mit dem Lineal beschreiben lassen. Die Struktur dieser linearen Geometrien, des einfachsten Bereiches der euklidischen Geometrie also, kennen zu lernen, ist die Aufgabe, die wir fortan im Auge haben.

Die grundlegende Bedeutung des Gruppenbegriffs für die Geometrie ist zuerst von FELIX KLEIN und SOPHUS LIE erkannt und vielleicht am klarsten und entschiedensten in KLEINs Erlanger Programm ausgesprochen.

13. Affine Transformationen. Lineare Abhängigkeit.

Wir wollen die aus der analytischen Geometrie der euklidischen Ebene abstrahierten Zusammenhänge sogleich an zwei Beispielen linearer Transformationsgruppen bestätigen.

Zuerst mögen die *affinen Transformationen* (oder *Affinitäten*)

$$\text{(A)} \quad \begin{aligned} x_1^* &= a_{10} + a_{11}\,x_1 + a_{12}\,x_2, \\ x_2^* &= a_{20} + a_{21}\,x_1 + a_{22}\,x_2, \end{aligned} \qquad a = a_{11}\,a_{22} - a_{12}\,a_{21} \neq 0$$

behandelt werden, wo die x und a reelle Zahlen seien.

Die Transformationen (A) sind eineindeutig, denn

$$x_1 = a^{-1}(\ \ x_1^* - a_{10})\,a_{22} - a^{-1}(x_2^* - a_{20})\,a_{12},$$
$$x_2 = a^{-1}(-\,x_1^* + a_{10})\,a_{21} + a^{-1}(x_2^* - a_{20})\,a_{11}$$

ist die zu (A) inverse Transformation.

Führt man nach der Transformation (A) eine zweite

$$\begin{aligned} x_1^{**} &= b_{11}\,x_1^* + b_{12}\,x_2^* + b_{10}, \\ x_2^{**} &= b_{21}\,x_1^* + b_{22}\,x_2^* + b_{20}, \end{aligned} \qquad b = b_{11}\,b_{22} - b_{12}\,b_{21} \neq 0$$

aus, so sieht man, daß eine Transformation der Form

$$\begin{aligned} x_1^{**} &= c_{11}\,x_1 + c_{12}\,x_2 + c_{10}, \\ x_2^{**} &= c_{21}\,x_1 + c_{22}\,x_2 + c_{20} \end{aligned}$$

entsteht. Diese Transformation gehört wieder zu der Schar (A), weil

$$c = c_{11} c_{22} - c_{12} c_{21} = a \cdot b \neq 0$$

ist. Die Transformationen (A) bilden also eine Gruppe und sind somit zur Erklärung einer Geometrie geeignet.

Es fragt sich, ob es Bezugsmengen gibt und wie sie am bequemsten zu wählen sind. Zur Beantwortung führen wir zunächst eine gegenüber den Transformationen (A) invariante Eigenschaft von Zahlenpaaren ein:

Die drei Zahlenpaare oder „Punkte" (x_1, x_2), (y_1, y_2), (z_1, z_2) heißen *linear abhängig*, wenn drei Zahlen λ, μ, ν existieren, die nicht alle gleich 0 sind, für die

$$x_i \lambda + y_i \mu + z_i \nu = 0, \qquad\qquad (i = 1, 2)$$

(1)
$$\lambda + \mu + \nu = 0$$

ist; andernfalls heißen die drei Zahlenpaare *linear unabhängig*.

Offenbar folgt aus der Gleichung (1)

$$x_i^* \lambda + y_i^* \mu + z_i^* \nu = 0,$$

wenn die gesternten Zahlen durch ein und dieselbe Transformation (A) aus den ungesternten hervorgehen. Also ist die lineare Abhängigkeit und Unabhängigkeit in der Tat gegenüber (A) invariant.

Sind (a_1, a_2), (b_1, b_2), (c_1, c_2) drei linear abhängige Zahlenpaare, so muß die Determinante

(2)
$$\begin{vmatrix} a_1 & a_2 & 1 \\ b_1 & b_2 & 1 \\ c_1 & c_2 & 1 \end{vmatrix} = 0$$

sein, und wenn (2) erfüllt ist, sind die Zahlenpaare linear abhängig. Die von zwei verschiedenen Zahlenpaaren linear abhängigen Paare x_1, x_2 erfüllen also eine wohl bestimmte lineare Gleichung

(3) $$u_0 + u_1 x_1 + u_2 x_2 = 0, \qquad u_1^2 + u_2^2 \neq 0$$

und Zahlenpaare, deren Koordinaten eine solche Gleichung befriedigen, sind linear abhängig, weil für sie (2) gelten muß. Die Klasse der Zahlenpaare, welche eine solche Gleichung erfüllen, nennen wir eine *Gerade*, $u_0 : u_1 : u_2$ die Koordinaten der durch (3) erklärten Geraden, und wir sagen, der Punkt (x_1, x_2) liegt auf der Geraden $u_0 : u_1 : u_2$, wenn (3) erfüllt ist.

Gerade gehen bei Affinitäten in Gerade über, weil die lineare Abhängigkeit von Zahlenpaaren erhalten bleibt.

Zwei Gerade heißen *parallel*, wenn sie keine gemeinsamen Punkte haben oder wenn sie miteinander identisch sind. Da die Affinitäten eineindeutige Punkttransformationen sind, welche Gerade in Gerade überführen, müssen sie zwei Gerade, die einen Punkt gemeinsam haben, auch wieder in zwei ebensolche Gerade überführen, und daher muß auch der Parallelismus eine affininvariante Eigenschaft sein.

Man sieht leicht ein: Zwei Gerade $(u_0 : u_1 : u_2)$, $(v_0 : v_1 : v_2)$ sind dann und nur dann parallel, wenn $u_1 : u_2 = v_1 : v_2$ ist. Hieraus folgt: Sind zwei Gerade einer dritten parallel, so sind sie auch untereinander parallel. Und ferner: Durch jeden Punkt gibt es eine und nur eine Gerade, die zu einer vorgegebenen parallel ist.

14. Bezugsmengen.

Eine Menge aus drei linear unabhängigen Zahlenpaaren bildet eine Bezugsmenge, und alle derartigen Mengen bilden eine Klasse zueinander kongruenter Bezugsmengen. $(0, 0)$, $(1, 0)$, $(0, 1)$ sind nämlich drei linear unabhängige Zahlenpaare, und eine Transformation (A), welche diese drei Zahlenpaare fest läßt, ist die Identität. Sind (a_1, a_2), (b_1, b_2), (c_1, c_2) drei weitere linear unabhängige Zahlenpaare, so führt die Transformation (A) mit

$$(1) \qquad \begin{aligned} a_1 &= a_{10}, & b_1 &= a_{11} + a_{10}, & c_1 &= a_{12} + a_{10}, \\ a_2 &= a_{20}, & b_2 &= a_{21} + a_{20}, & c_2 &= a_{22} + a_{20} \end{aligned}$$

die Punkte $(0, 0)$, $(1, 0)$, $(0, 1)$ in (a_1, a_2), (b_1, b_2), (c_1, c_2) über, und hierin ist, weil die linke Seite von (2) in **1, 13** nach Voraussetzung ungleich 0 ist, gewiß $a_{11}a_{22} - a_{12}a_{21} \neq 0$ erfüllt. Nach **1, 5** Satz 3 ist eine Affinität, die irgend drei linear unabhängige Zahlenpaare fest läßt, die Identität und weiter ist klar, daß sich irgend drei linear unabhängige Zahlenpaare in irgend drei andere solche überführen lassen.

15. Grundmenge. Koordinatenvektoren.

Als Grundmenge wählen wir natürlich $0, 0$; $1, 0$; $0, 1$. *Die natürlichen Koordinaten* J_1, J_2 erklären wir in Übereinstimmung mit dem früheren so: es sei

$$J_i(0, 0; 1, 0; 0, 1; z_1, z_2) = z_i, \qquad (i = 1, 2).$$

Wenn (a_1, a_2), (b_1, b_2), (c_1, c_2) drei linear unabhängige Punkte sind und $\bar{z}_1, \bar{z}_2$ das Zahlenpaar, das bei der durch **1, 14** (1) bestimmten Transformation aus z_1, z_2 hervorgeht, so setzen wir

$$J_i(a_1, a_2; b_1, b_2; c_1, c_2; \bar{z}_1, \bar{z}_2) = z_i \qquad (i = 1, 2).$$

Die so eindeutig erklärten Funktionen J_i sind alsdann Invarianten gegenüber den Transformationen (A), und sind die Werte a_i, b_i, c_i und z_1, z_2 gegeben, so sind dadurch die $\bar{z}_1$, $\bar{z}_2$ eindeutig bestimmt. Die z_i mögen die Parallelkoordinaten des Zahlenpaares $\bar{z}_1, \bar{z}_2$ bezügl. des Bezugssystems a_i, b_i, c_i heißen.

Es gilt nun, die so definierten Invarianten J_i rechnerisch aufzustellen.

Sind (a_1, a_2), (b_1, b_2), (c_1, c_2) drei linear unabhängige Zahlenpaare, so besitzen die Gleichungen

(1)
$$a_i \lambda + b_i \mu + c_i \nu - z_i = 0 ,$$
$$\lambda + \mu + \nu + 1 = 0 \qquad (i = 1, 2)$$

stets eine einzige Lösung λ, μ, ν, die deutlicher auch mit

$$\lambda = \lambda(a_1, a_2; \; b_1, b_2; \; c_1, c_2; \; z_1, z_2),$$
$$\mu = \mu(a_1, a_2; \; b_1, b_2; \; c_1, c_2; \; z_1, z_2),$$
$$\nu = \nu(a_1, a_2; \; b_1, b_2; \; c_1, c_2; \; z_1, z_2)$$

bezeichnet werde. Denn die Koeffizienten-Determinante ist wegen der linearen Unabhängigkeit der a_i, b_i, c_i ungleich 0. Sind a_1^*, a_2^*; b_1^*, b_2^*; c_1^*, c_2^*; z_1^*, z_2^* die Zahlenpaare, die bei einer Affinität (A) aus den entsprechenden ungesternten hervorgehen, so ist auch

$$a_i^* \lambda + b_i^* \mu + c_i^* \nu - z_i^* = 0 ,$$

falls (1) erfüllt ist. Die λ, μ, ν sind also Invarianten der Zahlenpaare a_i, b_i, c_i, z_i.

Ferner ist

$$\mu(0,0; \; 1,0; \; 0,1; \; z_1, z_2) = z_1; \quad \nu(0,0; \; 1,0; \; 0,1; \; z_1, z_2) = z_2 ,$$

und weil sowohl die μ, ν wie die J_i invariant sind, ist allgemein

$$\mu(a_1, a_2; \; b_1, b_2; c_1, c_2; z_1, z_2) = J_1(a_1, a_2; \; b_1, b_2; c_1, c_2; z_1, z_2) ,$$
$$\nu(a_1, a_2; \; b_1, b_2; c_1, c_2; z_1, z_2) = J_2(a_1, a_2; \; b_1, c_2; c_1, c_2; z_1, z_2) .$$

Aus (1) liest man unmittelbar ab, daß

$$(b_i - a_i) \mu + (c_i - a_i) \nu - a_i = z_i \qquad (i = 1, 2)$$

ist, daß also der Übergang von den Koordinaten z_1, z_2 bezüglich der Grundmenge zu beliebigen natürlichen Koordinaten μ, ν durch affine Transformationen vermittelt wird.

Man bestätigt, daß die Transformationen

$$x_1' = a_{11} x_1 + a_{12} x_2, \quad x_2' = a_{21} x_1 + a_{22} x_2$$

die Untergruppe von Transformationen bilden, welche das Zahlenpaar $0, 0$ festlassen. Da ein weiteres Zahlenpaar bei allen diesen homogenen Transformationen aber nicht festbleibt, so sind die Transformationen (A) also eine transitive, asystatische Gruppe von Transformationen.

16. Projektive Transformationen. Lineare Abhängigkeit.

Ein weiteres Beispiel bilden die projektiven Transformationen. Als Gegenstände nehmen wir Klassen von solchen reellen Zahlentripeln

(1)
$$(x\, x_0, \, x\, x_1, \, x\, x_2) ,$$

die aus einem Zahlentripel x_i durch Multiplikation mit beliebigen $x \neq 0$ hervorgehen. Die Transformationen

$$\text{(P)} \qquad x_i^* = \sum_{k=0}^{2} a_{ik} x_k \qquad (i = 0, 1, 2)$$

vermitteln eine eineindeutige Abbildung der Zahlentripel x_i, wenn die a_{ik} reell und die Determinante der a_{ik},

$$a = \| a_{ik} \| \neq 0$$

ist und auch eine eineindeutige Abbildung der Klassen (1) aufeinander.

Man bestätigt leicht, daß die Transformationen (P) eine Gruppe bilden. Die Klassen (1) nennen wir *„Punkte“*, wenn nicht alle $x_i = 0$ sind.

Um eine *Bezugsmenge* zu finden, führt man den Begriff der linearen Abhängigkeit von Punkten ein: die durch x_i, y_i, z_i repräsentierten Punkte heißen linear abhängig, wenn es drei Zahlen λ, μ, ν gibt, für die

$$\text{(2)} \qquad x_i \lambda + y_i \mu + z_i \nu = 0 \qquad (i = 1, 2, 3)$$

und nicht gleichzeitig λ, μ, ν gleich Null ist. Sind $\overline{x}_i = r x_i$, $\overline{y}_i = s y_i$, $\overline{z}_i = t z_i$ drei andere Zahlentripel, welche dieselben Punkte repräsentieren, so ist mit (2)

$$\overline{x}_i \overline{\lambda} + \overline{y}_i \overline{\mu} + \overline{z}_i \overline{\nu} = 0 \qquad (i = 1, 2, 3)$$

für

$$\overline{\lambda} r = \lambda, \quad \overline{\mu} s = \mu, \quad \overline{\nu} t = \nu,$$

und sind x_i^*, y_i^*, z_i^* Zahlentripel, die durch eine Transformation (P) aus den x_i, y_i, z_i hervorgehen, so ist

$$x_i^* \lambda + y_i^* \mu + z_i^* \nu = 0 \qquad (i = 1, 2, 3).$$

Die lineare Abhängigkeit ist also eine invariante Eigenschaft von Punkten. Aus (2) folgt, daß drei Punkte linear abhängig sind oder nicht, je nachdem die Determinante

$$\begin{vmatrix} x_0, & x_1, & x_2 \\ y_0, & y_1, & y_2 \\ z_0, & z_1, & z_2 \end{vmatrix}$$

gleich Null oder ungleich Null ist oder je nachdem drei Zahlen u_0, u_1, u_2 existieren oder nicht, die nicht sämtlich gleich Null sind und für die

$$\sum_i u_i x_i = 0, \qquad \sum_i u_i y_i = 0, \qquad \sum_i u_i z_i = 0$$

ist.

Die Gesamtheit der Punkte, welche eine lineare Gleichung

$$\sum_i u_i x_i = 0, \qquad \sum_i u_i^2 \neq 0$$

erfüllen, nennen wir eine *Gerade*.

17. Affine und projektive Transformationen.

Die Transformationen (P), welche die Gerade

$$x_0 = 0$$

in sich überführen, für die also aus $x_0 = 0$ stets $x_0^* = 0$ folgen soll, müssen die Gestalt

$$
\begin{aligned}
x_0^* &= a_{00} x_0, \\
\text{(A*)} \qquad x_1^* &= a_{10} x_0 + a_{11} x_1 + a_{12} x_2, \qquad a_{00} \neq 0, \qquad a_{11} a_{22} - a_{12} a_{21} \neq 0, \\
x_2^* &= a_{20} x_0 + a_{21} x_1 + a_{22} x_2
\end{aligned}
$$

haben. Betrachten wir die Punkte mit $x_0 \neq 0$, so können wir diesen statt des Zahlentripels (x_i) die Verhältnisse

$$\xi_1 = \frac{x_1}{x_0}, \qquad \xi_2 = \frac{x_2}{x_0}$$

eineindeutig zuordnen, und die Transformationen (A*) gehen alsdann in allgemeine affine Transformationen der Zahlenpaare ξ_1, ξ_2 über.

Die projektiv-invarianten Eigenschaften von Punktmengen und der Geraden $x_0 = 0$ sind also identisch mit den affin-invarianten Eigenschaften dieser Punktmengen. Gerade der affinen Geometrie sind auch Gerade der projektiven Geometrie und umgekehrt, ausgenommen die projektive Gerade $x_0 = 0$. Parallele Gerade der affinen Geometrie haben einen Punkt auf $x_0 = 0$ gemeinsam.

Als *Bezugsmengen der projektiven Geometrie* kann man vier Punkte nehmen, die zu je dreien linear unabhängig sind. Die Klasse der Bezugsmengen besteht alsdann aus der Gesamtheit solcher Mengen.

1. Zunächst lassen sich nämlich durch die Transformationen (P) Repräsentanten dreier linear unabhängiger Punkte x_i, y_i, z_i bzw. in die Repräsentanten dreier beliebiger anderer linear unabhängiger Punkte x_i^*, y_i^*, z_i^* überführen.

2. Ferner sind $1, 0, 0$; $0, 1, 0$; $0, 0, 1$ linear unabhängig, und die Gesamtheit der projektiven Transformationen, welche diese drei Punkte in sich überführen, sind

$$x_i^* = a_{ii} x_i, \qquad (i = 0, 1, 2), \qquad a_{00} a_{11} a_{22} \neq 0.$$

Es läßt sich also unter Festhaltung von $1, 0, 0$; $0, 1, 0$; $0, 0, 1$ noch jeder Punkt $x x_i$, der sowohl von $1, 0, 0$; $0, 1, 0$ wie von $0, 1, 0$; $0, 0, 1$ und von $0, 0, 1$; $1, 0, 0$ linear unabhängig ist, für den also alle $x_i \neq 0$ sind, in jeden anderen solchen Punkt überführen.

3. Eine Transformation, welche die Punkte $1, 0, 0$; $0, 1, 0$; $0, 0, 1$ und $1, 1, 1$ fest läßt, ist die Identität.

Aus 1 und 2 folgt, daß sich irgend vier Punkte, die zu je dreien linear unabhängig sind, in $1, 0, 0$; $0, 1, 0$; $0, 0, 1$; $1, 1, 1$ und also auch in vier andere Punkte mit denselben Eigenschaften überführen lassen; hieraus, aus 3. und 1, 5 Satz 3 folgt, daß eine Transformation, welche vier zu je dreien linear unabhängige Punkte fest läßt, die identische Transformation ist. Folglich bilden vier Punkte, die zu je dreien linear unabhängig sind, eine Bezugsmenge.

Um die *Invarianten* von den Bezugsmengen $\mathfrak{B} = \mathfrak{M}\,(a\,a_i;\ b\,b_i;\ c\,c_i;\ d\,d_i)$ und einem fünften beliebigen Punkt $x\,x_i$ zu finden, sei

$$a_i\,\lambda_d + b_i\,\mu_d + c_i\,\nu_d = d_i\,,$$
$$a_i\,\lambda\ + b_i\,\mu\ + c_i\,\nu\ = x_i\,. \qquad (i = 0, 1, 2)$$

Alsdann ist $\lambda_d,\ \mu_d,\ \nu_d \neq 0$, weil aus $\lambda_d = 0$ z. B. die lineare Abhängigkeit der Punkte $b_i,\ c_i,\ d_i$ folgen würde. Wir bilden

$$(1) \qquad \frac{\lambda}{\lambda_d} : \frac{\mu}{\mu_d} : \frac{\nu}{\nu_d} = J_1 : J_2 : J_3\,.$$

Diese Verhältnisse sind invariant, weil sich die $\lambda,\ \mu,\ \nu,\ \lambda_d,\ \mu_d,\ \nu_d$ bei Transformationen (P) nicht ändern, und weil sich die Verhältnisse (1) bei anderer Auswahl der $\bar{a}_i = a\,a_i,\ \bar{b}_i = b\,b_i,\ \bar{c}_i = c\,c_i,\ \bar{d}_i = d\,d_i,\ \bar{x}_i = x\,x_i$ nicht ändern.

Setzt man

$$\bar{a}_i = a_i\,\lambda_d\,, \qquad \bar{b}_i = b_i\,\mu_d\,, \qquad \bar{c}_i = c_i\,\nu_d\,, \qquad (i = 0, 1, 2)$$

so ist

$$J_1\,\bar{a}_i + J_2\,\bar{b}_i + J_3\,\bar{c}_i = x_i\,.$$

Der Punkt x_i ist also durch die Invarianten J_i bestimmt, wenn die Bezugsmenge gegeben ist.

Schließlich ist $1, 0, 0;\ 0, 1, 0;\ 0, 0, 1;\ 1, 1, 1$ eine Bezugsmenge, und für diese ist

$$J_i = x_i\,.$$

18. Der Begriff des Punktes.

Wir knüpfen jetzt noch einmal an **1, 13** an und erinnern an die verschiedene Bedeutung der Transformation (A) aus **1, 13** als Beispiel für die Überlegungen aus **1, 7** und **1, 8**. Zunächst sind sie Transformationen von Zahlenpaaren schlechthin. Sodann aber können die $x_1,\ x_2;\ \bar{x}_1,\ \bar{x}_2$ als Koordinatenvektoren bzw. natürliche Koordinaten und die (A) als Transformationen

$$\bar{\mathfrak{z}} = F(\mathfrak{z})$$

aufgefaßt werden. Deuten wir nun $x_1,\ x_2;\ \bar{x}_1,\ \bar{x}_2$ als natürliche Koordinaten bezüglich derselben Bezugsmenge $\mathfrak{B}$, so entsteht je nach Wahl von $\mathfrak{B}$ eine bestimmte Abbildung der Punkte unserer Geometrie. Wir können aber auch $x_1,\ x_2;\ \bar{x}_1,\ \bar{x}_2$ als Koordinaten desselben Elementes bezüglich verschiedener Bezugsmengen und die Gleichungen (A) als Koordinatentransformationen deuten, — Zusammenhänge, die aus der analytischen Geometrie ja ganz geläufig sind.

Schließlich noch eine allgemeinere Frage: Mit welcher Berechtigung durften wir in **1, 13** sagen „drei Zahlenpaare oder Punkte heißen linear abhängig . . ." und später eine gewisse Klasse von Zahlen eine Gerade nennen. In dem abstrakten Teil haben wir wohl Kongruenz, Invarianz, Bezugsmenge und Koordinatenvektor erklärt, von einer Definition von Punkt und Geraden ist aber dort nicht die Rede gewesen. Müßte der Punkt, der doch der einfachste Gegenstand der Geometrie ist, nicht vor allem und zuerst und nicht nur nebenbei definiert werden.

Eine direkte Definition des Punktes ist aber selbst bei einem so einfachen Beispiel wie in **1, 13** gar nicht möglich. Die Einführung des Wortes „Punkt" ist nur als eine Ausdrucksvorschrift aufzufassen, die folgendermaßen gemeint ist: In allen denjenigen Sätzen, welche zu unserer Geometrie gehören, welche also invariante Aussagen über Zahlenpaare sind, darf der Ausdruck „Zahlenpaar" durch „Punkt" ersetzt werden. Punkte der affinen Geometrie sind Gegenstände, für die alle Sätze, die so entstehen, richtig sind — das ist die einzige Erklärung des Punktes, die hier möglich ist.

Noch eine Bemerkung über die Form der so entstehenden geometrischen Sätze. Sofern man auf eine irgendwie anschaulich orientierte Weise die euklidische oder affine Geometrie aufbaut, sind die einzelnen Punkte und Geraden unmittelbar gleichsam als Einzelwesen gegebene Gegenstände. Man denkt sich da z. B. die zwei Punkte P und Q durch die durch sie bestimmte Strecke verbunden. Beim analytischen Aufbau kommen dagegen Sätze über individuelle Punkte überhaupt nicht vor. Gewiß bestimmen die Zahlenpaare a_1, a_2 und b_1, b_2 eine wohlbestimmte Klasse linear abhängiger Zahlenpaare. Dieser Sachverhalt gehört aber nicht in die Geometrie hinein, denn er ist nicht invariant. Erst der allgemeine Satz „irgend zwei Zahlenpaare bestimmen eine Klasse linear abhängiger" läßt sich in einen allgemeinen Satz über Punkte und Gerade verwandeln. Tatsächlich interessieren aber, auch bei der anschaulichen Konstruktion, nicht die Punktindividuen, sondern nur ihre allgemeinen Eigenschaften: der Raum ist homogen, und jede Eigenschaft einer speziellen Figur kommt auch allen zu ihr kongruenten zu.

Statt der Vorschrift, das Wort „Punkt" in invariante Aussagen über Zahlenpaare einzusetzen und so geometrische Sätze zu bilden, können wir auch so vorgehen. Wir erklären: Es gibt einen Bereich von Punkten und Beziehungen zwischen ihnen. Die Punkte lassen sich den Zahlenpaaren x_1, x_2 so zuordnen, daß verschiedenen Punkten auch verschiedene Zahlenpaare entsprechen und umgekehrt. Die Transformationen (A) vermitteln daher eineindeutige Abbildungen der Punkte. Jede Beziehung zwischen Punkten bleibt bei diesen Transformationen erhalten, und umgekehrt ist jede in diesem Sinn invariante Beziehung zwischen Punkten eine richtige. In dieser Auffassung erscheinen die Punkte als ein selbständiger Bereich von Gegenständen und die definierenden Punkttransformationen sozusagen als Automorphismen der zugehörigen Geometrie.

Kapitel 2.

Grundlagen der Algebra.

Einleitung.

Die bisherigen Darlegungen zeigen, wie man die Geometrie mit Hilfe der Analysis aus Zahlen konstruieren kann. Will man diesen Aufbau der Geometrie bis in die letzten Grundlagen zurückverfolgen, so muß man die Grundgesetze der Zahlen aufsuchen — wenigstens insoweit sie für die Konstruktion der Geometrie in Frage kommen. Dies sind die Gesetze der Addition, der Multiplikation und der Anordnung, die wir daher in diesem Kapitel untersuchen wollen.

Auch diese weitere Vertiefung in die Grundlagen eröffnet neue Möglichkeiten zur Konstruktion von Geometrien. Es gibt nicht nur ein einziges Zahlensystem, aus dem sich z. B. lineare Transformationen von Zahlen-n-Tupeln bilden lassen, sondern sehr viele. Wir werden eine Übersicht über die Systeme erhalten, indem wir den Begriff des Körpers und des Schiefkörpers von Zahlen bilden[1].

Die Methode, der wir uns bedienen, ist die axiomatische. Insbesondere ist es die Unabhängigkeit von Axiomen, mit der wir uns gerade im Hinblick auf unser Hauptziel eingehender beschäftigen.

1. Körper.

Eine Gesamtheit von Zahlen a, b, c, ... heißt ein *Körper*, wenn für sie zwei Operationen, eine Addition $a + b$ und eine Multiplikation $a b$ erklärt sind, die folgenden Gesetzen genügen:

A. 1. Die Addition ist stets ausführbar, d. h. wenn a und b der Gesamtheit angehören, so soll auch $a + b = c$ der Gesamtheit angehören.

A. 2. Die Addition ist assoziativ, d. h. für irgend drei Zahlen der Gesamtheit gilt

$$(a + b) + c = a + (b + c).$$

A. 3. Es existiert eine Zahl — die wir additives Einheitselement nennen und mit 0 bezeichnen — derart, daß

$$a + 0 = 0 + a = a$$

ist.

A. 4. Es existiert zu jeder Zahl a eine inverse bezüglich der Addition, die wir mit — a bezeichnen, so daß

$$a + (-a) = 0$$

ist.

---

[1] Zur Ergänzung des Kapitels 2 und 3 sei auf H. Hasse: Höhere Algebra I. Sammlung Göschen Nr. 931. Leipzig 1926 und O. Haupt: Einführung in die Algebra, Bd. I. Leipzig 1929 verwiesen.

A. 5. Die Addition ist kommutativ, d. h. für irgend zwei Zahlen der Gesamtheit gilt stets

$$a + b = b + a \, .$$

Nach **1, 3** und den Festsetzungen *A. 1* bis *A. 4* bilden die Zahlen a, b mit der Verknüpfung $a + b$ eine Gruppe und wegen des Gesetzes *A. 5* eine kommutative Gruppe. Sie heiße kurz die Gruppe der Addition. Nach **1, 3** Ende gibt es nur eine 0 und nur ein zu a inverses Element $- a$.

M. 1. Die Multiplikation ist stets ausführbar, d. h. wenn a und b der Gesamtheit angehören, soll auch ab = c der Gesamtheit angehören.

M. 2. Die Multiplikation ist assoziativ, d. h. es gilt

$$(a \, b) \, c = a \, (b \, c) \, .$$

M. 3. Es existiert eine Zahl — die wir das multiplikative Einheitselement nennen und mit 1 bezeichnen — derart, daß für alle a

$$a \, 1 = 1 \, a = a$$

ist.

M. 4. Für alle Zahlen $a \neq 0$ gibt es eine inverse bezüglich der Multiplikation, die wir mit a^{-1} bezeichnen, so daß

$$a \, a^{-1} = 1$$

ist.

M. 5. Die Multiplikation ist kommutativ, d. h. für irgend zwei Zahlen a, b ist stets $a b = b a$.

Δ. 1. Die Multiplikation ist rechtsseitig distributiv, d. h. für irgend drei Elemente a, b, c ist stets

$$a \, (b + c) = a b + a c \, .$$

Δ. 2. Die Multiplikation ist linksseitig distributiv, d. h. für irgend drei Elemente a, b, c ist stets

$$(b + c) \, a = b a + c a \, .$$

Aus *Δ. 1, 2* folgt

$$0 \, a = a \, 0 = 0 \, .$$

Denn es ist z. B.

$$0 \, a = (0 + 0) \, a = 0 \, a + 0 \, a \, .$$

Ferner gilt: Ist $a b = 0$, so ist entweder $a = 0$ oder $b = 0$. Denn ist z. B. $a \neq 0$, so existiert nach *M. 4* ein inverses Element a^{-1} und es ist

$$0 = a^{-1} \, 0 = a^{-1} \, a \, b = 1 \, b = b \, .$$

Nach **1, 3** und *M. 1* bis *M. 4* bilden die Zahlen des Körpers daher mit Ausnahme der 0 bezüglich der Verknüpfung $a b$ eine Gruppe, wegen *M. 5* eine kommutative Gruppe. Sie heiße die Gruppe der Multiplikation. Nach **1, 3** Ende gibt es nur ein Einheitselement 1 und nur ein zu a inverses Element a^{-1}.

Δ. 2 ist natürlich eine Folge von *Δ. 1* und *M. 5*. Später wollen wir jedoch auf *M. 5* verzichten. Eine Zahlengesamtheit, in welcher die Gesetze A, M, Δ gelten, heißt, wie gesagt, Körper, die Gesetze A, M, Δ selbst die Körperaxiome. Ist $M.5$ nicht erfüllt, so heißt die Gesamtheit der Zahlen „*Schiefkörper*". Ist nur eines der beiden distributiven Gesetze erfüllt, so heißt ein solches Zahlensystem ein „*einseitig distributives*".

Die Abbildung $ax = \overline{x}$ ist eine eineindeutige, wenn $a \neq 0$ ist, weil ja $a^{-1}\overline{x} = x$ ist. Hieraus und aus $\Delta.1$ folgt weiter — unabhängig von $M.5$ — daß diese Abbildung ein Automorphismus der Gruppe der Addition ist. Entsprechendes gilt für die Abbildung $xa = \overline{x}$.

Man bestätigt leicht, daß die rationalen Zahlen, die reellen Zahlen, die komplexen Zahlen je einen Körper bilden. Es gibt merkwürdigerweise aber auch Körper, die nur endlich viele Elemente enthalten. Jeder Körper enthält eine 0 und eine davon verschiedene Zahl 1. Setzen wir nun fest, daß

$$1 + 1 = 0$$

ist, so bilden die Elemente $0, 1$ einen Körper; denn es ist ja

$$0 + 0 = 0, \quad 0 + 1 = 1 + 0 = 1,$$
$$0 \cdot 1 = 1 \cdot 0 = 0, \quad 1 \cdot 1 = 1.$$

Weitere Beispiele für endliche Körper bilden die Restklassenkörper nach einer Primzahl.

2. Automorphismen. Zentrum. Rationale Zahlen.

Eine eineindeutige Abbildung der Zahlen eines Körpers oder Schiefkörpers auf sich

$$\overline{x} = J(x)$$

heißt ein *Automorphismus* des Körpers, wenn mit

$$a + b = c \quad \text{auch} \quad J(a) + J(b) = J(c)$$

und mit

$$ab = c \quad \text{auch} \quad J(a) \cdot J(b) = J(c)$$

richtig ist. Automorphismen der Körper sind also zugleich Automorphismen der Gruppe der Addition und Multiplikation. Bei allen Automorphismen gehen nach **1, 4** die Elemente 0 und 1 in sich selbst über. In einem Schiefkörper bildet die Transformation

$$\overline{x} = a x a^{-1} \qquad\qquad (a \neq 0)$$

einen Automorphismus. Denn es ist nach $\Delta.1, 2$

$$a(b + c) a^{-1} = a b a^{-1} + a c a^{-1},$$

und ferner ist

$$(a b a^{-1}) \cdot (a c a^{-1}) = a b c a^{-1}.$$

Diese Automorphismen heißen innere Automorphismen des Schiefkörpers.

Lassen sich zwei verschiedene Zahlensysteme so eineindeutig aufeinander abbilden, daß der Summe je zweier Elemente und dem Produkt je zweier Elemente wieder Summe und Produkt der zugeordneten Elemente entsprechen, so heißen sie isomorph.

In einem Schiefkörper bildet die Gesamtheit derjenigen Zahlen, welche mit allen Zahlen des Körpers vertauschbar sind, einen Körper. Er heißt das *Zentrum* des Schiefkörpers. Ist nämlich $a \neq 0$ ein Element des Zentrums, so auch $-a$ und a^{-1}. Denn aus $ax = xa$ folgt

$$-ax = (0 - a)\,x = -xa = x\,(0 - a) \quad \text{bzw.} \quad (-a)\,x = x\,(-a)$$

und aus

$$(ax)^{-1} = (xa)^{-1}$$

folgt

$$x^{-1}a^{-1} = a^{-1}x^{-1}.$$

Sind ferner a und b zwei Elemente des Zentrums, ist also für beliebige x

$$ax = xa, \quad bx = xb,$$

so ist auch

$$(a + b)\,x = x\,(a + b)$$

und

$$(ab)\,x = a\,(bx) = a\,(xb) = (ax)\,b = (xa)\,b = x\,(ab).$$

Insbesondere gehören also auch alle Elemente $1 + 1 + \cdots + 1$ und ihre Inversen bezüglich der Addition und Multiplikation zum Zentrum.

Der Begriff eines *Unterkörpers* bedarf kaum einer Erklärung. Ist a irgend eine Zahl, so kann man nach dem kleinsten Unterkörper fragen, der a enthält; es ist derjenige Körper, der entsteht, indem man $a + a + \cdots + a, \, aa \cdots a$, deren inverse, deren Summe und Produkt usf. bildet; er heißt der von a erzeugte Körper. *Der von der Einheit 1 erzeugte Körper* ist ein Unterkörper jedes Unterkörpers, insbesondere des Zentrums.

Dieser Körper ist mit dem der *rationalen* Zahlen isomorph, falls alle Elemente

$$1 + 1 + \cdots + 1 \neq 0$$

sind. Alsdann läßt sich nämlich zunächst jeder solchen Summe eineindeutig eine positive ganze rationale Zahl n zuordnen; entsprechend sind

$$-1 - 1 - \cdots - 1 \neq 0,$$

sie können den negativen ganzen rationalen Zahlen eineindeutig zugeordnet werden, und diese Zuordnung der ganzzahligen Elemente ist offenbar eine isomorphe.

Wir setzen nun zur Abkürzung

$$a + a + \cdots + a = na, \quad 1 + 1 + \cdots + 1 = (n)$$

bzw.

$$-1 - 1 - \cdots - 1 = (-n),$$

wenn die linke Summe n Glieder enthält. Dann ist für ganzzahlige n, m stets

$$(m) + (n) = (n + m)\,, \qquad (m)\,(n) = (mn)\,.$$

Das zu (n) inverse Element werde mit $(n)^{-1}$ bezeichnet; es ist

$$(n)^{-1} + (n)^{-1} + \cdots + (n)^{-1} = m\,(n)^{-1}\,,$$

wenn die linke Summe m Glieder enthält. Die Gesamtheit dieser Elemente bilden einen Körper. Zunächst ist nach $\varDelta.\,1,\,2$

$$m\,(n)^{-1} = (m)\,(n)^{-1}\,.$$

Daraus folgt

$$m_1\,(n_1)^{-1}\,m_2\,(n_2)^{-1} = (m_1)\,(m_2)\,(n_1)^{-1}\,(n_2)^{-1} = m_1 m_2\,(n_1 n_2)^{-1}\,.$$

Da

$$mr\,(nr)^{-1} = (m)\,(r)\,(r)^{-1}\,(n)^{-1} =: m\,(n)^{-1}$$

ist, ist ferner

$$m_1\,(n_1)^{-1} + m_2\,(n_2)^{-1} = m_1 n_2\,(n_1 n_2)^{-1} + m_2 n_1\,(n_1 n_2)^{-1}$$
$$= [m_1 n_2 + m_2 n_1]\,(n_1 n_2)^{-1}\,.$$

$(-m)\,(n)^{-1}$ ist das zu $m\,(n)^{-1}$ inverse Element bezüglich der Addition, $n\,(m)^{-1}$ das inverse bezüglich der Multiplikation.

Da der von 1 erzeugte Körper durch die eingeführte Symbolik also isomorph auf die rationalen Zahlen abgebildet ist, so ist unsere Behauptung bewiesen.

3. Geordnete Körper. Geordnete Gruppen.

Da es verschiedene Körper gibt, sind die reellen Zahlen gewiß nicht allein dadurch gekennzeichnet, daß sie einen Körper bilden. Die Kennzeichnung läßt sich aber mit dem Begriff des geordneten Körpers durchführen.

Ein Körper heißt *geordnet*, wenn die folgenden Forderungen erfüllt sind:

O. 1. Für zwei verschiedene Zahlen a, b ist stets eine der beiden Aussagen $a > b$, $b > a$ (a größer als b oder b größer als a) richtig.

O. 2. Die „größer als"-Beziehung ist transitiv: ist $a > b$ und $b > c$, so ist $a > c$.

Diese Anordnungsbeziehung soll durch folgende Gesetze mit den Rechenoperationen der Addition und Multiplikation verknüpft sein.

O. 3. Ist $a > b$, so ist auch stets $a + c > b + c$ (erstes Monotoniegesetz der Addition).

O. 4. Ist $a > b$, $c > 0$, so ist auch stets $ac > bc$ (erstes Monotoniegesetz der Multiplikation).

Sind die a, b, c Elemente einer Gruppe, deren Komposition mit $a + b$ bezeichnet wird, und ist neben *O. 1, O. 2, O. 3* auch stets $c + a$

$> c + b$, wenn $a > b$ (zweites Monotoniegesetz), so heißt die Gruppe der a eine *geordnete Gruppe*.

Ist $a > b$, so ist $b < a$ (b kleiner als a) und umgekehrt.

Ist $a > 0$, so ist nach *O. 3* auch $0 > - a$. Ist $a > 0$ und $b > 0$, so ist nach *O. 3* auch $a + b > b > 0$ und nach *O. 4* auch $ab > 0$.

Die Zahlen $a \neq 0$ lassen sich also so in *positive Zahlen* ($a > 0$) und *negative Zahlen* ($a < 0$) einteilen, daß die Summe positiver Zahlen positiv ist und die negativen Zahlen die inversen der positiven bezüglich der Addition sind. Die positiven Zahlen bilden eine Gruppe bezüglich der Multiplikation. Ist $a > b$, so ist $a - (b + a) > b - (b + a)$ also, nach **2, 2**, $-b > -a$. Da $(n + 1) a = n a + a > n a$ für positive a ist, kann kein $n a$ gleich 0 sein; der von der Einheit 1 erzeugte Körper ist also zu dem Körper der rationalen Zahlen isomorph. Die Größer-Beziehungen in diesem Körper sind dieselben wie im rationalen Körper. Jede Zahl a eines geordneten Körpers zerlegt die rationalen Zahlen in zwei Klassen, in die Klasse derjenigen, die kleiner sind als a und in die derjenigen, die größer sind.

In dem Körper der *reellen Zahlen* gelten dann die folgenden beiden Sätze:

O. 5. Sind a und b zwei reelle Zahlen und sind alle Größerbeziehungen zwischen rationalen Zahlen r und a bzw. b,

$$r > a, \quad r > b$$

gleichzeitig wahr oder falsch, so ist $a = b$.

O. 6. Sind die rationalen Zahlen so in zwei Klassen $\Re_1$ und $\Re_2$ verteilt, daß jede Zahl r_1 aus $\Re_1$ kleiner als irgend eine Zahl r_2 aus $\Re_2$ ist, so gibt es stets eine Zahl a, so daß

$$r_1 \leqq a, \quad a \leqq r_2 \qquad\qquad (r_i \text{ aus } \Re_i)$$

ist (Vollständigkeitsaxiom).

Umgekehrt aber sieht man, daß die in diesen beiden Sätzen ausgesprochenen Eigenschaften von Zahlen eines Körpers es ermöglichen, diese Zahlen eineindeutig dem DEDEKINDschen Schnitt im Bereich der rationalen Zahlen des Körpers zuzuordnen. Folglich ist ein solcher geordneter Körper isomorph zu dem Körper der reellen Zahlen.

Ist *O. 5* nicht erfüllt, so gibt es also zwei verschiedene Zahlen $a > b$, für welche aus $r_1 > a$ auch $r_1 > b$ folgt und für welche aus $a > r_2$ auch $b > r_2$ folgt und umgekehrt. Man kann a dabei so wählen, daß es rationale Zahlen r_1, r_2 mit $r_1 > a > r_2$ wirklich gibt. Ist nämlich a^* z. B. größer als alle rationalen Zahlen, also auch größer als 0, so ist a^{*-1} auch größer als 0 und kleiner als alle positiven rationalen Zahlen. Dann muß für beliebige solche r_1, r_2

$$r_1 - r_2 > a - r_2 > a - b > 0$$

sein. Da $r_1 - r_2$ kleiner als $1/n$ gemacht werden kann, ist also stets

$$1/n > a - b > 0, \quad 1 > n(a - b).$$

Ein solches Zahlensystem heißt ein „nicht archimedisches".

Man kann an Stelle von $O. 5$ auch direkt das sog. *Archimedische Axiom* aufstellen.

O. 7. Sind a und b zwei positive Zahlen, so gibt es stets eine natürliche Zahl n, so daß

$$n\, a > b$$

ist.

Denn wir zeigten: Gilt $O. 5$ nicht, so gilt auch $O. 7$ nicht. Gilt also $O. 7$, so muß auch $O. 5$ gelten. — Auch die Umkehrung hiervon ist leicht einzusehen.

4. Reelle Zahlen als geordnete Gruppe.

Man kann auf einige der Forderungen, die wir im vorigen Abschnitt zur Charakterisierung der reellen Zahlen benützten, verzichten. *Z. B. folgt das kommutative Gesetz der Multiplikation* aus den übrigen Forderungen so: Zunächst folgt das zweite Monotoniegesetz für die Multiplikation so: nach $O. 4$ ist $cd > 0$, wenn $c > 0$ und $d > 0$ ist, und daher, wenn $d = a - b$ ist, $ca > cb$, wenn $a > b$ und $c > 0$ ist. Ist nun $r_1 a < b < r_2 a$ (r_i rationale Zahlen), so ist sowohl $r_1 a^2 < ba < r_2 a^2$ als auch $r_1 a^2 < ab < r_2 a^2$. Aus $O. 5$ folgt dann leicht $ab = ba$.

Man kann die reellen Zahlen aber schon als spezielle geordnete Gruppe kennzeichnen.

Wir fordern zunächst:

1. Die Zahlen a, b, ... mit der Verknüpfung a + b bilden eine geordnete Gruppe.

2. Jede Zahl läßt sich eindeutig halbieren.

3. Es gilt das Archimedische Axiom.

Ist $2\,b = b + b = a$ und $2\,\bar{b} = \bar{b} + \bar{b} = a$, so ist nach 2. also $b = \bar{b}$. Wir setzen daher $b = \frac{1}{2} a = \frac{a}{2}$. Für $\frac{1}{2}\left(\frac{1}{2}\left(\cdots\left(\frac{1}{2} a\right)\cdots\right)\right)$ schreiben wir

$$\frac{1}{2^n}\, a,$$

wenn der Ausdruck die 2 gerade n mal enthält. Es ist dann

$$\frac{1}{2^n}\left(\frac{1}{2^m}\, a\right) = \frac{1}{2^{n+m}}\, a$$

und für jede natürliche Zahl k ist

$$k\left(\frac{a}{2^n}\right) = \frac{1}{2^n}\,(k\,a)$$

weil

$$2^n\, k\left(\frac{a}{2^n}\right) = k\left(2^n\,\frac{a}{2^n}\right) = k\,a$$

ist. Da

$$k_1 k_2 \left(\frac{a}{2^n}\right) = k_1 \left(k_2 \left(\frac{a}{2^n}\right)\right).$$

so ist

$$k \, 2^m \left(\frac{a}{2^{n+m}}\right) = k \left(\frac{a}{2^n}\right).$$

Zwei Elemente $k_1 \left(\frac{a}{2^{n_1}}\right)$ und $k_2 \left(\frac{a}{2^{n_2}}\right)$ sind also gewiß gleich, wenn

$$\frac{k_1}{2^{n_1}} = \frac{k_2}{2^{n_2}}$$

ist.

Sie sind aber auch nur unter dieser Bedingung gleich. Wir können die Zahlen nämlich auf den gleichen Nenner 2^{n^*} bringen. Ist

$$\frac{k_1}{2^{n_1}} = \frac{k_1^*}{2^{n^*}}, \qquad \frac{k_2}{2^{n_2}} = \frac{k_2^*}{2^{n^*}}$$

und ist etwa $k_1^* > k_2^*$, $a > 0$, so ist auch $\frac{1}{2} a > 0$ und allgemein $\frac{1}{2^n} a > 0$ und daher

$$k_1 \left(\frac{a}{2^{n_1}}\right) = k_1^* \left(\frac{a}{2^{n^*}}\right) > k_2^* \left(\frac{a}{2^{n^*}}\right) = k_2 \left(\frac{a}{2^{n_2}}\right).$$

Damit ist zugleich gezeigt, daß die Zahlen

$$k \left(\frac{a}{2^n}\right) \quad \text{für} \quad a > 0$$

dieselbe Größer-Relation erfüllen wie die Zahlen $\frac{k}{2^n}$. Für $a < 0$ erfüllen sie die umgekehrte Relation. Schließlich ist

$$k_1 \left(\frac{a}{2^{n_1}}\right) + k_2 \left(\frac{a}{2^{n_2}}\right) = (k_1^* + k_2^*) \left(\frac{a}{2^{n^*}}\right).$$

Die Zahlen $k \left(\frac{a}{2^n}\right)$ bilden also eine kommutative geordnete Gruppe. Setzen wir

$$\frac{k}{2^n} = \nu,$$

so können wir

$$k \left(\frac{a}{2^n}\right) = \nu a$$

setzen.

Jede Zahl b zerlegt die νa in die Klasse der größeren und der kleineren als b, und nach dem Archimedischen Axiom ist sie durch diesen Schnitt bestimmt. Jeder Zahl b entspricht daher eine bestimmte reelle Zahl β, in Zeichen $b = \beta a$.

Man folgert hieraus und den beiden Monotoniegesetzen leicht, daß die Verknüpfung $b + c$ kommutativ sein muß. Ist nämlich

$$k_1 \left(\frac{a}{2^{n_1}}\right) < b < \bar{k}_1 \left(\frac{a}{2^{\bar{n}_1}}\right), \qquad k_2 \left(\frac{a}{2^{n_2}}\right) < c < \bar{k}_2 \left(\frac{a}{2^{\bar{n}_2}}\right),$$

so ist

$$k_1\left(\frac{a}{2^{n_1}}\right) + k_2\left(\frac{a}{2^{n_2}}\right) < b + c < \bar{k}_1\left(\frac{a}{2^{\bar{n}_1}}\right) + \bar{k}_2\left(\frac{a}{2^{\bar{n}_2}}\right),$$

$$k_1\left(\frac{a}{2^{n_1}}\right) + k_2\left(\frac{a}{2^{n_1}}\right) < c + b < \bar{k}_1\left(\frac{a}{2^{\bar{n}_1}}\right) + \bar{k}_2\left(\frac{a}{2^{\bar{n}_2}}\right),$$

und da sowohl $b + c$ wie $c + b$ durch die Gesamtheit dieser Ungleichungen, im wesentlichen nach O. 7, bestimmt sind, ist $b + c = c + b$. Genauer sieht man: ist $b = \beta a$, $c = \gamma a$, so ist

$$b + c = c + b = (\beta + \gamma)\, a\,.$$

Wir fordern schließlich noch die Vollständigkeit, d. h. es entspreche jedem Schnitt im Bereich der Zahlen $v a$ eine Zahl b. Alsdann durchlaufen die β alle reellen Zahlen.

Der Zusammenhang zwischen dieser geordneten Gruppe und dem Körper der reellen Zahlen wird durch die Automorphismen der Gruppe vermittelt; wir zeigen: Den die Anordnung erhaltenden Automorphismen $\bar{x} = J\,(x)$ einer Gruppe, welche den Forderungen 1 bis 3 genügt, entsprechen die Transformationen

$$\bar{\xi} = \xi\iota$$

der zugeordneten reellen Zahlen. Geht nämlich a in $\bar{a}$ über, so auch

$$\frac{a}{2} \text{ in } \frac{\bar{a}}{2}, \quad k\left(\frac{a}{2^n}\right) \text{ in } k\left(\frac{\bar{a}}{2^n}\right),$$

weil J ein Automorphismus ist und βa in $\beta\bar{a}$, weil J die Anordnung erhält. Ist nun $\bar{a} = \iota a$, so ist also tatsächlich $\bar{\xi} = \xi\iota$.

Hieraus folgert man leicht, daß ein Isomorphismus des Körpers der reellen Zahlen stets der identische Isomorphismus ist. Weil sich nämlich nur für positive Zahlen α die Gleichung $\xi^2 = \alpha$ auflösen läßt, müssen positive Zahlen wieder in solche übergehen, also bleibt die Anordnung erhalten, der Isomorphismus hat also die Gestalt: $\bar{\xi} = \xi\iota$, und da 1 in sich übergeht, muß $\iota = 1$ sein.

5. Kommutatives Gesetz der Addition. Unabhängigkeit.

Wir wollen der Vereinfachung der Axiome jetzt systematisch nähertreten.

Das kommutative Gesetz der Addition folgt aus den übrigen Rechengesetzen für die Elemente eines Schiefkörpers, d. h. also ohne das kommutative Gesetz der Multiplikation. Es ist nämlich einerseits nach $\varDelta. 1$

$$(a + b)\,(1 + 1) = (a + b)\,1 + (a + b)\,1 = a + b + a + b$$

und andererseits nach $\varDelta. 2$

$$(a + b)\,(1 + 1) = a\,(1 + 1) + b\,(1 + 1) = a + a + b + b,$$

also ist

$$a + b + a + b = a + a + b + b$$

und also

$$b + a = -a + a + b + a + b - b = -a + a + b + b - b = a + b.$$

Das legt die Frage nahe, ob nicht vielleicht auch das kommutative Gesetz der Multiplikation aus den übrigen Rechengesetzen folgen möchte und ein Schiefkörper immer auch ein Körper wäre. Ähnlich kann man fragen, ob es geordnete Schiefkörper und ob es einseitig distributive Zahlensysteme wirklich gibt.

Ein Satz, der aus anderen Sätzen gefolgert werden kann, heißt von diesen Sätzen *abhängig*. Das kommutative Gesetz der Addition ist, wie wir oben sahen, von den übrigen Forderungen für die Zahlen eines Schiefkörpers abhängig, und wir fragen also, ob das kommutative Gesetz der Multiplikation und das zweite distributive Gesetz von den übrigen Forderungen unabhängig ist oder nicht.

Der *Beweis für die Unabhängigkeit einer Forderung* läßt sich dadurch erbringen, daß man ein System von Zahlen angibt, das allen Forderungen genügt, bis auf diejenige Eigenschaft, die als unabhängig erkannt werden soll. In den folgenden Abschnitten geben wir hierfür einige Beispiele, die auch später sich für geometrische Unabhängigkeitsbeweise als nützlich erweisen werden.

6. Quaternionen.

Das einfachste Beispiel für einen Schiefkörper sind die Quaternionen. Wir erklären dieselben als Quadrupel reeller Zahlen

$$a = (\alpha_0, \alpha_1, \alpha_2, \alpha_3).$$

Unter der Summe zweier Quaternionen a und b,

$$b = (\beta_0, \beta_1, \beta_2, \beta_3),$$

verstehen wir die Zahl $a + b = c = (\gamma_0, \gamma_1, \gamma_2, \gamma_3)$, wo

$$\gamma_i = \alpha_i + \beta_i \qquad\qquad (i = 0, \ldots, 3).$$

Unter dem Produkt zweier Quaternionen a und b verstehen wir das Quaternion $ab = d = (\delta_0, \delta_1, \delta_2, \delta_3)$ mit

$$(1) \qquad \begin{aligned}
\delta_0 &= \alpha_0 \beta_0 - \alpha_1 \beta_1 - \alpha_2 \beta_2 - \alpha_3 \beta_3 \\
\delta_1 &= \alpha_0 \beta_1 + \alpha_1 \beta_0 + \alpha_2 \beta_3 - \alpha_3 \beta_2 \\
\delta_2 &= \alpha_0 \beta_2 - \alpha_1 \beta_3 + \alpha_2 \beta_0 + \alpha_3 \beta_1 \\
\delta_3 &= \alpha_0 \beta_3 + \alpha_1 \beta_2 - \alpha_2 \beta_1 + \alpha_3 \beta_0
\end{aligned}$$

Die Rechengesetze der Addition für Quaternionen folgen unmittelbar aus denen der reellen Zahlen.

$$(-\alpha_0, \ -\alpha_1, \ -\alpha_2, \ -\alpha_3)$$

ist gleich $-a$. Die beiden distributiven Gesetze folgen daraus, daß die δ_i in α_i und β_i bilinear sind.

Setzen wir

$$\alpha_0^2 + \alpha_1^2 + \alpha_2^2 + \alpha_3^2 = \varrho$$

so ist

$$\left(\frac{\alpha_0}{\varrho}, \ -\frac{\alpha_1}{\varrho}, \ -\frac{\alpha_2}{\varrho}, \ -\frac{\alpha_3}{\varrho} \right)$$

das Element a^{-1}.

Es bleibt also nur noch das assoziative Gesetz der Multiplikation zu prüfen. Zu diesem Zwecke führen wir eine etwas andere Symbolik für die Quaternionen ein, wir setzen

$$\lambda a = (\lambda \alpha_0, \ \lambda \alpha_1, \ \lambda \alpha_2, \ \lambda \alpha_3) = a \lambda$$

und

$$l_0 = (1,0,0,0), \quad l_1 = (0,1,0,0), \quad l_2 = (0,0,1,0), \quad l_3 = (0,0,0,1).$$

Dann ist

$$a = \alpha_0 l_0 + \alpha_1 l_1 + \alpha_2 l_2 + \alpha_3 l_3.$$

Für ab schreiben wir unter Anwendung der distributiven Gesetze

$$(2) \qquad\qquad ab = \sum_{ik} \alpha_i \beta_k \, l_i l_k.$$

Hierin ist nach (1)

$$l_0 l_i = l_i l_0 = l_i, \quad l_i^2 = -l_0, \qquad (i = 1,2,3)$$
$$l_2 l_3 = -l_3 l_2 = l_1,$$
$$(3) \qquad\qquad l_3 l_1 = -l_1 l_3 = l_2,$$
$$l_1 l_2 = -l_2 l_1 = l_3;$$

setzt man diese Werte in die rechte Seite von (2) ein, so erkennt man ab natürlich als dasselbe Quaternion wie oben. Nun ist aber nach den distributiven Gesetzen

$$(ab)c = \sum_{ikl} \alpha_i \beta_k \gamma_l \, (l_i l_k) \, l_l,$$

$$a(bc) = \sum_{ikl} \alpha_i \beta_k \gamma_k \, l_i \, (l_k l_l)$$

und um $(ab)c = a(bc)$ allgemein nachzuweisen, ist also nur

$$(l_i l_k) l_l = l_i (l_k l_l)$$

nachzuprüfen. Das ist durch Ausrechnen mittels der Tabelle (3) leicht durchführbar. Tabelle (3) zeigt außerdem, daß die Multiplikation nicht kommutativ ist.

Einen anderen ähnlichen Schiefkörper erhalten wir, wenn die α_i rationale Zahlen sind.

7. Funktionenkörper.

Ein *Beispiel für einen nicht archimedischen geordneten Körper* geben die (endlichen oder unendlichen) Potenzreihen von einer Veränderlichen mit endlich vielen negativen Exponenten

$$a = \sum_{i=0}^{\infty} \alpha_i \, x^{i+m} = x^m \sum_{i=0}^{\infty} \alpha_i \, x^i \qquad (\alpha_0 \neq 0) \, .$$

Darin sei m eine positive oder negative ganze Zahl oder die Null und α_i reelle (oder rationale) Zahlen. Ist

$$b = \sum_{k=0}^{\infty} \beta_k \, x^{k+n} = x^n \sum_{k=0}^{\infty} \beta_k \, x^k \qquad (\beta_0 \neq 0) \, ,$$

so verstehen wir unter $a + b$ die Potenzreihe, die aus

$$\sum_{i=0}^{\infty} \alpha_i \, x^{i+m} + \sum_{k=0}^{\infty} \beta_k \, x^{k+n} = x^p \sum_{l=0}^{\infty} \gamma_l \, x^l, \qquad (\gamma_0 \neq 0)$$

durch Zusammenfassung der Koeffizienten gleicher Potenzen x^{l+p} entsteht, und unter ab die Potenzreihe, die aus

$$\sum_{i=0}^{\infty} \sum_{k=0}^{\infty} \alpha_i \, x^{i+m} \beta_k \, x^{k+n} = x^{m+n} \sum_{l=0}^{\infty} \delta_l \, x^l$$

durch Zusammenfassung der Glieder mit gleicher Potenz x^{l+m+n} entsteht. Offenbar ist

$$\delta_0 = \alpha_0 \beta_0, \quad \delta_1 = \alpha_1 \beta_0 + \alpha_0 \beta_1, \quad \ldots,$$
$$\delta_n = \alpha_n \beta_0 + \alpha_{n-1} \beta_1 + \cdots + \alpha_0 \beta_n, \quad \ldots .$$

Die Rechengesetze der Addition folgen aus denen der Zahlen α, β. — a ist gleich

$$x^m \sum_{i=0}^{\infty} (-\alpha_i) \, x^i.$$

Das assoziative Gesetz der Multiplikation ergibt sich daraus, daß sowohl $(ab)\,c$ wie $a\,(bc)$ sich durch Zusammenfassung der Koeffizienten von x^c aus derselben Reihe

$$\sum_{i=0}^{\infty} \sum_{k=0}^{\infty} \sum_{l=0}^{\infty} \alpha_i \, x^{i+m} \beta_k \, x^{k+n} \gamma_l \, x^{l+p}$$

bilden lassen. Das kommutative Gesetz der Multiplikation folgt im wesentlichen aus der Bauart der δ_i und dem kommutativen Gesetz für die Addition und Multiplikation der Koeffizienten. Das Einheitselement der Multiplikation ist 1. Das zu $a \neq 0$ inverse Element a^{-1} ist

$$a^{-1} = x^{-m} \sum_{i=0}^{\infty} \beta_i \, x^i,$$

wo die β_i aus den Gleichungen

$$\delta_0 = 1, \qquad \delta_i = 0 \qquad (i = 1, 2, \ldots)$$

zu bestimmen sind; wegen $a \neq 0$ und daher $\alpha_0 \neq 0$ sind dadurch die

β_i eindeutig festgelegt. Die distributiven Gesetze folgen, weil die δ_i bilinear in α, β sind.

Die Anordnung wird so festgesetzt:

$a > b$ gilt dann und nur dann, wenn $a - b > 0$ ist,
$a > 0$ gilt dann und nur dann, wenn $\alpha_0 > 0$ ist.

Alsdann sind die Forderungen $O.1$ bis $O.4$ in $2, 3$ erfüllt. Dagegen ist die archimedische Forderung nicht erfüllt, weil

$$0 < \lambda x < \varrho$$

ist, wo λ, ϱ beliebige positive reelle (rationale) Zahlen sind.

8. Geordnete Schiefkörper.

Man bestätigt leicht, daß man den Funktionenkörper des vorigen Abschnitts erklären kann, wenn von den α, β, γ, den Koeffizienten der Reihen, nichts anderes vorausgesetzt wird, als daß sie selbst einen Körper bilden. Und sobald sie einem geordneten Körper angehören, läßt sich der Funktionenkörper wiederum nach dem in $2, 7$ angegebenen Verfahren ordnen.

Wir können die Zusammensetzungsvorschrift aber unter Umständen auch so abändern, daß das entstehende Zahlensystem ein Schiefkörper wird. Es sei nämlich

$$\alpha' = J(\alpha)$$

ein Automorphismus des Körpers der α. Wir behalten die Regeln für die Addition bei und erklären nun die δ_i durch die folgende Festsetzung:

$$J(J(\alpha)) = J^2(\alpha), \quad \ldots, \quad J(J^{n-1}(\alpha)) = J^n(\alpha),$$
$$\delta_0 = \alpha_0 J^m(\beta_0), \quad \delta_1 = \alpha_1 J^{m+1}(\beta_0) + \alpha_0 J^m(\beta_1), \quad \ldots,$$
$$\delta_i = \alpha_i J^{m+i}(\beta_0) + \alpha_{i-1} J^{m+i-1}(\beta_1) + \cdots + \alpha_0 J^m(\beta_n), \quad \ldots$$

Das assoziative Gesetz der Multiplikation ergibt sich alsdann, weil $a(bc)$ und $(ab)c$ sich beide durch Umordnung aus der Reihe

$$\sum_{i=0}^{\infty} \sum_{k=0}^{\infty} \sum_{l=0}^{\infty} \alpha_i J^{i+m}(\beta_k) J^{i+k+m+n}(\gamma_l) x^{i+k+l+m+n+p}$$

ergeben.

Das inverse Element läßt sich wie oben bestimmen, sobald die Abbildung $\alpha' = J(\alpha)$ bekannt ist. Die distributiven Gesetze gelten, weil J^k Automorphismen sind und δ bilinear in α und $J^k(\beta)$ sind. Das kommutative Gesetz der Multiplikation gilt dagegen nicht, wenn es Elemente β gibt, für die

$$J(\beta) \neq \beta$$

ist. Die Anordnung erklären wir genau wie in $2, 7$. Alsdann sind die Forderungen $O.1$ bis $O.3$ in $2, 3$ erfüllt. Aus $a > b$ und $c > 0$ folgt $ac > bc$, wenn a mit y^m und wenn b mit y^n beginnt und $m < n$ ist. Beginnen beide mit der Potenz y^m, so ist $ac > bc$ gewiß, sobald mit $\alpha > 0$ auch $J(\alpha) > 0$ und also auch $J^k(\alpha) > 0$ ist.

Solche Automorphismen lassen sich aber in dem Funktionenkörper von **2, 7** leicht angeben. Wir wählen die α, β, ... also aus diesem Körper und nehmen

$$J(x) = 2\,x,\ J(\alpha) = J\left(x^m \sum_{i=0}^{\infty} \alpha_i\, x^i\right) = 2^m\, x^m \sum_{i=0}^{\infty} \alpha_i\, (2\,x)^i.$$

Dies ist ein Automorphismus, welcher die Anordnung der α erhält, und somit haben wir einen geordneten nicht archimedischen Schiefkörper konstruiert. Daß die geordneten Schiefkörper, welche das Archimedische Axiom erfüllen, Körper sind, zeigten wir in **2, 4**.

9. Einseitig distributives Zahlensystem.

Schließlich wollen wir noch ein einseitig distributives Zahlensystem angeben, das auf DICKSON[1] zurückgeht. Wir legen einen Körper zugrunde und bezeichnen seine Elemente mit kleinen griechischen Buchstaben. Für die Zahlen dieses Körpers sei eine Funktion $C(\alpha)$ erklärt von folgender Beschaffenheit: Es sei

$$C(0) = 0, \quad C(\alpha) = \pm 1, \quad C(\alpha\beta) = C(\alpha)\,C(\beta).$$

Es ist also $C(\alpha^2) = C^2(\alpha) = 1$. ϱ sei eine bestimmte Zahl, über die wir später noch verfügen werden.

Die Elemente des Zahlensystems erklären wir als Zahlenpaare aus dem Körper

$$a = (\alpha_1, \alpha_2)$$

α_i $(i = 1, 2)$ heißen die Komponenten von a.

Ist

$$b = (\beta_1, \beta_2)$$

so sei $a + b$ das Zahlenpaar $(\alpha_1 + \alpha_2,\ \beta_1 + \beta_2)$ und ab das Zahlenpaar (δ_1, δ_2) mit

$$\delta_1 = \alpha_1\beta_1 + \alpha_2\beta_2\,\varrho\, C(\beta_1^2 - \varrho\,\beta_2^2), \qquad \delta_2 = \alpha_1\beta_2 + \alpha_2\beta_1\, C(\beta_1^2 - \varrho\,\beta_2^2).$$

Die Gesetze der Addition folgen aus den entsprechenden für die α, β. $(-\alpha_1, -\alpha_2)$ ist das Element $-a$. Ist $c = (\gamma_1, \gamma_2)$, $C(\beta_1^2 - \varrho\,\beta_2^2) = C_\beta$, $C(\gamma_1^2 - \varrho\,\gamma_2^2) = C_\gamma$ und $(ab)\,c = (\varepsilon_1, \varepsilon_2)$, so ist

$$\varepsilon_1 = (\alpha_1\beta_1 + \alpha_2\beta_2\,\varrho\, C_\beta)\,\gamma_1 + (\alpha_1\beta_2 + \alpha_2\beta_1\, C_\beta)\,\gamma_2\,\varrho\, C_\gamma$$

$$= \alpha_1(\beta_1\gamma_1 + \beta_2\gamma_2\,\varrho\, C_\gamma) + \alpha_2(\beta_1\gamma_2 + \beta_2\gamma_1\, C_\gamma)\,\varrho\, C_\beta\, C_\gamma,$$

$$\varepsilon_2 = (\alpha_1\beta_1 + \alpha_2\beta_2\,\varrho\, C_\beta)\,\gamma_2 + (\alpha_1\beta_2 + \alpha_2\beta_1\, C_\beta)\,\gamma_1\, C_\gamma$$

$$= \alpha_1(\beta_1\gamma_2 + \beta_2\gamma_1\, C_\gamma) + \alpha_2(\beta_1\gamma_1 + \beta_2\gamma_2\,\varrho\, C_\gamma)\, C_\beta\, C_\gamma.$$

---

[1] Göttinger Nachr. 1905.

Da nun aber

$$C_\beta \, C_\gamma = C\left[(\beta_1{}^2 - \varrho\,\beta_2{}^2)\,(\gamma_1{}^2 - \varrho\,\gamma_2{}^2)\right]$$

und

$$(\beta_1{}^2 - \varrho\,\beta_2{}^2)\,(\gamma_1{}^2 - \varrho\,\gamma_2{}^2) = (\beta_1\,\gamma_1 + \beta_2\,\gamma_2\,\varrho\,C_\gamma)^2 - \varrho\,(\beta_1\,\gamma_2 + \beta_2\,\gamma_1\,C_\gamma)^2$$

ist, so ist auch

$$(\varepsilon_1, \varepsilon_2) = a\,(b\,c)\,.$$

$(1, 0)$ ist das Einheitselement der Multiplikation. Aus

$$\xi_1\,\beta_1 + \xi_2\,\beta_2\,\varrho\,C_\beta = 1\,,$$
$$\xi_1\,\beta_2 + \xi_2\,\beta_1\,C_\beta = 0$$

ergeben sich die Komponenten des zu b inversen Elementes, falls

$$(\beta_1{}^2 - \varrho\,\beta_2{}^2)\,C_\beta \neq 0$$

ist.

Dies ist für alle $b \neq 0$ der Fall, wenn ϱ nicht das Quadrat einer Körperzahl ist. So möge über ϱ verfügt sein.

Das erste distributive Gesetz ist erfüllt, weil das Produkt linear in den Komponenten des linken Faktors ist.

Um das zweite distributive Gesetz zu prüfen, bilden wir

$$a\,(\beta_1, 0) + a\,(0, \beta_2)$$
$$= (\alpha_1\,\beta_1, \alpha_2\,\beta_1) + (\alpha_2\,\beta_2\,\varrho\,C\,(-\varrho), \alpha_1\,\beta_2)$$
$$= (\alpha_1\,\beta_1 + \alpha_2\,\beta_2\,\varrho\,C\,(-\varrho), \alpha_1\,\beta_2 + \alpha_2\,\beta_1)\,.$$

Gibt es also eine Zahl b mit $\beta_1 \neq 0$ und $C_\beta = -1$, so ist

$$a\,b \neq a\,(\beta_1, 0) + a\,(0, \beta_2)\,,$$

weil ihre zweiten Komponenten verschieden sind, und daher ist das zweite distributive Gesetz bestimmt nicht erfüllt. Alsdann ist die Multiplikation natürlich auch bestimmt nicht kommutativ.

Ein Beispiel[1] für die Rationalisierung dieser Möglichkeit geben wir im Körper der rationalen Zahlen: Ist μ eine ganze rationale Zahl, so setzen wir

$$C\,(\mu) = C\,(-\mu) = C\left(\frac{1}{\mu}\right) = C\left(-\frac{1}{\mu}\right),$$

und zwar gleich $+1$, wenn μ ungerade oder durch 4 teilbar ist, sonst gleich -1. Ist α eine rationale Zahl

$$\alpha = \frac{\mu}{\nu}\,,$$

wo μ und ν teilerfremde ganze Zahlen sind, so setzen wir

$$C\,(\alpha) = C\,(\mu)\,C\,(\nu)\,.$$

Nehmen wir $\varrho = 2$, so ist z. B. für $(\beta_1, \beta_2) = (2, 1)$

$$C\,(\beta) = C\,(2) = -1\,.$$

---

[1] Dasselbe wurde mir von O. Schreier brieflich mitgeteilt.

10. Die Gleichung $xa + xb = c$.

Die konstruierten Zahlensysteme haben eine beachtenswerte weitere Eigenschaft: die Gleichungen

$$(1) \qquad x\,a + x\,b = c$$

sind eindeutig auflösbar, falls $a + b \neq 0$ ist.

Um dies zu zeigen, haben wir nur nachzuweisen, daß die beiden linearen Gleichungen im Körper der Zahlen α, die den Gleichungen (1) entsprechen, stets eine Auflösung besitzen. Setzen wir wieder

$$C_\alpha = C(\alpha_1^2 - \varrho\,\alpha_2^2), \qquad C_\beta = C(\beta_1^2 - \varrho\,\beta_2^2),$$

so ist zu zeigen, daß

$$\delta = (\alpha_1 + \beta_1)\,[\alpha_1\,C_\alpha + \beta_1\,C_\beta] - \varrho(\alpha_2 + \beta_2)\,(\alpha_2\,C_\alpha + \beta_2\,C_\beta) \neq 0$$

ist.

Wir unterscheiden drei Fälle:

1. $C_\alpha = 0$ (bzw. $C_\beta = 0$); dann ist

$$\alpha_1^2 - \varrho\,\alpha_2^2 = 0$$

und weil ϱ nicht quadratisch ist,

$$\alpha_1 = \alpha_2 = 0,$$

also $\qquad\qquad \delta = (\beta_1^2 - \varrho\,\beta_2^2)\,C_\beta \neq 0,$

weil sonst $b = 0$, also $a + b = 0$ wäre.

2. $C_\alpha = C_\beta$. Alsdann muß $C_\alpha \neq 0$ sein, weil sonst $a = b = 0$ wäre, und es ist

$$\delta = [(\alpha_1 + \alpha_2)^2 - \varrho(\beta_1 + \beta_2)^2]\,C_\alpha.$$

Dies verschwindet nur, wenn

$$a + b = 0$$

ist.

3. $C_\alpha = -\,C_\beta \neq 0$. Alsdann ist

$$\delta = [(\alpha_1^2 - \varrho\,\alpha_2^2) - (\beta_1^2 - \varrho\,\beta_2^2)]\,C_\alpha,$$

und wäre $\delta = 0$, so müßte der erste Faktor verschwinden und daher $C_\alpha = C_\beta$ sein.

11. Über Axiome.

Wir haben die Sätze Γ in 1, 3 die Gruppenaxiome, die Sätze A, M, Δ in 2, 1 die Körperaxiome genannt. Die Bedeutung dieser Sätze für die anschließenden Entwicklungen ist evident; wir wollen jedoch hier noch einige allgemeine Bemerkungen über die methodische Rolle von Axiomen hinzufügen.

Die Sätze Γ definierten den Begriff „Gruppe", sie geben die Bedingungen an, wann eine Gesamtheit von Elementen mit einer Verknüpfung eine Gruppe genannt werden soll. Das Merkwürdige an dieser Art zu definieren ist, daß es sich allein aus den Sätzen Γ selbst heraus nicht erkennen läßt, ob der Gruppenbegriff *sinnvoll* ist, d. h. ob es wirklich Gegenstände gibt, die Gruppen sind, — während bei einem Begriff wie „geordnete Menge von Zahlenpaaren" z. B. sich aus seiner Definition sofort der Weg erkennen läßt, einzelne Dinge, die unter ihn fallen, einzelne geordnete Mengen anzugeben. Die Definitionen der ersten Art heißen implizit, die der letzteren explizit. Bei impliziten Definitionen ist es also problematisch, ob sie sinnvoll sind.

Man ist allerdings durchaus nicht gezwungen, sich auf sinnvolle Begriffe zu beschränken. Um aus den Sätzen Γ Folgerungen zu ziehen, brauchen wir noch nicht zu wissen, ob es Dinge gibt, auf die alle diese Sätze zutreffen. Und man kann also unabhängig von der Einsicht in den Sinn einer impliziten Definition, gleichsam hypothetisch, vorgehen und sich einen Überblick über die logisch-formalen Folgerungen aus den Axiomen zu verschaffen suchen. Unter diesen Folgerungen kann nun ein formaler Widerspruch vorkommen oder nicht. So ergibt sich eine sehr allgemeine Fragestellung der formalen Logik: nach der Untersuchung beliebiger Axiomensysteme auf ihre *Widerspruchsfreiheit.*

Es ist klar, daß ein sinnvoller Begriff widerspruchsfrei ist, und der einfachste Nachweis für Widerspruchsfreiheit einer Definition ist es, sie durch Beispiele zu belegen. Andere Methoden sind von HILBERT in seinen Arbeiten zur Begründung der Analysis entwickelt. Eine eingehendere Darstellung dieser Fragen hätte genau zu erklären, was unter logischer Folgerung zu verstehen ist und welche Dinge als existierend anzusehen sind. Beides halb erkenntnistheoretische, halb formallogische Probleme, die hier nur gestreift werden können. Nur soviel sei noch gesagt: Die einfachsten mathematischen Gegenstände sind die endlichen Mengen und die natürlichen Zahlen.

Bei widerspruchsfreien Axiomensystemen kann man die Frage nach der Abhängigkeit eines Axioms A von der Gesamtheit der übrigen $\mathfrak{A}$ stellen, die Frage also, ob A aus $\mathfrak{A}$ gefolgert werden kann oder nicht. Für Unabhängigkeitsbeweise bieten die Abschnitte 2, 6 bis 2, 10 verschiedene Beispiele. Es wird dort jeweils gezeigt, daß das Axiomensystem $\mathfrak{S}$ aus „A gilt nicht" und $\mathfrak{A}$ sinnvoll ist. Alsdann kann nämlich der Satz A aus $\mathfrak{A}$ nicht folgen, weil sonst das System $\mathfrak{S}$ widerspruchsvoll wäre.

Schließlich wenden wir uns der *Vollständigkeit* eines Axiomensystems zu. Dieser Begriff läßt sich etwa folgendermaßen erklären: Ist eine widerspruchsfreie Gesamtheit $\mathfrak{G}$ von Sätzen vorgelegt, so heißt ein Teil dieser Sätze $\mathfrak{S}$ ein vollständiges Axiomensystem von $\mathfrak{G}$, wenn sich alle Sätze in $\mathfrak{G}$ aus $\mathfrak{S}$ folgern lassen. Die Kennzeichnung des Körpers der reellen Zahlen zeigt, wie man unter Umständen die Vollständigkeit eines Axiomensystems rein mathematisch fassen und nachweisen kann. Im zweiten Teil werden wir ein weiteres Beispiel dazu erbringen.

Kapitel 3.

Affine Geometrie.

Einleitung.

Nach den Vorbereitungen des ersten und zweiten Kapitels entwickeln wir nunmehr die n-dimensionale affine Geometrie. Zuerst werden homogene Transformationen zugrunde gelegt. Nach Bestimmung von Bezugsfiguren und natürlichen Koordinaten werden möglichst einfache invariante Eigenschaften gesucht, welche die Geometrie und die genannten Transformationen kennzeichnen. Dies leisten die Addition von Vektoren und ihre Multiplikation mit Faktor sowie die daraus erklärbare lineare Abhängigkeit von Vektoren. Daraus ergeben sich leicht die Eigenschaften für den Kongruenzbegriff der allgemeinen affinen und der projektiven Geometrie.

Zur Methode sei bemerkt, daß der Verzicht auf das kommutative Gesetz der Multiplikation einerseits in Rücksicht auf Teil II geboten ist, andererseits um der logischen Klärung des algebraischen Aufbaus selber willen.

1. Homogene affine Transformationen.

(H)
$$x_i^* = \sum_k \alpha_{ik} x_k$$

heißt eine *homogene lineare* Abbildung der Zahlen-n-Tupel

$$(x_1, x_2, \ldots, x_n),$$

wenn die α_{ik} einem Schiefkörper $\mathfrak{S}$ entnommen und die x_i unabhängig voneinander alle Zahlen von $\mathfrak{S}$ durchlaufen. Unter $\mathfrak{H}$ wollen wir die Schar aller eineindeutigen homogenen linearen Transformationen von Zahlen-n-Tupeln aus $\mathfrak{S}$ verstehen. Ist (H) eineindeutig und

$$x_l^{**} = \sum_i \beta_{li} x_i^*$$

eine zweite solche Transformation, so gehört die aus beiden zusammengesetzte Transformation

$$x_l^{**} = \sum_k \gamma_{lk} x_k, \qquad \gamma_{lk} = \sum_i \beta_{li} \alpha_{ik}$$

ebenfalls der Schar $\mathfrak{H}$ an. Denn sie ist wiederum eineindeutig.

Auch die zu einer Transformation aus $\mathfrak{H}$ inverse Transformation gehört der Schar $\mathfrak{H}$ an. Es gibt nämlich wegen der Eineindeutigkeit von (H) aus $\mathfrak{H}$ n Zahlen-n-Tupel

$$(A_{1i}, A_{2i}, \ldots, A_{ni}) \qquad (i = 1, 2, \ldots, n),$$

welche durch (H) bzw. in die Zahlen-n-Tupel

$$(1, 0, \ldots, 0), \quad (0, 1, 0, \ldots, 0), \quad \ldots, \quad (0, 0, \ldots, 0, 1)$$

übergeführt werden. Es ist also

(1) $\qquad \sum_k \alpha_{ik} A_{kj} = 0$ oder 1, je nachdem $i \neq j$ oder $i = j$ ist.

Die Transformation

(H^{-1}) $\qquad\qquad\qquad x_i^* = \sum_j A_{ij} x_j$

ist dann die zu (H) inverse Transformation. Führt man nämlich zuerst (H^{-1}) und alsdann (H) aus, so folgt aus den Beziehungen (1), daß die zusammengesetzte Transformation die identische ist. Daher ist die Transformation (H^{-1}) eine eineindeutige, und sie gehört also der Schar $\mathfrak{H}$ an. *Die Schar $\mathfrak{H}$ bildet also eine Gruppe.*

Es sei hervorgehoben, daß aus (1) die Relationen

(2) $\qquad \sum_j A_{ik} \alpha_{kj} = 0$ oder 1, je nachdem $i \neq j$ oder $i = j$ ist,

folgen, weil die Transformation (H) auch die inverse Transformation der Transformation (H^{-1}) ist.

Spezielle Transformationen aus $\mathfrak{H}$ lassen sich leicht angeben, z. B.

(3) $\qquad x_i^* = \alpha_i x_i + \beta_i x_1 \qquad$ mit $\qquad \alpha_i \neq 0, \beta_1 = 0;$

denn

$$x_i = \alpha_i^{-1} x_i^* - \alpha_i^{-1} \beta_i \alpha_1^{-1} x_1^*$$

ist die zu (3) inverse Transformation. Mit Hilfe von (3) erschließt man leicht, daß $\mathfrak{H}$ eine transitive Transformationsgruppe ist.

Bei $n = 2$ lassen sich die inversen Transformationen explizit angeben. Unter

$$(a_1 - a_2 a_3^{-1} a_4)^{-1}$$

möge 0 verstanden werden, wenn $a_2, a_4 \neq 0$ und $a_3 = 0$ ist. Alsdann ist

(4) $\quad \begin{aligned} x_1 &= (\alpha_{11} - \alpha_{12} \alpha_{22}^{-1} \alpha_{21})^{-1} x_1^* + (\alpha_{21} - \alpha_{22} \alpha_{12}^{-1} \alpha_{11})^{-1} x_2^*, \\ x_2 &= (\alpha_{12} - \alpha_{11} \alpha_{21}^{-1} \alpha_{22})^{-1} x_1^* + (\alpha_{22} - \alpha_{21} \alpha_{11}^{-1} \alpha_{12})^{-1} x_2^* \end{aligned}$

die zu

(5) $\qquad x_1^* = \alpha_{11} x_1 + \alpha_{12} x_2, \qquad x_2^* = \alpha_{21} x_1 + \alpha_{22} x_2$

inverse Transformation.

Ist nämlich eines der $\alpha_{ik} = 0$, z. B. $\alpha_{22} = 0$, so müssen wegen der Eindeutigkeit α_{12} und $\alpha_{21} \neq 0$ sein, die Koeffizienten von (4) sind also sinnvoll und die Relationen (1) leicht zu bestätigen. Sind aber alle $\alpha_{ik} \neq 0$, so folgt aus (5)

$$(\alpha_{11}^{-1} \alpha_{12} - \alpha_{21}^{-1} \alpha_{22}) x_2 = \alpha_{11}^{-1} x_1^* - \alpha_{21}^{-1} x_2^*.$$

Wegen der Eineindeutigkeit muß aber $\alpha_{11}^{-1} \alpha_{12} - \alpha_{21}^{-1} \alpha_{22} \neq 0$ sein, und folglich sind alle Koeffizienten in (4) ebenfalls sinnvoll.

Um die Relationen (1) zu bestätigen, bilden wir z. B.

$$\sum_k \alpha_{1k} A_{k1} = \alpha_{11}(\alpha_{11} - \alpha_{12}\alpha_{22}^{-1}\alpha_{21})^{-1} + \alpha_{12}(\alpha_{12} - \alpha_{11}\alpha_{21}^{-1}\alpha_{22})^{-1}$$

$$= (1 - \alpha_{12}\alpha_{22}^{-1}\alpha_{21}\alpha_{11}^{-1})^{-1} + (1 - \alpha_{11}\alpha_{21}^{-1}\alpha_{22}\alpha_{12}^{-1})^{-1}.$$

Setzen wir nun $\alpha_{12}\alpha_{22}^{-1}\alpha_{21}\alpha_{11}^{-1} = \alpha$, so ist

$$\sum_k \alpha_{1k} A_{k1} = (1 - \alpha)^{-1} + (1 - \alpha^{-1})^{-1}$$

$$= (1 - \alpha^{-1} + 1 - \alpha)\left[(1-\alpha)(1-\alpha^{-1})\right]^{-1} = 1.$$

Ähnlich bestätigt man die übrigen Formeln (1).

2. Bezugsmengen.

Wir können nunmehr nach den Eigenschaften von Zahlen-n-Tupeln fragen, die bei der Gruppe $\mathfrak{H}$ von Transformationen (H) erhalten bleiben. Wir nennen diese Eigenschaften die *Vektoreigenschaften* der Zahlen-n-Tupel und bezeichnen dieselben kurz selbst als *Vektoren*, natürlich nur in Aussagen über Zahlen-n-Tupel, die invariant gegenüber den Transformationen (H) sind. Wir sprechen von dem Vektor $\mathfrak{x}$, der dem n-Tupel $(x_1, x_2, \ldots, x_n)$ entspricht, in Zeichen

$$\mathfrak{x} \sim (x_1, x_2, \ldots, x_n).$$

Als Bezugsfiguren nehmen wir die Mengen $\mathfrak{B}$ aus n solchen Zahlen-n-Tupeln.

$$(\mathfrak{B}) \qquad\qquad \mathfrak{a}_k \sim (\alpha_{1k}, \alpha_{2k}, \ldots, \alpha_{nk}) \qquad\qquad (k = 1, 2, \ldots, n),$$

für welche die Transformationen

$$(H) \qquad\qquad x_i^* = \sum_k \alpha_{ik} x_k$$

eineindeutige Transformationen sind. Die n Vektoren $(\mathfrak{B})$ mögen dann eine „*Basis von Vektoren*" heißen. Als Grundfigur $\mathfrak{B}_0$ nehmen wir die Zahlen-n-Tupel

$$(\mathfrak{B}_0) \qquad (1, 0, \ldots, 0), \quad (0, 1, 0, \ldots, 0), \quad \ldots, \quad (0, 0, \ldots, 0, 1).$$

Die Transformation (H) führt $\mathfrak{B}_0$ in $\mathfrak{B}$ über, in Zeichen

$$\mathfrak{B} = H(\mathfrak{B}_0).$$

Jede von (H) verschiedene Transformation führt $\mathfrak{B}_0$ nicht in $\mathfrak{B}$ über, es gibt also auch eine und nur eine Transformation aus $\mathfrak{H}$, welche irgend eine Bezugsmenge $\mathfrak{B}$ in irgend eine andere $\mathfrak{B}^*$ überführt, und die angegebenen $\mathfrak{B}$ sind also wirklich als Bezugsfiguren zu verwenden.

Die Invarianten

$$(J) \qquad J_i(\mathfrak{B}_0; x_1, x_2, \ldots, x_n) = x_i = J_i(H(\mathfrak{B}_0); x_1^*, x_2^*, \ldots, x_n^*)$$

nennen wir die Komponenten des Vektors

$$\mathfrak{x}^* \sim (x_1^*, x_2^*, \ldots, x_n^*)$$

bezüglich der Basis $\mathfrak{B} = H(\mathfrak{B}_0)$. Die x_i sind die Komponenten des Vektors $\mathfrak{x} \sim (x_1, x_2, \ldots, x_n)$ bezüglich $\mathfrak{B}_0$ als Bezugsmenge.

Nach (H) und (J) ist

$$(1) \qquad x_i^* = \sum_k \alpha_{ik} J_k(\mathfrak{B}, x_1^*, x_2^*, \ldots, x_n^*).$$

Ein Vektor ist also durch seine Komponenten bezüglich der Basis $\mathfrak{B} = H(\mathfrak{B}_0)$ und diese Basis selbst bestimmt. Wir schreiben daher auch $\mathfrak{x} \sim (x_1, x_2, \ldots, x_n)$, wenn die x_i Komponenten von $\mathfrak{x}$ bezüglich irgend einer Bezugsmenge $\mathfrak{B}$ sind. Faßt man in $(\mathfrak{B})$ die α_{ik} als Komponenten der $\mathfrak{a}_k$ bezüglich irgend einer Bezugsmenge $\mathfrak{B}^*$ auf, so folgt aus (1) und der Gruppeneigenschaft von $\mathfrak{H}$: Notwendig und hinreichend dafür, daß die $\mathfrak{a}_k$ eine Bezugsmenge $\mathfrak{B}$ bilden, ist, daß ihre Komponenten α_{ik} bezüglich einer beliebigen Bezugsmenge $\mathfrak{B}^*$ eine Transformation (H) bestimmen.

Alle Transformationen, welche die Basis $\mathfrak{B}_0$ in eine Basis $\mathfrak{B}$ transformieren und die Invarianten $J_i(\mathfrak{B}, x_1^*, x_2^*, \ldots, x_n^*)$ besitzen, sind nach **1, 6** homogen linear.

3. Lineare Abhängigkeit von Vektoren.

Es gilt nun, die Invarianten J_i aus einfachen invarianten Eigenschaften von Vektoren zusammenzusetzen. Wir erklären zu diesem Zwecke die Addition von Vektoren, ihre rechtsseitige Multiplikation mit Faktor und daraus die rechtsseitige lineare Abhängigkeit von Vektoren.

1. Addition:

Sind $\mathfrak{a} \sim (a_1, a_2, \ldots, a_n)$ und $\mathfrak{b} \sim (b_1, b_2, \ldots, b_n)$ zwei Vektoren und ihre Komponenten-n-Tupel bezüglich derselben Bezugsfigur $\mathfrak{B}$, so sei $\mathfrak{a} + \mathfrak{b}$ der Vektor $\mathfrak{a} + \mathfrak{b} \sim (a_1 + b_1, a_2 + b_2, \ldots, a_n + b_n)$ bezüglich $\mathfrak{B}$.

2. Multiplikation mit Faktor:

Ist $\mathfrak{a} \sim (a_1, a_2, \ldots, a_n)$ ein Vektor und sein Komponenten-n-Tupel bezüglich $\mathfrak{B}$, so sei $\mathfrak{a}\lambda$ der Vektor mit dem Komponenten-n-Tupel $(a_1\lambda, a_2\lambda, \ldots, a_n\lambda)$ bezüglich $\mathfrak{B}$.

Offenbar sind diese Erklärungen von der Auswahl von $\mathfrak{B}$ unabhängig oder invariant gegenüber $\mathfrak{H}$.

Ist z. B. $\mathfrak{B}^*$ eine andere Grundfigur, so gehen die Komponenten x_i^* eines Vektors bezüglich $\mathfrak{B}^*$ aus denen bezüglich $\mathfrak{B}$ durch eine Transformation (H) hervor. Bezeichnet man z. B. die Komponenten von $\mathfrak{a}, \mathfrak{b}, \mathfrak{c}$ beziehungsweise mit a_i^*, b_i^*, c_i^*, so ist, wenn $c_i = a_i + b_i$,

$$c_i^* = \sum_k \alpha_{ik} c_k = \sum_k \alpha_{ik}(a_k + b_k) = \sum_k \alpha_{ik} a_k + \sum_k \alpha_{ik} b_k = a_i^* + b_i^*.$$

Als Rechenregeln bestätigt man aus den Gesetzen der gewöhnlichen Addition und Multiplikation:

$$\mathfrak{a} + \mathfrak{b} = \mathfrak{c}$$

ist stets ausführbar.

Es ist stets

$$(\mathfrak{a} + \mathfrak{b}) + \mathfrak{c} = \mathfrak{a} + (\mathfrak{b} + \mathfrak{c}),$$

$$\mathfrak{x} + \mathfrak{a} = \mathfrak{b}$$

ist stets auflösbar.

Es ist stets

$$\mathfrak{a} + \mathfrak{b} = \mathfrak{b} + \mathfrak{a}.$$

Unter 0 verstehen wir den Vektor, dessen Komponenten sämtlich gleich 0 sind, und es ist dann stets

$$\mathfrak{a} + 0 = 0 + \mathfrak{a} = \mathfrak{a}.$$

Die Vektoren mit der Addition als Verknüpfung bilden also nach 1, 3 eine Gruppe.

Ferner ist

$$(\mathfrak{a}\,\lambda)\,\mu = \mathfrak{a}\,(\lambda\,\mu),$$

$$(\mathfrak{a} + \mathfrak{b})\,\lambda = \mathfrak{a}\,\lambda + \mathfrak{b}\,\lambda.$$

Aus Addition und Multiplikation mit Faktor erklären wir die rechtsseitige lineare Abhängigkeit von Vektoren:

3. r Vektoren $\mathfrak{a}_1, \mathfrak{a}_2, \ldots, \mathfrak{a}_r$ heißen *rechtsseitig linear abhängig*, wenn es r Zahlen $\lambda_1, \lambda_2, \ldots, \lambda_r$ gibt, die nicht sämtlich verschwinden und für die

$$\sum_i \mathfrak{a}_i\,\lambda_i = 0$$

ist.

Die Gesamtheit der von $\mathfrak{a}_1, \mathfrak{a}_2, \ldots, \mathfrak{a}_r$ linear abhängigen Vektoren $\mathfrak{x} = \mathfrak{a}_1\,\lambda_1 + \mathfrak{a}_2\,\lambda_2 + \cdots + \mathfrak{a}_r\,\lambda_r$ nennen wir eine lineare Mannigfaltigkeit, und zwar die durch $\mathfrak{a}_1, \mathfrak{a}_2, \ldots, \mathfrak{a}_r$ bestimmte oder aufgespannte lineare Mannigfaltigkeit.

4. Vektorbasis und lineare Abhängigkeit.

Die Gesamtheit der Vektoren bildet eine lineare Mannigfaltigkeit. Bilden $\mathfrak{a}_1, \mathfrak{a}_2, \ldots, \mathfrak{a}_n$ eine Basis $\mathfrak{B}$ von Vektoren, so sind sie linear unabhängig voneinander und sämtliche Vektoren nach 3, 2, ($\mathfrak{B}$) und (H) von $\mathfrak{a}_1, \mathfrak{a}_2, \ldots, \mathfrak{a}_n$ linear abhängig. Umgekehrt gilt aber auch: Sind $\mathfrak{a}_1, \mathfrak{a}_2, \ldots, \mathfrak{a}_n$ linear unabhängig voneinander und sämtliche Vektoren $\mathfrak{x}$ von ihnen linear abhängig, so bilden sie eine Basis. Wir zeigen nun:

Satz 1: *Jedes System von n linear unabhängigen Vektoren ist eine Basis.*

Seien nämlich

$$a_{1k}, \; a_{2k}, \ldots, a_{nk} \qquad (k = 1, 2, \ldots, n)$$

die Komponenten der linear unabhängigen Vektoren $\mathfrak{a}_k$ $(k = 1, 2, \ldots, n)$ bezüglich einer Basis $\mathfrak{B}$.

$$x_i^* = \sum_k a_{ik}\,x_k$$

sind die Komponenten der von a_k linear abhängigen Vektoren. Es ist klar, daß verschiedene n-Tupel x_k auch verschiedene n-Tupel x_k^* liefern. Liefern nämlich z. B. $x_1, x_2, \ldots, x_n$ und $y_1, y_2, \ldots, y_n$ dasselbe n-Tupel x_i^*, so würden nicht sämtliche $x_i - y_i = 0$ und

$$\sum_k a_{ik}(x_k - y_k) = 0 \qquad (i = 1, 2, \ldots, n)$$

oder

$$\sum_k a_k(x_k - y_k) = 0$$

sein.

Wir müssen uns aber auch noch davon überzeugen, daß jedes Zahlen-n-Tupel unter den x_i^* vorkommt. Wir beweisen dies durch Schluß von n auf $n + 1$. Für $n = 1$ ist die Behauptung trivial. Wir wählen nun die Basis $\mathfrak{B}$ so, daß a_1 die Komponenten $(1, 0, 0, \ldots, 0)$ bekommt. Dies ist möglich, weil $\mathfrak{H}$ transitiv ist. Alsdann ersetzen wir die Vektoren a_i durch $\bar{a}_1 = a_1$, $\bar{a}_i = a_i - a_1 \lambda_i$ $(i \neq 1)$ derart, daß

$$a_{1i} - a_{11} \lambda_i = a_{1i} - \lambda_i = 0$$

wird. Die von $\bar{a}_i$, $(i = 1, 2, \ldots, n)$ linear abhängigen Vektoren

$$\sum_i \bar{a}_i \mu_i$$

sind auch von a_i, $(i = 1, 2, \ldots, n)$ linear abhängig. Die Vektoren $\bar{a}_i$, $(i = 2, \ldots, n)$ sind aber linear unabhängig und also $n - 1$ linear unabhängige Vektoren der $(n - 1)$-dimensionalen linearen Mannigfaltigkeit $x_2, \ldots, x_n$. Durch geeignete Wahl von $x_2, \ldots, x_n$ lassen sich also beliebige Werte $x_2^*, \ldots, x_n^*$ und durch Wahl von x_1 alsdann noch beliebige Werte x_1^* erzielen.

Aus Satz 1 folgt:

Die Transformation

$$x_i^* = \sum_k \alpha_{ik} x_k$$

ist dann und nur dann eineindeutig, wenn die Vektoren

$$a_k \sim (\alpha_{1k}, \alpha_{2k}, \ldots, \alpha_{nk})$$

linear unabhängig sind.

Sind $a_1, a_2, \ldots, a_n$ linear unabhängige Vektoren, so lassen sie sich durch eine Transformation (H) in die Vektoren $(1, 0, \ldots, 0)$, $(0, 1, 0, \ldots, 0), \ldots, (0, 0, \ldots, 0, 1)$ überführen. Sind $a_1, a_2, \ldots, a_n$ n linear unabhängige Vektoren und ist a_{n+1} irgend ein weiterer Vektor, so ist er von $a_1, a_2, \ldots, a_n$ linear abhängig; denn wir können $a_1, a_2, \ldots, a_n$ als Bezugsmenge $\mathfrak{B}$ nehmen. Ferner gilt:

Satz 2: *Sind* $a_i = J_i(\mathfrak{B}, a_{n+1})$, $(i = 1, 2, \ldots, n)$ *die Komponenten von* a_{n+1} *bezüglich* $\mathfrak{B} = \mathfrak{M}(a_1, a_2, \ldots, a_n)$, *so ist*

$$a_{n+1} = a_1 a_1 + \cdots + a_n a_n.$$

Satz 3: *Sind* $\mathfrak{a}_1, \ldots, \mathfrak{a}_n, \mathfrak{a}_{n+1}$ *und* $\bar{\mathfrak{a}}_1, \bar{\mathfrak{a}}_2, \ldots, \bar{\mathfrak{a}}_n, \bar{\mathfrak{a}}_{n+1}$ *zwei Systeme von* $n+1$ *Vektoren, von denen die ersten* n *je linear unabhängig voneinander sind,*

$$\mathfrak{a}_{n+1} = \sum_i a_i\, \mathfrak{a}_i, \quad \bar{\mathfrak{a}}_{n+1} = \sum_i \bar{a}_i\, \bar{\mathfrak{a}}_i \quad (i = 1, 2, \ldots n),$$

so lassen sich die Vektoren $\mathfrak{a}_\nu$ *in die* $\bar{\mathfrak{a}}_\nu$ *dann und nur dann überführen, wenn*

$$\bar{a}_i = a_i$$

ist.

Satz 3 folgt aus Satz 2. Satz 2 ergibt sich aber aus **3, 2**, (1).

5. Lineare Mannigfaltigkeiten.

Wir müssen jetzt noch überlegen, wann sich Vektoren, unter denen keine n linear unabhängigen vorkommen, ineinander überführen lassen. Hierüber geben die in Kapitel 1 entwickelten allgemeinen Methoden keinen Aufschluß. Wir wollen vor allem zeigen, daß Mengen von je r linear unabhängigen Vektoren sich ineinander überführen lassen ($r < n$), weil sich eine solche Menge $\mathfrak{M}_r$ stets zu einer Menge $\mathfrak{B}$ von n linear unabhängigen Vektoren ergänzen läßt. Wir beweisen zunächst

Satz 1: $\mathfrak{a}_1, \mathfrak{a}_2, \ldots, \mathfrak{a}_r$ *seien* r *linear unabhängige Vektoren und* $\mathfrak{b}_1, \mathfrak{b}_2, \ldots, \mathfrak{b}_r$ *linear unabhängige Vektoren, die von* $\mathfrak{a}_1, \mathfrak{a}_2, \ldots, \mathfrak{a}_r$ *linear abhängen; alsdann sind alle Vektoren, die von* $\mathfrak{a}_1, \mathfrak{a}_2, \ldots, \mathfrak{a}_r$ *linear abhängig sind, auch von* $\mathfrak{b}_1, \mathfrak{b}_2, \ldots, \mathfrak{b}_r$ *linear abhängig.*

Sei

$$\mathfrak{b}_i = \sum_k \mathfrak{a}_k \alpha_{ki} \quad (i = 1, 2, \ldots, r).$$

Die von den $\mathfrak{b}_i$ linear abhängigen Vektoren lassen sich also aus den $\mathfrak{a}_k$ kombinieren:

$$\sum_i \mathfrak{b}_i \lambda_i = \sum_k \mathfrak{a}_k \lambda_k^*,$$

wo

(1)
$$\lambda_k^* = \sum_i \alpha_{ki} \lambda_i.$$

Es ist zu zeigen, daß die λ_k^* alle Werte-r-Tupel annehmen können. Nun sind aber $(\alpha_{1i}, \alpha_{2i}, \ldots, \alpha_{ri})$, $(i = 1, 2, \ldots, r)$, r linear unabhängige Werte-r-Tupel. Denn wäre für alle k

$$\sum_i \alpha_{ki} \mu_i = 0$$

und nicht alle $\mu_i = 0$, so wäre

$$\sum_i \mathfrak{b}_i \mu_i = 0$$

und die Vektoren $\mathfrak{b}_i$ also entgegen der Voraussetzung linear abhängig. Daher sind aber die Gleichungen (1) nach **3, 4** Satz 1 eindeutig auflösbar, und damit ist das Behauptete bewiesen.

4*

Aus Satz 1 folgt sofort, daß unter den von $\mathfrak{a}_1, \mathfrak{a}_2, \ldots, \mathfrak{a}_r$ linear abhängigen Vektoren nicht $r+1$ linear unabhängige $\mathfrak{b}_1, \mathfrak{b}_2, \ldots, \mathfrak{b}_r, \mathfrak{b}_{r+1}$ existieren können. Denn $\mathfrak{b}_1, \mathfrak{b}_2, \ldots, \mathfrak{b}_r$ sind alsdann ebenfalls linear unabhängig voneinander, und es lassen sich also alle von $\mathfrak{a}_1, \mathfrak{a}_2, \ldots, \mathfrak{a}_r$ linear abhängigen Vektoren auch durch $\mathfrak{b}_1, \mathfrak{b}_2, \ldots, \mathfrak{b}_r$ linear kombinieren, also ist auch $\mathfrak{b}_{r+1}$ von $\mathfrak{b}_1, \mathfrak{b}_2, \ldots, \mathfrak{b}_r$ linear abhängig.

Andererseits kann es aber auch nicht $r-k < r$ linear unabhängige Vektoren $\mathfrak{b}_1, \mathfrak{b}_2, \ldots, \mathfrak{b}_{r-k}$ geben, aus denen sich alle von $\mathfrak{a}_1, \mathfrak{a}_2, \ldots, \mathfrak{a}_r$ linear abhängigen Vektoren linear kombinieren ließen; denn alsdann würde folgen, daß $\mathfrak{a}_{r-k+1}$ von $\mathfrak{a}_1, \ldots, \mathfrak{a}_{r-k}$ linear abhängig wäre.

Sind nun $\mathfrak{a}_1, \mathfrak{a}_2, \ldots, \mathfrak{a}_r$ linear unabhängig und ist $r < n$, so gibt es einen von $\mathfrak{a}_1, \mathfrak{a}_2, \ldots, \mathfrak{a}_r$ linear unabhängigen Vektor $\mathfrak{a}_{r+1}$. Denn wenn alle Vektoren von $\mathfrak{a}_1, \mathfrak{a}_2, \ldots, \mathfrak{a}_r$ linear abhängig wären, so müßten je $r+1$ Vektoren linear abhängig sein. *Mithin lassen sich $\mathfrak{a}_1, \mathfrak{a}_2, \ldots, \mathfrak{a}_r$ zu einer Bezugsmenge ergänzen.* Folglich gilt:

Satz 2: *Mengen von je r linear unabhängigen Vektoren lassen sich durch die Transformation (H) ineinander überführen.*

Die allgemeinste Frage ist durch folgenden Satz beantwortet:

Satz 3: *Seien $\mathfrak{a}_1, \mathfrak{a}_2, \ldots, \mathfrak{a}_r$ und $\bar{\mathfrak{a}}_1, \bar{\mathfrak{a}}_2, \ldots \bar{\mathfrak{a}}_r$ je r linear unabhängige Vektoren, und ist*

$$\bar{\mathfrak{a}}_{r+1} = \sum_i \bar{a}_i \, \bar{\mathfrak{a}}_i, \quad \mathfrak{a}_{r+1} = \sum_i a_i \, \mathfrak{a}_i,$$

so lassen sich

$$\mathfrak{M}_{r+1}(\mathfrak{a}_1, \mathfrak{a}_2, \ldots, \mathfrak{a}_r, \mathfrak{a}_{r+1}) \quad und \quad \mathfrak{M}_{r+1}(\bar{\mathfrak{a}}_1, \ldots, \bar{\mathfrak{a}}_r, \bar{\mathfrak{a}}_{r+1})$$

ineinander überführen oder nicht, je nachdem

$$\bar{a}_i = a_i$$

ist oder nicht.

Die a_i mögen die Komponenten von $\mathfrak{a}_{r+1}$ bezüglich $\mathfrak{M}_r(\mathfrak{a}_1, \mathfrak{a}_2, \ldots, \mathfrak{a}_r)$ heißen. Ergänzen wir nämlich zu $\mathfrak{B}(\mathfrak{a}_1, \ldots, \mathfrak{a}_r, \mathfrak{a}_{r+1}, \ldots, \mathfrak{a}_n)$, so sind die a_i Komponenten von $\mathfrak{a}_{r+1}$ bezüglich $\mathfrak{B}(\mathfrak{a}_1, \ldots, \mathfrak{a}_n)$.

Ist $\bar{\mathfrak{a}} = a\mathfrak{a}$, so heißen die Vektoren $\mathfrak{a}$ und $\bar{\mathfrak{a}}$ *parallel* und a das Verhältnis der Vektoren $\mathfrak{a}$ und $\bar{\mathfrak{a}}$, in Zeichen $v(\mathfrak{a}, \bar{\mathfrak{a}}) = a$.

In jeder linearen Mannigfaltigkeit gibt es eine Basis von r linear unabhängigen Vektoren $\mathfrak{a}_1, \mathfrak{a}_2, \ldots, \mathfrak{a}_r$, welche die lineare Mannigfaltigkeit aufspannen ($r \leq n$). Diese Anzahl r ist eindeutig bestimmt und invariant gegenüber den Transformationen (H). Sie heißt die Dimension der linearen Mannigfaltigkeit. Die Gesamtheit der Vektoren $\mathfrak{a}$ bildet eine n-dimensionale lineare Mannigfaltigkeit.

Zwei lineare Mannigfaltigkeiten der gleichen Dimension r heißen linear aufeinander abgebildet, wenn man in beiden Mannigfaltigkeiten irgend eine Basis wählt und die Vektoren mit gleichen Komponenten einander zuordnet.

Wird eine lineare Mannigfaltigkeit $\sum \mathfrak{a}_i \lambda_i$ auf sich selbst linear abgebildet und entspricht dem r-Tupel $\lambda_1, \lambda_2, \ldots, \lambda_r$ das r-Tupel λ_1^*, $\lambda_2^*, \ldots, \lambda_r^*$, so ist bei geeignetem α_{ik}

$$\lambda_i^* = \sum_{k=1}^{r} \alpha_{ik}\, \lambda_k \qquad (i = 1, 2, \ldots, r).$$

Geht bei einer Transformation (H) eine lineare Mannigfaltigkeit L in L' über, so wird dadurch L auf L' linear abgebildet.

6. Allgemeine homogene lineare Transformationen.

Sehr ähnlich der linearen Gruppe $\mathfrak{H}$ ist die Gruppe $\mathfrak{H}'$ der eineindeutigen Transformationen

$$\text{(H')} \qquad x_i^* = \sum_k \alpha_{ik}\, x_k\, \alpha \qquad (i = 1, 2, \ldots, n).$$

Sie mögen *allgemeine homogene lineare Abbildungen* heißen.

Hier läßt sich allerdings genau genommen unter Zugrundelegung der Schiefkörperaxiome eine Bezugsfigur allgemein nicht erklären (in bestimmt gegebenen speziellen Fällen kann man auch hier Bezugsfiguren angeben[1]), aber trotzdem läßt sich die notwendige und hinreichende Bedingung für die Kongruenz von Mengen $\mathfrak{M}$ angeben.

Die Transformationen, welche $(1, 0, \ldots, 0)$, $(0, 1, 0, \ldots, 0)$, $\ldots$, $(0, 0, \ldots, 0, 1)$ in sich überführen, sind

$$x_i^* = \alpha^{-1} x_i\, \alpha\, .$$

Diese Punkte bilden also nur eine Bezugsfigur, wenn das zugehörige Zahlensystem ein Körper ist. Man sieht aber, daß zwei Mengen $\mathfrak{M}(\mathfrak{B}_0, \mathfrak{a})$ und $\mathfrak{M}(\mathfrak{B}_0, \bar{\mathfrak{a}})$ dann und nur dann kongruent sind, wenn für die Komponenten a_i von $\mathfrak{a}$ und $\bar{a}_i$ von $\bar{\mathfrak{a}}$ die Relation

$$(1) \qquad \xi\, a_i\, \xi^{-1} = \bar{a}_i$$

gleichzeitig für alle i erfüllt werden kann.

Die Addition ist eine auch gegenüber $\mathfrak{H}'$ invariante Operation, die Multiplikation mit Faktor dagegen nicht, wohl aber ist die lineare Abhängigkeit und also insbesondere auch der Parallelismus von Vektoren invariant. Genauer gilt: Ist

$$\mathfrak{a} = \sum_{i=1}^{r} \mathfrak{a}_i\, a_i$$

und gehen bei (H') $\mathfrak{a}$, $\mathfrak{a}_i$ in $\bar{\mathfrak{a}}$, $\bar{\mathfrak{a}}_i$ über, so ist

$$\bar{\mathfrak{a}} = \sum_{i=1}^{r} \bar{\mathfrak{a}}_i\, \alpha^{-1} a_i\, \alpha\, .$$

Die dadurch vermittelte Abbildung der von $\mathfrak{a}_1, \mathfrak{a}_2, \ldots, \mathfrak{a}_r$ aufgespannten auf die von $\bar{\mathfrak{a}}_1, \bar{\mathfrak{a}}_2, \ldots, \bar{\mathfrak{a}}_r$ aufgespannten linearen Mannigfaltigkeit

---

[1] Wird z. B. das System der Quaternionen aus **2,6** zugrunde gelegt, so bilden $(1, 0)$, $(0, 1)$, (e_1, e_2) für $n = 2$ eine Bezugsmenge.

heiße eine *allgemeine homogene affine* oder *lineare Abbildung*. Eine homogene lineare Abbildung einer linearen Mannigfaltigkeit

$$\sum_{i=1}^{r} \mathfrak{a}_i \, \lambda_i$$

auf sich selbst wird durch

$$\lambda_i^* = \sum_{k=1}^{r} \alpha_{ik} \lambda_k \, \alpha \qquad\qquad (i = 1, 2, \ldots, r)$$

vermittelt.

Die allgemeine Kongruenzbedingung lautet: Sind $\mathfrak{a}_1, \mathfrak{a}_2, \ldots, \mathfrak{a}_r$ sowie $\bar{\mathfrak{a}}_1, \bar{\mathfrak{a}}_2, \ldots, \bar{\mathfrak{a}}_r$ je r linear unabhängige Vektoren und $\mathfrak{a}_{r+1}, \ldots,$ $\mathfrak{a}_{r+l}, \bar{\mathfrak{a}}_{r+1}, \ldots, \bar{\mathfrak{a}}_{r+l}$ je l von ihnen bzw. linear abhängige Vektoren und ist

$$\mathfrak{a}_{r+i} = \sum_{k=1}^{r} \mathfrak{a}_k \, a_{ik}, \quad \bar{\mathfrak{a}}_{r+i} = \sum_{k=1}^{r} \bar{\mathfrak{a}}_k \, \bar{a}_{ik} \qquad (i = 1, 2, \ldots, l),$$

so sind die Mengen

$$\mathfrak{M} = \mathfrak{M}(\mathfrak{a}_1, \mathfrak{a}_2, \ldots, \mathfrak{a}_{r+l}) \quad \text{und} \quad \overline{\mathfrak{M}} = \mathfrak{M}(\bar{\mathfrak{a}}_1, \bar{\mathfrak{a}}_2, \ldots, \bar{\mathfrak{a}}_{r+l})$$

dann und nur dann kongruent, wenn es eine Zahl ξ gibt, so daß

$$(2) \qquad\qquad \xi \, a_{ik} \, \xi^{-1} = \bar{a}_{ik} \qquad (i = 1, 2, \ldots, r; \; k = 1, 2, \ldots, l).$$

7. Geometrische Formulierung der Kongruenzbedingung.

So ähnlich die eben abgeleitete Kongruenzbedingung zu der entsprechenden bei der Gruppe $\mathfrak{H}$ auch unter algebraischem Gesichtspunkte ist, so verschieden ist sie geometrisch gesehen von jener: die Zahlen a_{ik} haben nämlich vorderhand keine geometrische Bedeutung, was die a_i in **3, 5** Satz 3 hatten, die Bedingung (2) in **3, 6** ist eine rein algebraische, und schließlich ist die Kongruenz der Mengen

$$\mathfrak{M}(\mathfrak{a}_1, \ldots, \mathfrak{a}_r, \mathfrak{a}_{r+1}, \ldots, \mathfrak{a}_{r+l})$$

nicht auf die Kongruenz der Teilmengen

$$\mathfrak{M}(\mathfrak{a}_1, \ldots, \mathfrak{a}_r, \mathfrak{a}_{r+i}) = \mathfrak{M}_i \qquad\qquad (i = 1, 2, \ldots, l)$$

zurückführbar. Der Grund für diese Verschiedenheit ist, daß $\mathfrak{H}'$ keine Bezugsmengen besitzt.

Wir haben also die Aufgabe, die Kongruenzbedingung vom geometrischen Standpunkt aus zu diskutieren. Dies geschieht durch die folgenden Sätze:

Satz 1: *Sind* $\mathfrak{a}_1, \mathfrak{a}_2, \ldots, \mathfrak{a}_r$ *linear unabhängige Vektoren, ist* $\mathfrak{a}_{r+1}$ *ein von ihnen linear abhängiger Vektor und ist*

$$\mathfrak{a}_{r+1} = \sum_{i=1}^{r} \mathfrak{a}_i \, a_{i,\,r+1},$$

so sind die Vektoren $\mathfrak{a}_{i,\,r+1} = a_i \mathfrak{a}_{i,\,r+1}$ *invariant mit* $\mathfrak{a}_1, \ldots, \mathfrak{a}_{r+1}$ *verknüpft.*

Die $\mathfrak{a}_{i,\,r+1}$ sind nämlich durch ihre beiden Eigenschaften

$$\mathfrak{a}_{i,\,r+1} \text{ ist parallel zu } \mathfrak{a}_i$$

und

$$\sum_{i=1}^{r} \mathfrak{a}_{i,\,r+1} = \mathfrak{a}_{r+1}$$

eindeutig bestimmt, und diese Eigenschaften sind invariant. Wir nennen die $\mathfrak{a}_{i,\,r+1}$ die Komponenten von $\mathfrak{a}_{r+1}$ bezüglich $\mathfrak{a}_1, \mathfrak{a}_2, \ldots, \mathfrak{a}_r$.

Satz 2: *Seien* $\mathfrak{a}_1$ *und* $\mathfrak{a}_2$ *bzw.* $\bar{\mathfrak{a}}_1$ *und* $\bar{\mathfrak{a}}_2$ *je zwei parallele Vektoren; ist dann*

$$\mathfrak{a}_2 = \mathfrak{a}_1\, a\,, \quad \bar{\mathfrak{a}}_2 = \bar{\mathfrak{a}}_1\, \bar{a} \quad und \quad a = \bar{a}\,,$$

so sind die Vektoren $\mathfrak{a}_1 - \bar{\mathfrak{a}}_1$ *und* $\mathfrak{a}_2 - \bar{\mathfrak{a}}_2$ *parallel. Das Umgekehrte gilt auch, wenn nur* $\mathfrak{a}_1$ *und* $\bar{\mathfrak{a}}_1$ *nicht parallel sind.*

Wir definieren: Sind $\mathfrak{a}_1$ und $\mathfrak{a}_2$, $\bar{\mathfrak{a}}_1$ und $\bar{\mathfrak{a}}_2$ parallele Vektoren, so besteht die *Proportion*

$$(1) \qquad\qquad \mathfrak{a}_1 : \mathfrak{a}_2 = \bar{\mathfrak{a}}_1 : \bar{\mathfrak{a}}_2\,,$$

wenn $\mathfrak{a}_2 = \mathfrak{a}_1 a$ und $\bar{\mathfrak{a}}_2 = \bar{\mathfrak{a}}_1 a$ mit demselben a ist.

Satz 3: *Die Proportionalität ist invariant. Ist* $\mathfrak{a}_1, \mathfrak{a}_2$ *und* $\bar{\mathfrak{a}}_1$ *gegeben, so ist* $\bar{\mathfrak{a}}_2$ *durch die Proportion* (1) *bestimmt.*

Sind $\mathfrak{a}_i, \bar{\mathfrak{a}}_i$ $(i = 1, 2, \ldots, n)$ je n parallele Vektoren und

$$\mathfrak{a}_1 : \mathfrak{a}_i = \bar{\mathfrak{a}}_1 : \bar{\mathfrak{a}}_i \qquad\qquad (i = 1, 2 \ldots, n)\,,$$

so ist

$$\mathfrak{M}(\mathfrak{a}_1, \mathfrak{a}_2, \ldots, \mathfrak{a}_n) \equiv \mathfrak{M}(\bar{\mathfrak{a}}_1, \bar{\mathfrak{a}}_2, \ldots, \bar{\mathfrak{a}}_n)\,.$$

Das Umgekehrte gilt jedoch nicht.

Nun können wir die Kongruenz allgemeiner Mengen auf solche, die nur parallele Vektoren enthalten, zurückführen.

Satz 4: *Sind* $\mathfrak{a}_1, \mathfrak{a}_2, \ldots, \mathfrak{a}_r$ *bzw.* $\bar{\mathfrak{a}}_1, \bar{\mathfrak{a}}_2, \ldots, \bar{\mathfrak{a}}_r$ *je* r *linear unabhängige Vektoren und* $\mathfrak{a}_{r+1}, \ldots, \mathfrak{a}_{r+l}$; $\bar{\mathfrak{a}}_{r+1}, \ldots, \bar{\mathfrak{a}}_{r+l}$ *je* l *von ihnen bzw. abhängige Vektoren; sind* $\mathfrak{a}_{k,\,r+i}$; $\bar{\mathfrak{a}}_{k,\,r+i}$ *ihre Komponenten bezüglich* $\mathfrak{a}_i$, *bzw.* $\bar{\mathfrak{a}}_i (i = 1, 2, \ldots, r)$,

$$\mathfrak{a}_{r+i} = \sum_k \mathfrak{a}_{k,\,r+i}\,, \qquad \bar{\mathfrak{a}}_{r+i} = \sum_k \bar{\mathfrak{a}}_{k,\,r+i}$$

sind schließlich $\mathfrak{b}_1, \bar{\mathfrak{b}}_1$ *zwei beliebige Vektoren und die weiteren Vektoren* $\mathfrak{b}_{k,\,r+i}, \bar{\mathfrak{b}}_{k,\,r+i}$ *bzw. zu* $\mathfrak{b}_1, \bar{\mathfrak{b}}_1$ *parallel und durch die Proportionen*

$$\mathfrak{b}_1 : \mathfrak{b}_{k,\,r+i} = \mathfrak{a}_k : \mathfrak{a}_{k,\,r+i}\,, \qquad \bar{\mathfrak{b}}_1 : \bar{\mathfrak{b}}_{k,\,r+i} = \bar{\mathfrak{a}}_k : \bar{\mathfrak{a}}_{k,\,r+i}$$

bestimmt, so ist

$$\mathfrak{M}(\mathfrak{a}_1, \mathfrak{a}_2, \ldots, \mathfrak{a}_{r+l}) \equiv \mathfrak{M}(\bar{\mathfrak{a}}_1, \bar{\mathfrak{a}}_2, \ldots, \bar{\mathfrak{a}}_{r+l})\,,$$

dann und nur dann, wenn

$$\mathfrak{M}(\mathfrak{b}_1, \mathfrak{b}_{1,r+1}, \ldots, \mathfrak{b}_{r,r+1}) \equiv \mathfrak{M}(\bar{\mathfrak{b}}_1, \bar{\mathfrak{b}}_{1,r+1}, \ldots, \bar{\mathfrak{b}}_{r,r+1})$$

ist.

8. Affine Geometrie.

Die Gruppe $\mathfrak{A}$ eineindeutiger Transformationen

$$(A) \qquad x_i^* = \sum \alpha_{ik} x_k \alpha + \alpha_i \qquad (i = 1, 2, \ldots, n)$$

nennen wir *allgemeine lineare Transformationen* oder *allgemeine Affinitäten*. Die Transformationen

$$x_i^* = x_i + \alpha_i \qquad (i = 1, 2, \ldots, n)$$

mögen Translationen heißen. In Aussagen über Zahlen-n-Tupel, die invariant gegenüber den Transformationen (A) sind, sagen wir statt Zahlen-n-Tupel „Punkt".

Geordnete Mengen $\mathfrak{M}$ aus zwei Punkten nennen wir gerichtete Strecken.

Zwei gerichtete Strecken heißen *vektorgleich*, wenn die Translation, welche den Anfangspunkt der ersten Strecke in den Endpunkt derselben überführt, dasselbe auch für die zweite Strecke leistet; ist

$$\mathfrak{M} = \mathfrak{M}(a_1, a_2, \ldots, a_n; \quad b_1, b_2, \ldots, b_n),$$
$$\mathfrak{M}^* = \mathfrak{M}(a_1^*, a_2^*, \ldots, a_n^*; \quad b_1^*, b_2^*, \ldots, b_n^*),$$

so ist die Bedingung für Vektorgleichheit

$$b_i - a_i = b_i^* - a_i^* .$$

Diese Beziehung ist transitiv und symmetrisch, und die Schar zueinander vektorgleicher Strecken heiße *Vektor*. Einen Vektor $\mathfrak{a}$ von einem Punkte aus abtragen, heißt zu einem Zahlen-n-Tupel $a_1, a_2, \ldots, a_n$ ein solches $b_1, b_2, \ldots, b_n$ angeben, daß das n-Tupel $b_i - a_i$ zu $\mathfrak{a}$ gehört.

Die Kongruenzbedingung für irgend zwei Mengen $\mathfrak{M}$ und $\mathfrak{M}^*$ läßt sich nun sofort auf eine Kongruenzbedingung für Vektoren zurückführen. Besteht $[\mathfrak{M}]$ aus den Vektoren, die von dem ersten Punkte aus $\mathfrak{M}$ als Anfangspunkt und den übrigen Punkten aus $\mathfrak{M}$ bzw. als Endpunkte gebildet werden, so ist

$$\mathfrak{M} \equiv \mathfrak{M}^*$$

bezüglich (A) dann und nur dann, wenn

$$[\mathfrak{M}] \equiv [\mathfrak{M}^*]$$

bezüglich (H').

Sind die zwei Strecken entsprechenden Vektoren linear abhängig, so heißen die Strecken *parallel*.

Die Punkte, die man erhält, indem man von einem festen Punkt die Vektoren einer linearen Vektormannigfaltigkeit von r Dimensionen abträgt, heißen *r-dimensionaler affiner Raum*. Lineare Räume, die man durch Abtragen derselben linearen Vektormannigfaltigkeiten erhält, heißen „*parallel*".

Zwei Räume heißen *affin* aufeinander *abgebildet*, wenn irgend ein Punkt des einen irgend einem Punkte des andern zugeordnet ist und die Vektoren des Raumes durch Affinitäten aufeinander bezogen sind.

Jede affine Beziehung eines r-dimensionalen linearen Raumes auf sich läßt sich durch eine Transformation der Gestalt (A) für Zahlen-r-Tupel ausdrücken.

Aus dem Parallelismus von Strecken läßt sich die Vektorgleichheit von Strecken rückwärts so erklären: Zwei Strecken auf verschiedenen eindimensionalen linearen Mannigfaltigkeiten $\mathfrak{M}\,(a_1,\ldots,a_n;\ b_1,\ldots,b_n)$, $\mathfrak{M}\,(\bar{a}_1,\ldots,\bar{a}_n;\bar{b}_1,\ldots,\bar{b}_n)$ heißen vektorgleich, wenn sie parallel sind und

$$\mathfrak{M}\,(a_1,\ldots,a_n;\ \bar{a}_1,\ldots,\bar{a}_n)\ \text{parallel zu}\ \mathfrak{M}\,(b_1,\ldots,b_n;\ \bar{b}_1,\ldots,\bar{b}_n)$$

ist.

Es muß danach nämlich Zahlen $\lambda,\varrho \neq 0$ geben, so daß

$$\begin{aligned} \bar{a}_i - \bar{b}_i &= (a_i - b_i)\,\lambda, \\ \bar{a}_i - a_i &= (\bar{b}_i - b_i)\,\varrho \end{aligned} \qquad (i = 1, 2, \ldots, n)$$

ist. Durch Elimination von $\bar{a}_i$ folgt

$$\bar{b}_i + (a_i - b_i)\,\lambda = a_i + (\bar{b}_i - b_i)\,\varrho$$

also, da diese Gleichung für $\lambda = 1$ und $\varrho = 1$ sicher richtig ist, d.h.

$$\bar{b}_i + (a_i - b_i) = a_i + (\bar{b}_i - b_i) \qquad (i = 1, 2, \ldots, n)$$

ist, folgt $\qquad (a_i - b_i)\,(\lambda - 1) = (\bar{b}_i - b_i)\,(\varrho - 1), \qquad (i = 1, 2, \ldots, n)$

also $\lambda = \varrho = 1$, weil die Strecken $\mathfrak{M}\,(a_1,\ldots,a_n;\ b_1,\ldots,b_n)$ und $\mathfrak{M}\,(b_1,\ldots,b_n;\ \bar{b}_1,\ldots,\bar{b}_n)$ nicht parallel sind.

9. Affine Abbildungen und Projektionen.

Die affinen Abbildungen lassen sich durch aufeinanderfolgende Projektionen herstellen. Das möge für die affinen Abbildungen eindimensionaler linearer Räume, welche in einem zweidimensionalen linearen Raum liegen, näher ausgeführt werden. Die ersteren nennen wir Geraden, die letzteren Ebenen.

Die Punkte der Ebene lassen sich auf Zahlenpaare x_1, x_2 abbilden. Die Punkte

$$(1) \qquad a_1 + b_1\lambda\ ,\ \ a_2 + b_2\lambda \qquad (\text{nicht}\ b_1 = b_2 = 0)$$

erfüllen eine Gerade, wenn a_i, b_i fest sind und λ alle Zahlen durchläuft, und jede Gerade läßt sich so darstellen. Die Gerade $(a_1 + b_1 \lambda,\ a_2 + b_2 \lambda)$ ist der Geraden $(\bar{a}_1 + \bar{b}_1 \lambda,\ \bar{a}_2 + \bar{b}_2 \lambda)$ parallel, wenn es ein $b \neq 0$ gibt, so daß

$$b_i\, b = \bar{b}_i\,.$$

Die Geraden $\lambda, 0$ und $0, \lambda$ heißen die x_1- und die x_2-Achse des affinen Koordinatensystemes $0, 0;\ 1, 0;\ 0, 1$.

Durch die Zuordnung

$$(2) \qquad\qquad \lambda^* = \alpha\, \lambda\, \beta + \gamma$$

wird eine Gerade (1) affin auf sich abgebildet.

Diese Zuordnung wollen wir also durch aufeinanderfolgende Projektionen darstellen. Wir erklären:

1. Zwei verschiedene Gerade heißen *parallel perspektiv* aufeinander bezogen, wenn die Strecken aus zugeordneten Punkten parallel sind.

2. Zwei parallele Gerade heißen *zentralperspektiv* aufeinander bezogen, wenn die Geraden durch zugeordnete Punkte sich in einem Punkte, dem perspektivischen Zentrum, schneiden.

Diese Zuordnungen sind spezielle affine Zuordnungen. Sind nämlich die Geraden, die parallelperspektiv bezogen sind, parallel, so können wir das Koordinatensystem so wählen, daß die beiden Geraden die Darstellung $\lambda, 0;\ \lambda, a$ erhalten. Der Punkt $\lambda, 0$ entspreche dem Punkt λ^*, a. Die Vektoren $\lambda^* - \lambda, a$ müssen alsdann alle parallel sein, und da ihre zweiten Komponenten gleich sind, müssen sie alle gleich sein, also muß

$$(3) \qquad\qquad \lambda^* = \lambda + \lambda_0$$

sein (λ_0 konstant).

Umgekehrt vermittelt jede Zuordnung (3) eine parallelperspektive zwischen den Geraden $\lambda, 0;\ \lambda, a$.

Sind die Geraden, die parallelperspektiv aufeinander bezogen sind, nicht parallel, so können wir das affine Koordinatensystem so wählen, daß die eine Gerade die x_1-Achse, die andere die x_2-Achse wird. Es entspreche dem Punkt

$$\lambda, 0 \quad \text{der Punkt} \quad 0, \lambda^*\,.$$

Die durch zugeordnete Punkte bestimmten Vektoren sind

$$-\lambda, \lambda^*\,,$$

und damit sie parallel sind, muß

$$-\lambda, \lambda^* = -\lambda_0\, \varrho,\, \lambda_0^*\, \varrho\,,$$

also

$$(4) \qquad\qquad \lambda^* = \lambda_0^*\, \lambda_0^{-1}\, \lambda = \alpha\, \lambda$$

sein.

Umgekehrt vermittelt jede Abbildung (4) eine parallelperspektive Zuordnung zwischen den Geraden $\lambda, 0$ und $0, \lambda$. Daraus folgt

Satz 1: *Wird eine Gerade g_1 auf eine andere Gerade g_2 durch Parallelperspektive bezogen und diese Gerade g_2 wieder durch Parallelperspektive auf g_1, so ist die dadurch bewirkte Abbildung von g_1 auf sich selbst entweder durch $\lambda^* = \lambda + \alpha$ oder durch $\lambda^* = \alpha\lambda$ darstellbar, je nachdem g_1 zu g_2 parallel ist oder nicht,*

Satz 2: *Sind $g_1, g_2, \ldots, g_n = g$ verschiedene Gerade und ist g_i auf g_{i+1} durch Parallelperspektive bezogen, so ist die dadurch zwischen g_1 und g_n vermittelte Zuordnung durch $\lambda^* = \alpha\lambda + \beta$ darstellbar und umgekehrt. Dies gilt auch, wenn g_1 und g_n miteinander identisch sind.*

Wir wenden uns nun der Zentralperspektive zu.

Die beiden durch Zentralperspektive aufeinander bezogenen parallelen Geraden seien λ, a; λ^*, b und $0, 0$ das perspektive Zentrum. Damit die durch zugeordnete Punkte bestimmten Geraden durch $0, 0$ gehen, muß in

$$\lambda + (\lambda^* - \lambda)\varrho \, . \qquad a + (b - a)\varrho \, ,$$

ϱ so bestimmt werden können, daß beide Koordinaten gleich Null werden. Es muß also

$$\lambda + (\lambda^* - \lambda)(a - b)^{-1} a = 0$$

oder

$$\lambda^* = \lambda (a^{-1}(b - a) + 1) = \lambda a^{-1} b$$

sein.

Hieraus und aus Satz 2 folgt aber sofort

Satz 3: *Durch parallelperspektive und zentralperspektive Zuordnungen lassen sich alle affinen Beziehungen (2) zwischen den Punkten verschiedener oder derselben Geraden erzeugen.*

Wir kommen in **7, 3** und **7, 7** auf die perspektiven Beziehungen von Geraden noch einmal zurück.

10. Projektive Transformationen.

Die allgemeinen linearen Transformationen haben Bedeutung wegen ihres Zusammenhanges mit den projektiven. Die *Projektivitäten* lassen sich aus einem Schiefkörper folgendermaßen erklären. Es seien

$$(1) \qquad \xi_i^* = \overset{k}{\sum}\alpha_{ik}\xi_k \qquad\qquad (i = 0, 1, \ldots, n)$$

eineindeutige Transformationen der $\xi_0, \xi_1, \ldots, \xi_n$. Unter einem Punkt verstehen wir die Klasse der Zahlen

$$(2) \qquad \xi_0\xi, \xi_1\xi, \ldots, \xi_n\xi \qquad\qquad (\xi \neq 0)$$

und unter projektiven Eigenschaften solche Eigenschaften der Systeme (2), welche unabhängig von der Wahl von ξ sind und bei den Transformationen (1) erhalten bleiben. Die in den Punkten durch (1) bewirkten eineindeutigen Transformationen heißen projektive.

Man bestätigt nun, daß die projektiven Transformationen, welche die Punkte mit $\xi_0 = 0$ wieder in solche überführen, gerade durch die Transformationen

$$(3) \qquad \xi_0^* = \alpha_{00}\,\xi_0\,, \qquad \xi_i^* = \sum_k \alpha_{ik}\,\xi_k \qquad (\alpha_{00} \neq 0;\; i = 1, 2, \ldots, n)$$

aus der Schar (1) bewirkt werden. Nun fassen wir die Punkte mit $\xi_0 \neq 0$ ins Auge und führen für dieselben neue Koordinaten ein, indem wir

$$x_i = \xi_i\,\xi_0^{-1}$$

setzen. Alsdann gehen aus den Gleichungen (3) die neuen Gleichungen

$$x_i^* = \alpha_{i0}\,\alpha_{00}^{-1} + \sum_k \alpha_{ik}\,x_k\,\alpha_{00}^{-1}$$

hervor, und dies sind allgemeine lineare Transformationen.

Der weitere Ausbau der projektiven Geometrie, für den der eben besprochene Sachverhalt wesentlich ist, bietet keine prinzipiellen Schwierigkeiten. Die projektiven Abbildungen von Geraden werden in **7, 7** behandelt.

Daß man auch aus einseitig distributiven Zahlsystemen Geometrien erklären kann, die mit der affinen viel Ähnlichkeit haben, sei an dieser Stelle nur erwähnt. Wir werden dieselben in Kapitel 6 entwickeln, weil sie unter den dort maßgebenden Gesichtspunkten mehr Interesse bieten als hier.

11. Kennzeichnung der Transformationen.

Eineindeutige Transformationen $\mathfrak{x}' = F(\mathfrak{x})$, welche die Vektoren so auf sich abbilden, daß aus

$$\sum_i \mathfrak{x}_i\,\lambda_i = 0 \quad \text{stets} \quad \sum_i \mathfrak{x}_i'\,\lambda_i = 0$$

folgt, gehören nach **3, 2** und **3, 3** der Schar (H) an. Diese Schar ist also als Gruppe der Automorphismen der Vektoren mit den beiden Verknüpfungen der Addition und der Multiplikation mit Faktor gekennzeichnet.

Schwieriger ist die Kennzeichnung der allgemeinen homogenen oder inhomogenen Affinitäten und der Projektivitäten durchzuführen. Man hätte hier vor allem die Frage zu entscheiden, welche Transformationen Vektoren so auf sich abbilden, daß jede lineare Abhängigkeit erhalten bleibt, aber nicht notwendig die Koeffizienten λ_i selbst. Solche Abbildungen heißen Kollineationen. Es ist eine der Hauptaufgaben von Teil II, dieselben zu bestimmen.

Teil II.

Axiomatischer Aufbau der Geometrie.

Einleitung.

1. Grundsätze.

Wir haben im Teil I die analytische affine und projektive Geometrie
aus der Algebra erklärt und entwickelt, und wir haben für die algebraischen Sachverhalte, die wir zur analytischen Geometrie rechneten, eine
geometrische Sprechweise eingeführt. Der Aussage der affinen Geometrie
der Ebene, „zwei Punkte bestimmen eine Gerade", entsprach z. B. der
Sachverhalt, daß zwei verschiedene Zahlenpaare eine Schar linear abhängiger Zahlenpaare bestimmen und daß die lineare Abhängigkeit von
Zahlenpaaren invariant gegenüber den affinen Transformationen ist.
Wenn wir also jetzt beantworten sollten, was affine Geometrie der Ebene
ist, so könnten wir etwa sagen, die Beschreibung der Eigenschaften von
Zahlenpaaren, die invariant gegenüber affinen Transformationen sind.
Doch es ist klar, daß wir damit wohl einen bestimmten Teil der Algebra
umreißen, daß wir aber damit nicht einen Einblick in die Sätze selbst
gewinnen, die wir unter dem Namen „affine Geometrie" zusammenfassen
möchten, nämlich in die geometrische Formulierung jener algebraischen
Sachverhalte und die logischen Zusammenhänge zwischen diesen Sätzen.

In etwas anderen Worten: die Konstruktion der analytischen affinen
Geometrie aus der Algebra ist zwar durchsichtig, und ihre Grundlage,
die in angegebenen Gesetzen der Addition und Multiplikation besteht,
ist zuverlässig. Aber trotzdem liefert sie uns nicht, was wir als Geometer
suchen müssen: eine autonome Begründung der affinen Geometrie.
Ob und wie das möglich ist, läßt sich vorderhand nur vermuten. Indem
wir aber an die Begründung der Geometrie durch EUKLID als Vorbild
denken, werden wir nach Grundsätzen oder Axiomen der affinen Geometrie, oder genauer nach einem System von Axiomen der affinen Geometrie fragen. Was sind Grundsätze? Jedenfalls müssen es richtige
Sätze sein, die Sätze müssen zur affinen Geometrie gehören — sie müssen
also z. B. Punkte, nicht Zahlen betreffen — und ein System von Grundsätzen muß ein System von Sätzen sein, aus denen sich alle übrigen
Sätze der affinen Geometrie durch Definitionen und logische Schlüsse
ableiten lassen. Systeme von Axiomen der affinen und projektiven Geo-

metrie zu suchen und einen unmittelbaren Einblick in die logische Struktur dieser Geometrien zu gewinnen, ist das Ziel des zweiten Teiles. Wir werden uns dabei im wesentlichen auf die Geometrie der Ebene beschränken können.

2. Vollständigkeit.

Die wichtigste Arbeit, die bei der Diskussion eines Systems von Grundsätzen zu leisten ist, ist der Nachweis der Vollständigkeit des Systems, die Tatsache also, daß sich aus dem System alle Sätze der Disziplin ableiten lassen. Nun ist aber die Aussage, „ein Axiomensystem ist vollständig", offenbar eine Aussage über Sätze und Gesamtheiten von Sätzen, und es wäre viel eher eine Aufgabe der Logik als der Mathematik, diesen Nachweis zu führen. Denn die Sätze der Mathematik beziehen sich etwa auf Zahlen oder Punkte, also mathematische Gegenstände, und Aussagen über Sätze der Mathematik gehören in die Mathematik selbst nicht hinein. Wir hoben überdies schon in I. 2 hervor, daß die Wendung „alle Sätze" der euklidischen Geometrie z. B. unpräzise ist, und somit hat auch der Begriff „Vollständigkeit eines Axiomensystems" keinen genauen Sinn.

Aber dieser Sinn läßt sich präzisieren, und zwar so, daß der Nachweis der Vollständigkeit zu einer rein mathematischen Angelegenheit wird.

Ein System $\mathfrak{S}$ von Grundsätzen der affinen Geometrie der Ebene heißt vollständig, wenn sich aus $\mathfrak{S}$ folgern läßt, daß sich diese Geometrie auch analytisch-algebraisch wie in Kapitel 3 erklären ließe, d. h.

1. jedem Punkte läßt sich eineindeutig ein Paar von Zahlen aus einem Körper oder Schiefkörper K zuordnen,

2. jeder Satz des Systems $\mathfrak{S}$ läßt sich in eine bestimmte algebraische Aussage über Zahlenpaare übersetzen,

3. diese Aussagen über Zahlenpaare sind invariant gegenüber affinen Transformationen.

Es bedarf wohl kaum der Erläuterung, daß diese Präzision der Vollständigkeit im Sinne des damit ursprünglich Gemeinten ist.

Es ist nun klar, wie der Nachweis der Vollständigkeit verlaufen muß: wir müssen aus den Grundbegriffen der Geometrie Zahlen konstruieren, und für diese Zahlen die Rechengesetze der Addition und Multiplikation nachweisen.

3. Auswahl der Axiome.

Sehen wir uns nach Grundbegriffen um, die zur Bildung von Grundsätzen der affinen Geometrie geeignet sind. Die Aussagen der Geometrie beziehen sich letzten Endes, wie schon gesagt, auf Punkte, und die einfachste Beziehung zwischen Punkten ist die lineare Abhängigkeit, das Liegen auf derselben Geraden. Wir betrachten statt dessen jetzt lieber die Geraden als eine zweite Klasse von Gegenständen und nehmen als Grundrelation zwischen Punkten und Geraden das Inzidieren. Für „ein Punkt inzidiert mit einer Geraden" sagen wir auch „ein Punkt liegt auf einer Geraden" oder „eine Gerade geht durch einen Punkt". Außerdem ist die Relation der „Richtungsgleichheit" von Strecken- oder geordneten Punktepaaren nötig, um die Anordnung der Punkte zu beschreiben.

Auf diese beiden Gegenstandsklassen und diese beiden Relationen lassen sich alle Begriffe der affinen Geometrie zurückführen.

Trotzdem führen wir, wenigstens vorläufig, noch eine Relation zwischen Geraden, das „Parallelsein", ein. Sobald bewiesen ist, daß zwei Gerade, die nicht parallel sind, einen Punkt bestimmen, kann man „parallel" durch „punktfremd" oder „nicht mit demselben Punkt inzidieren" ersetzen. Durch eine axiomatische Forderung wollen wir diesen Zusammenhang jedoch, zunächst wenigstens, nicht festlegen.

Die Aufgabe des zweiten Teils ist danach: die Begriffe Punkt, Gerade, inzidieren, richtungsgleich, parallel zu definieren und sodann aus diesen Definitionen heraus einen Körper zu konstruieren, der für die Geometrie die in *II*, 2 angegebene Bedeutung hat. Vor allem geht es dabei um die Einsicht, wie sich Zahlen aus der Geometrie erklären lassen. Das wird nun am klarsten bei Betrachtung der „Gewebe" aus drei bzw. vier Geradenbüscheln, denen unsere axio- matische Untersuchung daher zuerst gilt.

Wir fordern zunächst also nicht, daß je zwei Punkte eine Gerade bestimmen; wir fordern vielmehr nur die Existenz von 3 Scharen paralleler Geraden und später noch die Existenz eines eigentlichen Geradenbüschels. Der Grund für dieses Vorgehen ist, daß wir so Schritt für Schritt jedes Rechengesetz der Zahlen aus geometrischen Eigenschaften von Punkten und Geraden der Gewebe herleiten können, nämlich die notwendigen und hinreichenden Eigenschaften dafür, daß

1. die Zahlen bezügl. der Addition eine Gruppe bilden,
2. die Zahlen bezügl. der Multiplikation eine Gruppe bilden,
3. das erste distributive Gesetz erfüllt ist,
4. das zweite distributive Gesetz erfüllt ist,
5. die Multiplikation kommutativ ist.

Jeder dieser Tatsachen 1 bis 5 entspricht nämlich ein bestimmter Schließungssatz bzw. eine nicht triviale Figur aus Punkten und Geraden der Gewebe. Dieser schöne Zusammenhang zwischen Algebra und Geo- metrie würde nicht so klar heraustreten, wenn wir gleich die Existenz aller Punkte und Geraden mit ihren Verknüpfungseigenschaften voraus- setzten. Außerdem verlaufen die Beweise bei den engeren Voraus- setzungen, die hier gemacht werden, beinahe zwangsläufig, und daher ist die Auswertung der Gewebe-Axiome besonders durchsichtig.

Später wird ein möglichst einfaches System von Axiomen für die affine und die projektive Geometrie angegeben.

Kapitel 4.

Gewebe und Gruppen.

Einleitung.

Drei Scharen paralleler Geraden und die Punkte auf ihnen nennen wir ein „3-Gewebe", und stellen uns in diesem Kapitel die Aufgabe, Axiome für 3-Gewebe aufzustellen. Die Resultate sind abschließend und, auch an und für sich genommen, beachtenswert. Den Zusammenhang zwischen der algebraischen und der axiomatischen Methode in der Geometrie kann man kaum klarer übersehen als bei den 3-Geweben.

Ähnlich wie aus jedem Schiefkörper eine affine Geometrie erklärt wurde, läßt sich aus jeder Gruppe ein 3-Gewebe definieren. Das Umgekehrte gilt, sobald im 3-Gewebe eine gewisse Figur aus Punkten und Geraden konstruiert werden kann. Die Brücke zwischen Gruppe und Gewebe bildet die Relation der Vektorgleichheit für Punktepaare. Die analytische Definition des 3-Gewebes ist übrigens so einfach, daß wir sie im ersten Teil übergehen konnten und auch hier sogleich mit ihrer axiomatischen Erklärung beginnen.

Für die affine und projektive Geometrie ergibt sich aus der Axiomatik des 3-Gewebes ein wichtiges Resultat: es lassen sich alle Kollineationen der affinen und projektiven Ebene bestimmen.

1. Die Inzidenzaxiome des 3-Gewebes.

Ein 3-Gewebe aus Punkten und Geraden erklären wir durch die folgenden Festsetzungen[1]:

I. 1. Eine Gerade inzidiert mit mindestens zwei verschiedenen Punkten.

I. 2. Inzidiert die Gerade ϱ_1 mit zwei Punkten P_1 und P_2, und die Gerade ϱ_2 mit denselben Punkten P_1 und P_2, so ist ϱ_1 mit ϱ_2 identisch.

Folgerung: zwei verschiedene Gerade können also höchstens einen Punkt gemeinsam haben.

I. 3. Ist ϱ_1 parallel zu ϱ_2, so ist auch ϱ_2 parallel zu ϱ_1.

I. 4. Ist ϱ_1 parallel zu ϱ_2 und ϱ_2 parallel zu ϱ_3, so ist auch ϱ_1 parallel zu ϱ_3.

Aus *I. 3* und *I. 4* folgt, daß jede Gerade zu sich selbst parallel ist und daß die zu irgend einer Geraden ϱ parallelen Geraden untereinander parallel sind. Wir wollen die Gesamtheit der zu ϱ parallelen Geraden eine Schar paralleler Geraden nennen und mit $\mathfrak{S}(\varrho)$ bezeichnen. Offenbar ist $\mathfrak{S}(\varrho_1)$ mit $\mathfrak{S}(\varrho_2)$ identisch, wenn ϱ_1 parallel zu ϱ_2 ist und umgekehrt.

I. 5. Durch jeden Punkt P gibt es zu einer Geraden ϱ eine und nur eine Parallele.

---

[1] An Literatur sind für die folgenden Abschnitte eine Arbeit des Verf.: Math. Z. Bd. 29, 1928, und eine Arbeit von Thomsen, Hamb. Abhdlg. Bd. 7, 1929 zu nennen.

Danach können wir von *der* Parallelen durch P zu ϱ sprechen. Da ϱ zu sich selbst parallel ist, ist die Parallele zu ϱ durch einen Punkt von ϱ mit ϱ identisch. Zwei verschiedene parallele Gerade können also keinen Punkt gemeinsam haben.

I. 6. Es gibt drei verschiedene Geraden α, β, γ mit einem gemeinsamen Schnittpunkt. Sind $\bar{\alpha}$, $\bar{\beta}$, $\bar{\gamma}$ drei Gerade bzw. aus der Schar $\mathfrak{S}(\alpha)$, $\mathfrak{S}(\beta)$, $\mathfrak{S}(\gamma)$, so haben $\bar{\alpha}$ und $\bar{\beta}$, $\bar{\alpha}$ und $\bar{\gamma}$, $\bar{\beta}$ und $\bar{\gamma}$ je einen Punkt gemein.

I. 7. Jede Gerade ist entweder zu α oder zu β oder zu γ parallel.

Man erschließt sofort, daß durch jeden Punkt je eine Gerade der Scharen $\mathfrak{S}(\alpha)$, $\mathfrak{S}(\beta)$, $\mathfrak{S}(\gamma)$ hindurchgeht. Die Scharen $\mathfrak{S}(\alpha)$, $\mathfrak{S}(\beta)$, $\mathfrak{S}(\gamma)$ bezeichnen wir mit $\mathfrak{A}$, $\mathfrak{B}$, $\mathfrak{C}$. Für Gerade der Scharen $\mathfrak{A}$, $\mathfrak{B}$, $\mathfrak{C}$ sagen wir kurz $\mathfrak{A}$-Gerade, $\mathfrak{B}$-Gerade, $\mathfrak{C}$-Gerade.

2. Definition der Vektorgleichheit.

Wir erklären nunmehr die *Vektorgleichheit* für geordnete Punktepaare oder Strecken $P_1 P_2$, die einer Geraden der Schar $\mathfrak{A}$ angehören — $\mathfrak{A}$-Strecken mögen sie heißen —, so:

D. 1: *Zwei Strecken $P_1 P_2$ und $Q_1 Q_2$ auf zwei verschiedenen Geraden der Schar $\mathfrak{A}$ heißen, falls P_1, Q_1 eine Gerade bestimmen (die also entweder der Schar $\mathfrak{B}$ oder der Schar $\mathfrak{C}$ angehört), vektorgleich, in Zeichen*

$$P_1 P_2 \equiv Q_1 Q_2,$$

wenn P_2, Q_2 eine Gerade bestimmen, die derselben Schar angehört wie die Gerade $P_1 Q_1$.

D. 2: *Zwei $\mathfrak{A}$-Strecken $P_1 P_2$ und $Q_1 Q_2$ heißen, falls P_1, Q_1 weder eine $\mathfrak{B}$-Gerade noch eine $\mathfrak{C}$-Gerade bestimmen, vektorgleich, wenn es eine Strecke $R_1 R_2$ gibt, welche nach der eben gegebenen Definition D. 1 sowohl zu $P_1 P_2$ als auch zu $Q_1 Q_2$ vektorgleich ist.*

Die Vektorgleichheit ist symmetrisch und reflexiv, d. h. ist

$$P_1 P_2 \equiv Q_1 Q_2, \quad \text{so ist auch} \quad Q_1 Q_2 \equiv P_1 P_2$$

und

$$P_1 P_2 \equiv P_1 P_2.$$

Ist $\qquad P_1 P_2 \equiv Q_1 Q_2,$ so ist auch $P_2 P_1 \equiv Q_2 Q_1.$

Von jedem Punkte Q_1 aus läßt sich eine $\mathfrak{A}$-Strecke konstruieren, die zu einer gegebenen $\mathfrak{A}$-Strecke $P_1 P_2$ vektorgleich ist. Bestimmen nämlich P_1 und Q_1 eine $\mathfrak{B}$-Gerade bzw. eine $\mathfrak{C}$-Gerade, so bringe man die $\mathfrak{B}$- bzw. $\mathfrak{C}$-Geraden durch P_2 mit der $\mathfrak{A}$-Geraden durch Q_1 in Q_2 zum Schnitt. Alsdann ist $Q_1 Q_2 \equiv P_1 P_2$.

Andernfalls zieht man durch P_1 eine $\mathfrak{B}$-Gerade und durch Q_1 eine $\mathfrak{C}$-Gerade, die sich in R_1 schneiden mögen, und bringt die $\mathfrak{A}$-Gerade durch R_1 und die $\mathfrak{B}$-Gerade durch P_2 in R_2 und die $\mathfrak{A}$-Gerade durch Q_1 mit der $\mathfrak{C}$-Geraden durch R_2 in Q_2 zum Schnitt. Alsdann ist $Q_1 Q_2 \equiv P_1 P_2$.

Dagegen ist nicht gesagt, daß sich von jedem Punkte aus *eindeutig* eine zu einer vorgegebenen Strecke gleiche konstruieren läßt. Bringt man nämlich die $\mathfrak{C}$-Gerade durch P_1 mit der $\mathfrak{B}$-Geraden durch Q_1 in S_1 und die $\mathfrak{A}$-Gerade durch S_1 mit der $\mathfrak{C}$-Geraden durch P_2 in S_2 zum Schnitt und zieht nun die $\mathfrak{B}$-Gerade durch S_2, so ist keineswegs gesagt, daß dieselbe durch Q_2 hindurchgeht.

Ebensowenig ist die Vektorgleichheit nach unseren bisherigen Voraussetzungen im allgemeinen transitiv. Beides werden wir aber zeigen können, wenn wir das folgende Axiom hinzunehmen.

3. Das erste Schließungsaxiom, Σ. 1.

Σ. 1: *Bestimmen je*

$$P_1, P_2;\ Q_1, Q_2;\ R_1, R_2;\ S_1, S_2 \qquad \text{4 } \mathfrak{A}\text{-Geraden und}$$

$$P_1, Q_1;\ P_2, Q_2;\ S_2, R_2;\ S_1, R_1 \qquad \text{4 } \mathfrak{B}\text{-Geraden und}$$

$$S_1, P_1;\ R_1, Q_1;\ R_2, Q_2 \qquad\qquad \text{3 } \mathfrak{C}\text{-Geraden,}$$

so bestimmen auch S_2, P_2 *eine* $\mathfrak{C}$-*Gerade.*

Dieses Axiom kann so aufgefaßt werden, daß der Punkt S_2 z. B. sich aus den übrigen Punkten auf zwei verschiedene Weisen konstruieren

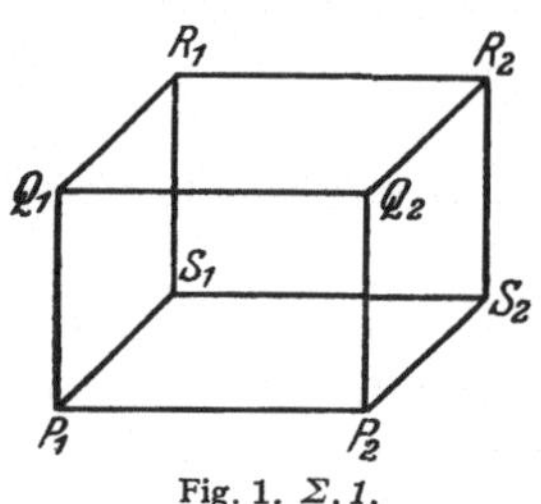

Fig. 1. Σ. 1.

läßt und daß sich diese beiden Konstruktionen also in ein und demselben Punkt schließen. Man bezeichnet solche Sätze als Schließungssätze. Jedem Schließungssatze entspricht eine bestimmte Figur. Wir wollen auch die zugehörige Figur die Figur Σ. 1 nennen.

Die Rolle der $\mathfrak{A}$- und $\mathfrak{B}$-Geraden in den Voraussetzungen dieses Satzes ist dieselbe. Der Satz bleibt aber auch richtig, wenn man an Stelle von $\mathfrak{A}$-Geraden $\mathfrak{C}$-Geraden schreibt und umgekehrt oder an Stelle von $\mathfrak{B}$-Geraden $\mathfrak{C}$-Geraden schreibt und umgekehrt.

Wir beweisen z. B.

Bestimmen je

$$P_1, P_2;\ Q_1, Q_2;\ R_1, R_2;\ S_1, S_2 \quad \text{4 } \mathfrak{A}\text{-Geraden und}$$

$$P_1, Q_1;\ P_2, Q_2;\ S_2, R_2;\ S_1, R_1 \quad \text{4 } \mathfrak{C}\text{-Geraden und}$$

$$S_1, P_1;\ R_1, Q_1;\ R_2, Q_2 \qquad\qquad \text{3 } \mathfrak{B}\text{-Geraden,}$$

so bestimmen auch S_2, P_2 *eine* $\mathfrak{B}$-*Gerade.*

Zieht man nämlich durch S_2 die $\mathfrak{B}$-Gerade, welche die $\mathfrak{A}$-Gerade durch P_1 in P_2^* schneidet, so ist P_2^* sicher von P_1 verschieden, weil sonst S_1 mit S_2 zusammenfallen müßte. Ersetzt man nun P_2 durch P_2^*, so erfüllen die Punkte $P_1, P_2^*, S_1, S_2, R_1, R_2, Q_1, Q_2$ die Voraussetzungen des Axiomes $\Sigma.1$: je

$P_1, P_2^*;\ S_1, S_2;\ R_1, R_2;\ Q_1, Q_2$ bestimmen 4 $\mathfrak{A}$-Geraden,

$P_1, S_1;\ P_2^*, S_2;\ R_1, Q_1;\ R_2, Q_2$ bestimmen 4 $\mathfrak{B}$-Geraden,

$P_1, Q_1;\ S_2, R_2;\ S_1, R_1$ bestimmen 3 $\mathfrak{C}$-Geraden.

Folglich bestimmen Q_2, P_2^* eine $\mathfrak{C}$-Gerade.

Nach Voraussetzung ist aber auch $Q_2 P_2$ eine $\mathfrak{C}$-Gerade. Da es aber nur eine $\mathfrak{C}$-Gerade durch Q_2 gibt, so ist die Gerade $Q_2 P_2$ identisch mit der Geraden $Q_2 P_2^*$, folglich ist P_2 identisch mit P_2^*.

Ist eine $\mathfrak{A}$-Strecke, die zu einer vorgegebenen vektorgleich ist, eindeutig durch ihren Anfangspunkt bestimmt, so muß $\Sigma.1$ gelten. Ebenso folgt $\Sigma.1$ auch aus der Transitivität der in D. 1, D. 2 erklärten Vektorgleichheit. Die Voraussetzungen von $\Sigma.1$ lassen sich nämlich mit dem Begriffe vektorgleich z. B. so aussprechen: $P_1 P_2$ ist vektorgleich zu $R_1 R_2$, $R_1 R_2$ ist vektorgleich zu $S_1 S_2$ und $S_1 P_1$ gehört der Schar $\mathfrak{C}$ an. Aus der Transitivität der Vektorgleichheit folgt alsdann, daß $S_1 S_2$ vektorgleich zu $P_1 P_2$ ist, und nach der Erklärung der Vektorgleichheit müssen also S_2, P_2 eine $\mathfrak{C}$-Gerade bestimmen. Jetzt wollen wir das Umgekehrte folgern.

4. Transitivität der Vektorgleichheit. Eindeutigkeit.

Wir setzen die Figur $\Sigma.1$ voraus und wollen zeigen, daß die Vektorgleichheit transitiv ist. Wir haben beim Beweis drei Fälle zu unterscheiden:

1. Es sei

$$P_1 P_2 \equiv Q_1 Q_2 \text{ nach D. 1}$$

und

$$Q_1 Q_2 \equiv R_1 R_2 \text{ nach D. 1.}$$

Dann können wieder zwei verschiedene Fälle auftreten.

a) Entweder liegen P_1, Q_1, R_1 auf derselben Geraden aus $\mathfrak{B}$ oder aus $\mathfrak{C}$; dann liegen auch P_2, Q_2, R_2 auf einer und derselben Geraden, und diese Gerade gehört in dieselbe Schar wie $P_1 Q_1 R_1$. Folglich ist

$$P_1 P_2 \equiv R_1 R_2 \text{ nach D. 1,}$$

b) oder es liegen P_1, Q_1, R_1 nicht auf derselben Geraden; dann bestimmen P_1, R_1 gewiß keine $\mathfrak{B}$- oder $\mathfrak{C}$-Gerade, und es ist

$$P_1 P_2 \equiv R_1 R_2 \text{ nach D. 2.}$$

2. Es sei jetzt

$$P_1 P_2 \equiv Q_1 Q_2 \text{ nach D. 1}$$

und

$$Q_1 Q_2 \equiv R_1 R_2 \text{ nach D. 2.}$$

Es gibt dann eine Strecke $S_1 S_2$, so daß

$$S_1 S_2 \equiv Q_1 Q_2 \text{ nach D. 1}$$

und

$$S_1 S_2 \equiv R_1 R_2 \text{ nach D. 1.}$$

a) Entweder liegen nun P_1, Q_1, S_1 auf derselben Geraden; dann liegen auch P_2, Q_2, S_2 auf derselben Geraden, und es ist deswegen

$$P_1 P_2 \equiv S_1 S_2 \text{ nach D. 1}$$

und

$$S_1 S_2 \equiv R_1 R_2 \text{ nach D. 1}$$

und daher, wie unter 1. gezeigt, $P_1 P_2 \equiv R_1 R_2$ nach D. 2;

b) oder P_1, Q_1, S_1 liegen nicht auf derselben Geraden.

ba) Alsdann liegt entweder P_1, R_1 auf einer $\mathfrak{B}$- oder $\mathfrak{C}$-Geraden. P_1, P_2, Q_1, Q_2, S_1, S_2, R_1, R_2 erfüllen dann die Voraussetzung der Figur Σ. 1 und $P_2 R_2$ muß eine Gerade derselben Schar wie $P_1 R_1$ bestimmen. Es ist also

$$P_1 P_2 \equiv R_1 R_2 \text{ nach D. 1.}$$

bb) oder P_1, R_1 liegen nicht auf einer $\mathfrak{B}$- oder $\mathfrak{C}$-Geraden. Alsdann ziehe man durch R_1 die Parallele zu $Q_1 S_1$ und bringe sie mit $P_1 Q_1$ in $\overline{S}_1$ zum Schnitt. Ferner bringe man die $\mathfrak{A}$-Gerade durch $\overline{S}_1$ mit $P_2 Q_2$ in $\overline{S}_2$ zum Schnitt. Alsdann ist nach Σ. 1, angewendet auf die Punkte Q_1, Q_2, S_1, S_2, R_1, R_2, $\overline{S}_1$, $\overline{S}_2$; $\overline{S}_2 R_2$ parallel zu $\overline{S}_1 R_1$ und daher wieder

$$P_1 P_2 \equiv \overline{S}_1 \overline{S}_2 \text{ nach D. 1}$$

und

$$\overline{S}_1 \overline{S}_2 \equiv R_1 R_2 \text{ nach D. 1.}$$

Folglich ist

$$P_1 P_2 \equiv R_1 R_2$$

nach Beweis unter 1 b.

3. Ist schließlich

$$P_1 P_2 \equiv Q_1 Q_2 \text{ nach D. 2}$$

und

$$Q_1 Q_2 \equiv R_1 R_2 \text{ nach D. 2,}$$

so gibt es also eine Strecke $S_1 S_2$, so daß

$$S_1 S_2 \equiv P_1 P_2 \text{ nach D. 1}$$

und

$$S_1 S_2 \equiv Q_1 Q_2 \text{ nach D. 1,}$$

und es ist nach dem soeben Erörterten auch $S_1 S_2 \equiv R_1 R_2$, und zwar entweder nach D. 1 oder nach D. 2. Alsdann folgt aber nach einem der schon erledigten Fälle 1 oder 2 ebenfalls weiter, daß

$$P_1 P_2 \equiv R_1 R_2$$

ist.

Die Eindeutigkeit einer zu $P_1 P_2$ vektorgleichen Strecke mit vorgegebenem Anfangspunkt Q_1 folgt nunmehr sofort mittels der Eindeutigkeit der Parallelen zu einer Geraden durch einen Punkt.

Es seien nämlich $Q_1 Q_2$ und $Q_1 Q_2^*$ zwei Strecken auf einer $\mathfrak{A}$-Geraden, die beide vektorgleich sind zu einer vorgegebenen Strecke $P_1 P_2$ und also auch zueinander. R_1 sei ein Punkt, der mit Q_1 eine $\mathfrak{B}$-Gerade bestimmt. Bringt man die $\mathfrak{A}$-Gerade durch R_1 mit den $\mathfrak{B}$-Geraden durch Q_2 und Q_2^* in R_2 und R_2^* zum Schnitt, so müßte z. B. $R_1 R_2 \equiv Q_1 Q_2$ und $R_1 R_2 \equiv Q_1 Q_2^*$ sein und also die zwei Geraden $R_2 Q_2$ und $R_2 Q_2^*$ mit einem gemeinsamen Punkte R_2 zueinander parallel sein. Folglich sind diese Geraden und daher auch Q_2 mit Q_2^* identisch.

5. Die drei Vektorgruppen.

Die zu einer Strecke $P_1 P_2$ vektorgleichen Strecken sind untereinander vektorgleich. Wir fassen sie zu der Klasse $\mathfrak{m}(P_1 P_2)$ zusammen. Ist $P_1 P_2 \equiv Q_1 Q_2$, so ist die Klasse der zu $P_1 P_2$ vektorgleichen Strecken mit der Klasse der zu $Q_1 Q_2$ vektorgleichen Strecken identisch, in Zeichen

$$\mathfrak{m}(P_1 P_2) = \mathfrak{m}(Q_1 Q_2)$$

und umgekehrt. Wir nennen diese Klassen ,,*Vektoren*''. Unter Abtragen des Vektors $\mathfrak{m}(P_1 P_2)$ vom Punkte Q_1 aus verstehen wir die Konstruktion der Strecke $Q_1 Q_2 \equiv P_1 P_2$. Die Tatsache, daß dadurch der Punkt Q_2 eindeutig bestimmt ist, sprechen wir so aus: *Jeder Vektor läßt sich eindeutig von einem Punkte Q_1 aus abtragen.*

Wir erklären jetzt eine Komposition für Vektoren und zeigen, daß die Vektoren aus $\mathfrak{A}$-Strecken — $\mathfrak{A}$-Vektoren mögen sie heißen und mit kleinen deutschen Buchstaben $\mathfrak{a}$ bezeichnet werden — eine Gruppe bilden.

Ist

$$\mathfrak{m}(P_1 P_2) = \mathfrak{a}_1, \qquad \mathfrak{m}(P_2 P_3) = \mathfrak{a}_2, \qquad \mathfrak{m}(P_1 P_3) = \mathfrak{a}_3,$$

so setzen wir

$$\mathfrak{a}_1 + \mathfrak{a}_2 = \mathfrak{a}_3 .$$

Diese Erklärung ist widerspruchsfrei, weil sie von der Wahl des Punktes P_1 unabhängig ist. Ist nämlich Q_1 ein beliebiger Punkt und $Q_1 Q_2 \equiv P_1 P_2$, $Q_2 Q_3 \equiv P_2 P_3$, so ist wegen der Transitivität des Parallelismus auch $Q_1 Q_3 \equiv P_1 P_3$.

Ist $\mathfrak{m}(P_1 P_2) = \mathfrak{a}$, so setzen wir $\mathfrak{m}(P_2 P_1) = -\mathfrak{a}$; $\mathfrak{m}(P_1 P_1)$ setzen wir gleich $\mathfrak{o}$; dann folgt

$$\mathfrak{a} + \mathfrak{o} = \mathfrak{o} + \mathfrak{a} = \mathfrak{a}, \qquad \mathfrak{a} + (-\mathfrak{a}) = \mathfrak{o} .$$

Alsdann sind die Gruppenaxiome **1**, **3** erfüllt.

Es ist nämlich

$$(\mathfrak{a}_1 + \mathfrak{a}_2) + \mathfrak{a}_3 = \mathfrak{a}_1 + (\mathfrak{a}_2 + \mathfrak{a}_3) ,$$

weil aus

$$\mathfrak{m}(P_1 P_2) = \mathfrak{a}_1, \qquad \mathfrak{m}(P_2 P_3) = \mathfrak{a}_2, \qquad \mathfrak{m}(P_3 P_4) = \mathfrak{a}_3$$

offenbar

$$\mathfrak{m}\,(P_1 P_3) + \mathfrak{m}\,(P_3 P_4) = \mathfrak{m}\,(P_1 P_2) + \mathfrak{m}\,(P_2 P_4)$$

folgt.

Die Verknüpfungsoperation ist außerdem stets eindeutig ausführbar und wir erhalten also:

Die $\mathfrak{A}$-Vektoren bilden eine Gruppe, wenn

$$\mathfrak{m}\,(P_1 P_2) + \mathfrak{m}\,(P_2 P_3) = \mathfrak{m}\,(P_1 P_3)$$

gesetzt wird.

Trägt man von jedem Punkte P eine Strecke, die zu einer vorgegebenen $\mathfrak{A}$-Strecke vektorgleich ist, ab, so wird jedem Punkte P ein wohl bestimmter von ihm verschiedener Punkt P^* zugeordnet; $\mathfrak{m}\,(P P^*)$ ist für alle P derselbe Vektor $\mathfrak{a}$. Jede $\mathfrak{A}$-Gerade wird hierbei in sich abgebildet. Jede $\mathfrak{B}$- oder $\mathfrak{C}$-Gerade wird in eine zu ihr parallele übergeführt. Wir wollen die so erklärte Punkttransformation deswegen eine Translation in Richtung $\mathfrak{A}$ um $\mathfrak{m}\,(P P^*) = \mathfrak{a}$ nennen.

Vektorgleiche Strecken bleiben bei einer Translation vektorgleich. Dagegen ist $P_1 P_2$ keineswegs im allgemeinen gleich $P_1^* P_2^*$; vielmehr ist

$$\mathfrak{m}\,(P^* Q^*) = \mathfrak{m}\,(P^* P) + \mathfrak{m}\,(P Q) + \mathfrak{m}\,(Q Q^*) = -\mathfrak{a} + \mathfrak{m}\,(P Q) + \mathfrak{a}\,.$$

Wie wir eingangs gesehen haben, sind die Voraussetzungen über die Scharen $\mathfrak{A}$, $\mathfrak{B}$, $\mathfrak{C}$ völlig symmetrisch. Wir können deswegen in demselben 3-Gewebe auch Vektoren aus $\mathfrak{B}$-Strecken und $\mathfrak{C}$-Strecken einführen und für dieselben eine analoge Kompositionsvorschrift erklären wie für die $\mathfrak{A}$-Vektoren. Sie müssen dann je ebenfalls eine Gruppe bilden.

6. Isomorphie der Vektorgruppen.

Es ist nun eine naheliegende Frage, ob diese drei Gruppen in Beziehungen zueinander stehen und in welchen. Die Antwort lautet: *Die Gruppen der $\mathfrak{A}$, $\mathfrak{B}$, $\mathfrak{C}$ Vektoren sind zueinander isomorph.*

Wir beweisen nämlich folgenden Sachverhalt: Ist O ein beliebiger Punkt, durch den die drei Geraden α, β, γ der Klassen $\mathfrak{A}$, $\mathfrak{B}$, $\mathfrak{C}$ hindurchgehen, ist P ein Punkt von α, Q der Schnittpunkt der $\mathfrak{B}$-Geraden durch P mit γ und P^* der Schnittpunkt der $\mathfrak{A}$-Geraden durch Q mit β, so ist die Abbildung

$$\mathfrak{m}\,(O P) \rightarrow \mathfrak{m}\,(O P^*)$$

ein Isomorphismus zwischen den $\mathfrak{A}$- und $\mathfrak{B}$-Vektoren.

Es genügt offenbar zu zeigen, daß bei der beschriebenen Abbildung $P \rightarrow P^*$ zwei vektorgleichen $\mathfrak{A}$-Strecken $O P_1 \equiv P_2 P_3$ zwei vektorgleiche $\mathfrak{B}$-Strecken $O P_1^* \equiv P_2^* P_3^*$ zugeordnet werden. Ist das nämlich der Fall, so ist mit

$$\mathfrak{m}\,(O P_2) + \mathfrak{m}\,(O P_1) = \mathfrak{m}\,(O P_3)$$

stets auch

$$\mathfrak{m}\,(O\,P_2^*) + \mathfrak{m}\,(O\,P_1^*) = \mathfrak{m}\,(O\,P_3^*)\,.$$

Es sei also $O\,P_1 \equiv P_2\,P_3$. Q_1, Q_2, Q_3 seien die Schnittpunkte der $\mathfrak{B}$-Geraden durch P_1, P_2, P_3 mit γ, P_1^*, P_2^*, P_3^* die Schnittpunkte der $\mathfrak{A}$-Geraden durch Q_1, Q_2, Q_3 mit β. Die $\mathfrak{A}$-Gerade durch Q_2 treffe die $\mathfrak{B}$-Gerade durch P_3 in R. Dann ist $Q_2 R \equiv P_2\,P_3$ und daher $Q_2 R \equiv O\,P_1$, und somit müssen P_1, R eine $\mathfrak{C}$-Gerade bestimmen. Nun bringe man noch die $\mathfrak{B}$-Gerade durch Q_2 mit der $\mathfrak{A}$-Geraden durch Q_3 in S zum Schnitt. Alsdann müssen nach $\Sigma.1$ die Punkte P_1^*, S ebenfalls eine $\mathfrak{C}$-Gerade bestimmen, und mithin ist

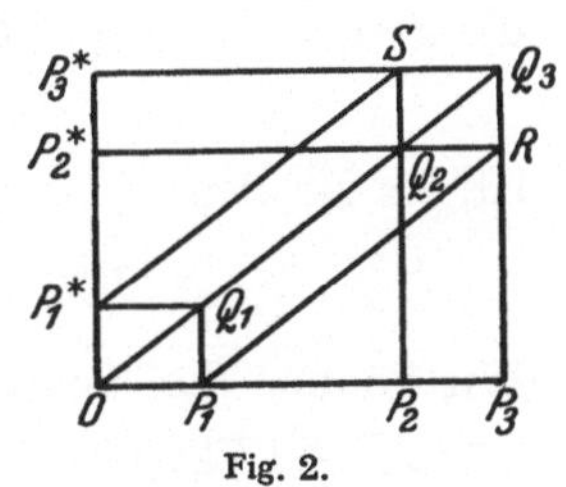

Fig. 2.

$$O\,P_1^* \equiv Q_2\,S \equiv P_2^*\,P_3^*\,.$$

7. Analytische Darstellung eines 3-Gewebes.

Nunmehr sind wir imstande, eine analytische Darstellung eines beliebigen 3-Gewebes anzugeben.

Es seien nämlich α, β eine feste $\mathfrak{A}$- bzw. $\mathfrak{B}$-Gerade durch O. Ist P ein beliebiger Punkt und P_α, P_β die Schnittpunkte der $\mathfrak{B}$-Geraden durch P mit α, bzw. der $\mathfrak{A}$-Geraden durch P mit β und

$$\mathfrak{m}\,(O\,P_\alpha) = \mathfrak{a},\ \mathfrak{m}\,(O\,P_\beta) = \mathfrak{b},$$

so nenne ich P den Punkt mit den *Koordinaten* $(\mathfrak{a},\,\mathfrak{b})$ oder kurz den Punkt $(\mathfrak{a},\,\mathfrak{b})$.

Die Punkte von α haben die Koordinaten $(\mathfrak{a},\,\mathfrak{o})$, die Punkte von β die Koordinaten $(\mathfrak{o},\,\mathfrak{b})$.

Ist α_1 eine beliebige $\mathfrak{A}$-Gerade, die β in $(\mathfrak{o},\,\mathfrak{b})$ trifft, so haben die Punkte von α_1 die Koordinaten $(\mathfrak{t},\,\mathfrak{b})$, wo $\mathfrak{t}$ beliebig ist. Die Punkte einer beliebigen $\mathfrak{B}$-Geraden, β_1, die α in $(\mathfrak{a},\,\mathfrak{o})$ trifft, werden durch $(\mathfrak{a},\,\mathfrak{t})$ dargestellt.

Nun vermittle die $\mathfrak{C}$-Gerade durch O den in **4, 6** erklärten Isomorphismus

$$\mathfrak{b} = J\,(\mathfrak{a})\quad \text{bzw.}\quad J^{-1}\,(\mathfrak{b}) = \mathfrak{a}\,.$$

Alsdann haben die Punkte dieser $\mathfrak{C}$-Geraden offenbar die Koordinaten

$$\mathfrak{t},\ J\,(\mathfrak{t})\,.$$

Eine Translation in Richtung $\mathfrak{A}$ wird nun durch die Gleichungen

$$\mathfrak{x}^* = \mathfrak{x} + \mathfrak{a},\qquad \mathfrak{y}^* = \mathfrak{y}$$

dargestellt, und da hierbei $\mathfrak{C}$-Geraden in $\mathfrak{C}$-Geraden übergehen, so ist

$$\mathfrak{t} + \mathfrak{a},\ J\,(\mathfrak{t})$$

die Darstellung einer beliebigen $\mathfrak{C}$-Geraden. Dieselbe trifft die Gerade α in $(\mathfrak{a},\,\mathfrak{o})$, weil $J\,(\mathfrak{t}) = \mathfrak{o}$ ja $\mathfrak{t} = 0$ zur Folge hat, und die Gerade β in $(\mathfrak{o},\,J\,(-\mathfrak{a}))$. Man kann dementsprechend die Darstellung derselben

$\mathfrak{C}$-Geraden auch so schreiben

$$t, J(t - \mathfrak{a}) \quad \text{oder} \quad t, J(t) + \mathfrak{b}\,.$$

Die $\mathfrak{C}$-Gerade durch einen beliebigen Punkt $(\mathfrak{a}, \mathfrak{b})$ bestimmen wir so: Sei

$$t + \mathfrak{a}_0\,, \quad J(t)$$

die gesuchte Gerade; dann muß sich ein t_0 so bestimmen lassen, daß

$$t_0 + \mathfrak{a}_0 = \mathfrak{a}\,, \qquad J(t_0) = \mathfrak{b}$$

ist. Es ist also

$$t_0 = J^{-1}(\mathfrak{b})\,, \qquad \mathfrak{a}_0 = -J^{-1}(\mathfrak{b}) + \mathfrak{a}\,.$$

Wir können die Koordinaten noch etwas abändern. Ist $\mathfrak{b} = J_0(\mathfrak{a})$ bzw. $\mathfrak{a} = J_0^{-1}(\mathfrak{b})$ irgend ein Isomorphismus zwischen den $\mathfrak{A}$- und $\mathfrak{B}$-Vektoren, so können wir jeden $\mathfrak{B}$-Vektor durch den entsprechenden $\mathfrak{A}$-Vektor ersetzen, und jedem Punkte als Koordinaten bezüglich desselben Koordinatensystems ein Paar von Elementen aus der Gruppe der $\mathfrak{A}$-Vektoren $\mathfrak{a}_1$, $\mathfrak{a}_2$ bzw. $\mathfrak{x}_1 = \mathfrak{a}_1$, $\mathfrak{x}_2 = \mathfrak{a}_2$ zuordnen.

Alsdann bleiben die vorstehenden Formeln erhalten, mit dem Unterschied, daß J nunmehr einen Automorphismus der Gruppe der $\mathfrak{A}$-Vektoren bedeutet. Insbesondere kann man $J_0(\mathfrak{a}) = J(\mathfrak{a})$ wählen. Alsdann vereinfachen sich die Formeln. Die $\mathfrak{C}$-Geraden werden durch

$$t + \mathfrak{a}, \quad t$$

dargestellt.

8. Konstruktion eines Gewebes aus einer Gruppe.

Bilden umgekehrt die Elemente $\mathfrak{a}$ irgend eine (additiv geschriebene) Gruppe, so können wir die Zahlenpaare $(\mathfrak{a}_1, \mathfrak{a}_2)$ als Punkte, die Gesamtheit von Zahlenpaaren $(t, \mathfrak{a})$, wo t ein Parameter ist und alle Elemente der Gruppe durchläuft, als $\mathfrak{A}$-Geraden, die Gesamtheit $(\mathfrak{a}, t)$ als $\mathfrak{B}$-Geraden und die Gesamtheit $t + \mathfrak{a}, J(t)$ als $\mathfrak{C}$-Geraden erklären, wo $J(\mathfrak{a}) = \mathfrak{a}^*$ irgend einen Automorphismus der Gruppe der $\mathfrak{a}$ bedeute.

Alsdann bilden die Punkte und Geraden ein 3-Gewebe, welches die Figur Σ. 1 erfüllt. Die Gruppe der Vektoren desselben ist zu der Gruppe der Elemente $\mathfrak{a}$ isomorph.

In der Tat; wir ordnen der $\mathfrak{A}$-Strecke PP', wenn P die Koordinaten $(\mathfrak{a}_1, \mathfrak{a}_2)$ und P' die Koordinaten $(\mathfrak{a}_1', \mathfrak{a}_2)$ hat, als „Maßzahl" $-\mathfrak{a}_1 + \mathfrak{a}_1'$ zu.

Sind nun Q, Q' zwei Punkte einer von der ersten verschiedenen $\mathfrak{A}$-Geraden, die mit P bzw. P' je eine $\mathfrak{B}$-Gerade bestimmen, so muß Q die Koordinaten $\mathfrak{a}_1$, $\mathfrak{a}_2^*$ und ebenso Q' die Koordinaten $\mathfrak{a}_1'$, $\mathfrak{a}_2^*$ besitzen, und die Maßzahl von $Q\,Q'$ ist wieder $-\mathfrak{a}_1 + \mathfrak{a}_1'$.

Sind andererseits Q, Q' zwei Punkte einer $\mathfrak{A}$-Geraden $(t, \mathfrak{a}_0)$, die mit P und P' je zwei $\mathfrak{C}$-Gerade bestimmen, so muß Q auf der Geraden

$$t - J^{-1}(\mathfrak{a}_2) + \mathfrak{a}_1\,, \quad J(t)$$

und Q' auf der Geraden

$$t - J^{-1}(\mathfrak{a}_2) + \mathfrak{a}_1' , \quad J(t)$$

liegen. Es sei nun $J(t_0) = \mathfrak{a}_0$. Dann ist die erste Koordinate von Q bzw. Q' das Element $t_0 - J^{-1}(\mathfrak{a}_2) + \mathfrak{a}_1$ bzw. $t_0 - J^{-1}(\mathfrak{a}_2) + \mathfrak{a}_1'$ und daraus ergibt sich für QQ' die Maßzahl $-\mathfrak{a}_1 + \mathfrak{a}_1'$. Also kommen wirklich allen im Sinne des Gewebes vektorgleichen Strecken gleiche Maßzahlen zu; auch das Umgekehrte gilt, weil der Punkt P' eindeutig bestimmt ist, wenn P gegeben und die Maßzahl $-\mathfrak{a}_1 + \mathfrak{a}_1' = \mathfrak{a}$ vorgegeben ist. Daher ist im Gewebe $\Sigma.1$ erfüllt.

Ist schließlich $\mathfrak{a}$ die Maßzahl der Strecke $P_1 P_2$, $\mathfrak{a}'$ die Maßzahl von $P_2 P_3$, so ist $\mathfrak{a} + \mathfrak{a}'$ die Maßzahl von $P_1 P_3$. Daraus folgt die behauptete Isomorphie.

Nun ist es sehr einfach, Beispiele für 3-Gewebe anzugeben, da uns ja Beispiele für Gruppen bekannt sind. So sind die Gitterpunkte m_1, m_2 und die drei Geradenscharen

$$x_1 = m_1, \; x_2 = m_2, \; x_1 - x_2 = m_3 \quad (m_i \text{ ganze natürliche Zahlen})$$

in der affinen Ebene z. B. ein Gewebe. Weil es endliche Gruppen gibt, gibt es offenbar auch Gewebe aus endlich vielen Punkten und Geraden.

Zwei verschiedene 3-Gewebe, die zu derselben Gruppe gehören, lassen sich eineindeutig so aufeinander abbilden, daß die $\mathfrak{A}$-, $\mathfrak{B}$-, $\mathfrak{C}$-Geraden des einen Gewebes in die $\mathfrak{A}$-, $\mathfrak{B}$-,$\mathfrak{C}$- Geraden des anderen übergehen. Jedes 3-Gewebe läßt sich insbesondere auf dasjenige eineindeutig abbilden, bei welchem der Isomorphismus J, durch den die $\mathfrak{C}$-Geraden erklärt sind, der identische Isomorphismus ist. Das eine wie das andere folgt daraus, daß die Punktabbildung

$$\mathfrak{x}_1^* = \mathfrak{x}_1 , \qquad \mathfrak{x}_2^* = J_1(\mathfrak{x}_2)$$

die $\mathfrak{A}$- und $\mathfrak{B}$-Geraden eines Gewebes in sich überführt und die $\mathfrak{C}$-Geraden $t + \mathfrak{a}$, $J(t)$ in die Geraden $t + \mathfrak{a}$, $J_1 J(t)$, die die alten $\mathfrak{A}$- und $\mathfrak{B}$-Geraden zu einem 3-Gewebe ergänzen.

9. Abbildungen eines Gewebes in sich.

Insbesondere läßt sich auch jedes Gewebe vermittels einer eineindeutigen Punktabbildung, welche Gerade in Gerade überführt, auf sich abbilden. Hierbei bleibt offenbar die Vektorgleichheit von Strecken erhalten. Die Vektoren werden also ebenfalls aufeinander abgebildet, und zwar isomorph.

Danach können wir diejenigen Punkttransformationen des Gewebes

$$t, \mathfrak{a}; \qquad \mathfrak{a}, t; \qquad t + \mathfrak{a}, t,$$

welche den Punkt $(\mathfrak{o}, \mathfrak{o})$ in sich und die $\mathfrak{A}$-Schar und $\mathfrak{B}$-Schar je in sich überführt, leicht angeben. Es muß zunächst

$$\mathfrak{x}_1^* = J_1(\mathfrak{x}_1) , \qquad \mathfrak{x}_2^* = J_2(\mathfrak{x}_2)$$

sein, und weil die $\mathfrak{C}$-Gerade durch $(\mathfrak{o}, \mathfrak{o})$, die Gerade $\mathfrak{t}, \mathfrak{t}$ ebenfalls in sich übergehen muß, müssen die beiden Isomorphismen J_1 und J_2 miteinander identisch sein. Es ist also

$$\mathfrak{x}_1^* = J(\mathfrak{x}_1), \qquad \mathfrak{x}_2^* = J(\mathfrak{x}_2).$$

Hierbei werden alle $\mathfrak{C}$-Geraden $\mathfrak{t} + \mathfrak{a}, \mathfrak{t}$ in

$$J(\mathfrak{t}) + J(\mathfrak{a}), \; J(\mathfrak{t}),$$

d. h. in

$$\mathfrak{t}^* + \mathfrak{a}^*, \; \mathfrak{t}^*$$

also wieder in $\mathfrak{C}$-Geraden transformiert und die gefundene Abbildung ist also wirklich eine Abbildung des Gewebes in sich.

Die allgemeine Punkttransformation, welche die Scharen $\mathfrak{A}$, $\mathfrak{B}$, $\mathfrak{C}$ je in sich transformiert, ist

$$\mathfrak{x}_1^* = J(\mathfrak{x}_1) + \mathfrak{a}_1, \qquad \mathfrak{x}_2^* = J(\mathfrak{x}_2) + \mathfrak{a}_2.$$

Denn $\mathfrak{x}_1^* = \mathfrak{x}_1 + \mathfrak{a}_1 \; \mathfrak{x}_2^* = \mathfrak{x}_2 + \mathfrak{a}_2$ ist nach **4, 7** eine Transformation des Gewebes in sich. Ist nun irgend eine Abbildung

$$\mathfrak{x}_1^* = f_1(\mathfrak{x}_1, \mathfrak{x}_2), \qquad \mathfrak{x}_2^* = f_2(\mathfrak{x}_1, \mathfrak{x}_2)$$

des Gewebes in sich gegeben, welche die $\mathfrak{A}$-, $\mathfrak{B}$-, $\mathfrak{C}$-Scharen je in sich überführt, so ist

$$\mathfrak{x}_1^{**} = f_1(\mathfrak{x}_1, \mathfrak{x}_2) - \mathfrak{a}_1, \qquad \mathfrak{x}_2^{**} = f_2(\mathfrak{x}_1, \mathfrak{x}_2) - \mathfrak{a}_2$$

ebenfalls eine solche Abbildung, und $\mathfrak{a}_1, \mathfrak{a}_2$ können so gewählt werden, daß der Punkt $(\mathfrak{o}, \mathfrak{o})$ Fixpunkt der zusammengesetzten Abbildung wird. Alsdann ist aber

$$\mathfrak{x}_1^{**} = J(\mathfrak{x}_1), \qquad \mathfrak{x}_2^{**} = J(\mathfrak{x}_2)$$

und daher

$$\mathfrak{x}_1^* = J(\mathfrak{x}_1) + \mathfrak{a}_1, \qquad \mathfrak{x}_2^* = J(\mathfrak{x}_2) + \mathfrak{a}_2.$$

Diese Transformationen bilden begriffsmäßig eine Gruppe. Wir wollen die Zusammensetzungsvorschriften berechnen; es sei

$$\mathfrak{x}_1^* = J(\mathfrak{x}_1) + \mathfrak{a}_1, \qquad \mathfrak{x}_2^* = J(\mathfrak{x}_2) + \mathfrak{a}_2,$$
$$\mathfrak{x}_1^{**} = J'(\mathfrak{x}_1^*) + \mathfrak{a}_1', \qquad \mathfrak{x}_2^{**} = J'(\mathfrak{x}_2^*) + \mathfrak{a}_2'.$$

Alsdann ist

$$\mathfrak{x}_1^{**} = J'J(\mathfrak{x}_1) + J'(\mathfrak{a}_1) + \mathfrak{a}_1',$$
$$\mathfrak{x}_2^{**} = J'J(\mathfrak{x}_2) + J'(\mathfrak{a}_2) + \mathfrak{a}_2'.$$

10. Translationen.

Eine Untergruppe dieser Transformationen sind die *Translationen* $\mathfrak{x}_1^* = \mathfrak{x}_1 + \mathfrak{a}_1, \mathfrak{x}_2^* = \mathfrak{x}_2 + \mathfrak{a}_2$. Wir können dieselben als verallgemeinerte Vektoren auffassen. Jedes Punktepaar repräsentiert eine Translation.

Es bedarf vielleicht einer Erwähnung, daß eine Translation, die eine $\mathfrak{A}$-Gerade oder $\mathfrak{B}$-Gerade in sich überführt, zwar jede $\mathfrak{A}$- bzw. jede

$\mathfrak{B}$-Gerade in sich überführt, daß aber eine Translation, die eine spezielle $\mathfrak{C}$-Gerade in sich überführt, im allgemeinen die übrigen $\mathfrak{C}$-Geraden untereinander vertauscht.

Eine andere Untergruppe bilden die Translationen

$$\mathfrak{x}_1^* = \mathfrak{a} + \mathfrak{x}_1 , \qquad \mathfrak{x}_2^* = \mathfrak{a} + \mathfrak{x}_2 .$$

Diese sind in der Tat Transformationen des Gewebes in sich; denn sie lassen sich als

$$\mathfrak{x}_1^* = J(\mathfrak{x}_1) + \mathfrak{a} , \qquad \mathfrak{x}_2^* = J(\mathfrak{x}_2) + \mathfrak{a}$$

schreiben, wobei

$$J(\mathfrak{x}) = \mathfrak{a} + \mathfrak{x} - \mathfrak{a}$$

ist und also nach **1, 4** ein sog. innerer Isomorphismus ist. Hier gehen alle $\mathfrak{C}$-Geraden in sich über. Die Punktepaare $\mathfrak{x}_1$, $\mathfrak{x}_2$; $\mathfrak{x}_1^*$, $\mathfrak{x}_2^*$ bestimmen also stets $\mathfrak{C}$-Strecken, und zwar vektorgleiche $\mathfrak{C}$-Strecken. Liegt nämlich P_1 und P_2 auf einer $\mathfrak{A}$- oder $\mathfrak{B}$-Geraden, so liegen auch P_1^*, P_2^* auf einer $\mathfrak{A}$- oder $\mathfrak{B}$-Geraden, und also ist alsdann $P_1 P_1^* \equiv P_2 P_2^*$; daraus folgt das Behauptete sogleich. Auf die Möglichkeit einer Definition der Geometrie im Gewebe durch die Translationen sei nur hingewiesen.

11. Uneigentliche Punkte.

An Stelle der bisher verwendeten Parameterdarstellung der Gewebegeraden lassen sich auch *Geradengleichungen* einführen. Offenbar ist für alle Punkte einer $\mathfrak{A}$- bzw. $\mathfrak{B}$-Geraden

$$\mathfrak{x}_2 + \mathfrak{a}_2 = \mathfrak{o} , \qquad \mathfrak{x}_1 + \mathfrak{a}_1 = \mathfrak{o}$$

und umgekehrt: jeder solchen Gleichung entspricht eine $\mathfrak{A}$-Gerade bzw. $\mathfrak{B}$-Gerade. Für Punkte einer $\mathfrak{C}$-Geraden ist die Gleichung

$$\mathfrak{x}_1 + \mathfrak{a} - \mathfrak{x}_2 = \mathfrak{o}$$

erfüllt und umgekehrt.

Um die Erklärung uneigentlicher Punkte vorzubereiten, setzen wir an Stelle der bisherigen Punktkoordinaten $\mathfrak{a}_1$, $\mathfrak{a}_2$ die Tripel von Elementen

$$\mathfrak{t} + \mathfrak{a}_1 , \quad \mathfrak{t} + \mathfrak{a}_2 , \quad \mathfrak{t} .$$

Jedem Tripel $\mathfrak{x}_1$, $\mathfrak{x}_2$, $\mathfrak{x}_3$ entspricht umgekehrt das Zahlenpaar

$$-\mathfrak{x}_3 + \mathfrak{x}_1 , \quad -\mathfrak{x}_3 + \mathfrak{x}_2 .$$

Den $\mathfrak{A}$-, $\mathfrak{B}$-, $\mathfrak{C}$-Geraden entsprechen alsdann die Gleichungen

$$-\mathfrak{x}_3 + \mathfrak{x}_2 + \mathfrak{a} = \mathfrak{o}; \quad -\mathfrak{x}_3 + \mathfrak{x}_1 + \mathfrak{a} = \mathfrak{o}; \quad -\mathfrak{x}_3 + \mathfrak{x}_1 + \mathfrak{a} - \mathfrak{x}_2 + \mathfrak{x}_3 = \mathfrak{o}.$$

Schreiben wir die Kompositionsvorschrift zweier Gruppenelemente statt mit $+$ mit $\cdot$, so heißen diese Formeln

$$\mathfrak{x}_2 \mathfrak{a}_2 = \mathfrak{x}_3 \mathfrak{a}_3; \qquad \mathfrak{x}_1 \mathfrak{a}_1 = \mathfrak{x}_3 \mathfrak{a}_3; \qquad \mathfrak{x}_1 \mathfrak{a}_1 = \mathfrak{x}_2 \mathfrak{a}_2 .$$

Das Einheitselement bezeichnen wir jetzt mit $\mathfrak{e}$.

Wir führen nun in die Gruppe der Vektoren ein neues Element $\mathfrak{o}$ ein durch die Festsetzung

$$\mathfrak{a} \cdot \mathfrak{o} = \mathfrak{o} \cdot \mathfrak{a} = \mathfrak{o}.$$

$\mathfrak{o}^{-1}$ wird nicht erklärt. $\mathfrak{o}$ spielt eine ähnliche Rolle wie die 0 bei den Zahlen. Offenbar ist jedes Produkt, das einen Faktor $\mathfrak{o}$ enthält, gleich $\mathfrak{o}$ und umgekehrt.

Wir wollen nun mittels dieses Elementes neue *uneigentliche Punkte* in unser Gewebe einführen, indem wir zulassen, daß die Punktkoordinaten $\mathfrak{x}_1$, $\mathfrak{x}_2$, $\mathfrak{x}_3$ auch den Wert $\mathfrak{o}$ annehmen, aber ausschließen, daß gleichzeitig

$$\mathfrak{x}_1 = \mathfrak{x}_2 = \mathfrak{x}_3 = \mathfrak{o}$$

ist. Zwei Tripel $(\mathfrak{x}_1, \mathfrak{x}_2, \mathfrak{x}_3)$, $(\mathfrak{x}_1^*, \mathfrak{x}_2^*, \mathfrak{x}_3^*)$ nennen wir denselben Punkt, wenn es ein Element $\mathfrak{t} \neq \mathfrak{o}$ gibt, so daß

$$\mathfrak{x}_i^* = \mathfrak{t}\,\mathfrak{x}_i . \qquad\qquad (\mathfrak{t} \neq \mathfrak{o}).$$

Dann hat es einen Sinn zu erklären, ein uneigentlicher Punkt inzidiere mit einer Geraden, wenn seine Koordinaten die Gleichung der Geraden erfüllen.

Desgleichen können wir die Gesamtheit der Geraden erweitern, indem wir zulassen, daß eine der beiden Konstanten in der Geradengleichung gleich $\mathfrak{o}$ werde. So erhalten wir drei neue Geraden:

$$\mathfrak{x}_i = \mathfrak{o} \qquad\qquad (i = 1, 2, 3).$$

Jede dieser Geraden gehört zwei Scharen an, z. B. kann $\mathfrak{x}_1 = \mathfrak{o}$ einerseits als $\mathfrak{B}$-Gerade und andererseits als $\mathfrak{C}$-Gerade aufgefaßt werden.

Die uneigentlichen Punkte zerfallen in zwei Klassen, je nachdem zwei der Koordinaten $\mathfrak{x}_i$ gleich $\mathfrak{o}$ sind oder nicht. Die ersten mögen *ausgezeichnete uneigentliche Punkte* heißen, von ihnen gibt es nur drei, A, B und C; alle $\mathfrak{A}$-Geraden gehen durch A usw. Durch diese Punkte gehen stets zwei uneigentliche Gerade hindurch. Durch die übrigen uneigentlichen Punkte gehen stets nur zwei Geraden hindurch, nämlich z. B. eine uneigentliche Gerade, welche etwa gleichzeitig der $\mathfrak{A}$-und der $\mathfrak{B}$-Schar angehört und eine $\mathfrak{C}$-Gerade.

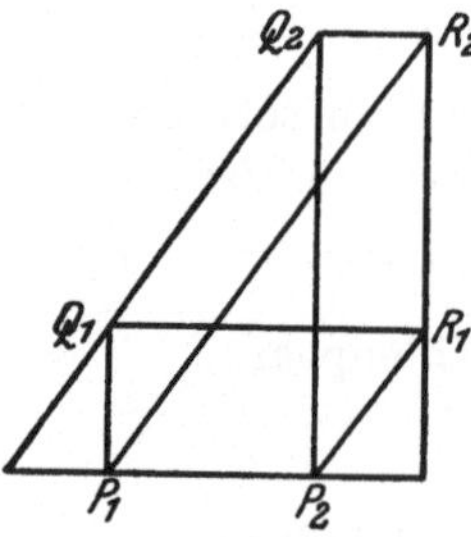

Fig. 3. $\Sigma.2$.

12. Kommutative Vektorgruppe und Figur $\Sigma.2$.

Ist die Vektorgruppe des Gewebes kommutativ, so muß ein weiterer Schließungssatz gelten. Denn es lassen sich Strecken, die $\mathfrak{a}_1 + \mathfrak{a}_2$ und $\mathfrak{a}_2 + \mathfrak{a}_1$ repräsentieren, konstruieren und die Gleichheit dieser Strecken läßt sich durch Ziehen von Geraden prüfen. Dieser Satz ist der folgende:

$\Sigma.2$. *Liegen P_1, P_2; Q_1, R_1; Q_2, R_2 auf drei verschiedenen $\mathfrak{A}$-Geraden, R_1, R_2; Q_2, P_2; Q_1, P_1 auf drei verschiedenen $\mathfrak{B}$-Geraden und Q_1, Q_2;*

P_2, R_1 auf zwei verschiedenen $\mathfrak{C}$-Geraden, so liegen auch R_2, P_1 auf einer $\mathfrak{C}$-Geraden.

Die dem Satze entsprechende Figur nennen wir ebenfalls Figur $\Sigma.2$.

Um den Zusammenhang mit dem kommutativen Gesetz der Vektoraddition zu erkennen, bringen wir die Gerade durch R_1, R_2 mit der Geraden durch P_1, P_2 in O zum Schnitt und die Gerade durch Q_1, Q_2 mit der durch P_1, P_2 in S zum Schnitt.

Alsdann ist, wenn Satz $\Sigma.2$ gilt,

$$OP_1 \equiv R_1Q_1 \equiv P_2S$$

und

$$OP_2 \equiv R_2Q_2 \equiv P_1S\,;$$

also ist

$$\mathfrak{m}(OP_1) + \mathfrak{m}(P_1P_2) = \mathfrak{m}(OP_2) = \mathfrak{m}(P_1S) = \mathfrak{m}(P_1P_2) + \mathfrak{m}(P_2S).$$

Nun ist

$$\mathfrak{m}(OP_1) = \mathfrak{m}(P_2S)$$

und also ist

$$\mathfrak{m}(OP_1) + \mathfrak{m}(P_1P_2) = \mathfrak{m}(P_1P_2) + \mathfrak{m}(OP_1).$$

Sind O, P_1 und P_2 drei beliebige verschiedene Punkte einer $\mathfrak{A}$-Geraden, so läßt sich aus ihnen eindeutig eine Figur $\Sigma.2$ konstruieren: Wir bestimmen

R_1 als Schnitt der $\mathfrak{B}$-Geraden durch O und der $\mathfrak{C}$-Geraden durch P_2,

Q_1 als Schnitt der $\mathfrak{B}$-Geraden durch P_1 und der $\mathfrak{A}$-Geraden durch R_1, und

S als Schnitt der $\mathfrak{C}$-Geraden durch Q_1 mit der $\mathfrak{A}$-Geraden durch O. Alsdann ist

$$OP_1 \equiv R_1Q_1 \equiv P_2S.$$

Bringen wir nun

die $\mathfrak{B}$-Gerade durch P_2 mit der $\mathfrak{C}$-Geraden durch S in Q_2 zum Schnitt und

die $\mathfrak{A}$-Gerade durch Q_2 mit der $\mathfrak{B}$-Geraden durch O in R_2,

so müssen R_2, P_1 auch eine $\mathfrak{C}$-Gerade bestimmen, und es ist also

$$OP_2 \equiv R_2Q_2 \equiv P_1S.$$

Aus $\Sigma.2$ folgt also das kommutative Gesetz für beliebige $\mathfrak{A}$-Vektoren. Umgekehrt folgt aus dem kommutativen Gesetz, daß $OP_2 \equiv P_1S$ und folglich auch $P_1S \equiv R_2Q_2$ sein und deswegen R_2P_1 eine $\mathfrak{C}$-Gerade sein muß.

Man kann in Satz $\Sigma.2$ die Ziffern 1 und 2 vertauschen — die Rolle der P_1, Q_1, R_1 und P_2, Q_2, R_2 ist dieselbe. Dagegen erhalten wir einen verschiedenen Satz, wenn wir neben den übrigen Voraussetzungen P_1R_2 und P_2R_1 als $\mathfrak{C}$-Gerade voraussetzen und alsdann behaupten, es bestimmen auch Q_1, Q_2 eine $\mathfrak{C}$-Gerade. Dieser Satz folgt jedoch aus $\Sigma.2$.

Sind nämlich die Punkte P_1, Q_1, R_1, P_2, Q_2, R_2 den Voraussetzungen gemäß konstruiert und schneidet die $\mathfrak{C}$-Gerade durch Q_1 die $\mathfrak{B}$-Gerade durch P_2 in Q_2^* und die $\mathfrak{A}$-Gerade durch Q_2^* die Gerade $R_1 R_2$ in R_2^*, so muß $R_2^* P_1$ nach $\Sigma.2$ eine $\mathfrak{C}$-Gerade bestimmen. Also muß R_2 mit R_2^* und daher auch Q_2 mit Q_2^* zusammenfallen.

Aus $\Sigma.2$ bzw. aus der analytischen Darstellung des Gewebes und der Kommutativität der Vektorverknüpfung folgert man leicht den Satz: Schneiden sich die $\mathfrak{A}$-Gerade α und die $\mathfrak{B}$-Gerade β in D und trifft die $\mathfrak{C}$-Gerade durch P auf α die Gerade β in P^*, so ist die Abbildung

$$\mathfrak{m}\,(D\,P) \leftrightarrow \mathfrak{m}\,(D\,P^*)$$

ein Isomorphismus zwischen den Gruppen der $\mathfrak{A}$- und $\mathfrak{B}$-Vektoren. Umgekehrt folgt aus diesem Satz auch $\Sigma.2$.

13. Figur $\Sigma.1$ folgt aus $\Sigma.2$.

$\Sigma.2$ kann aus $\Sigma.1$ nicht folgen, weil es nichtkommutative Gruppen gibt. Dagegen läßt sich nach THOMSEN [1] *zeigen, daß aus $\Sigma.2$ der Satz $\Sigma.1$ gefolgert werden kann.*

Seien also $P_1 P_2$, $Q_1 Q_2$, $R_1 R_2$ und $S_1 S_2$, 4 $\mathfrak{A}$-Geraden, $P_1 Q_1$, $S_1 R_1$, $P_2 Q_2$, $S_2 R_2$, 4 $\mathfrak{B}$-Geraden und $P_1 S_1$, $Q_1 R_1$, $P_2 S_2$, 3 $\mathfrak{C}$-Geraden, so ist auch $Q_2 R_2$ eine $\mathfrak{C}$-Gerade.

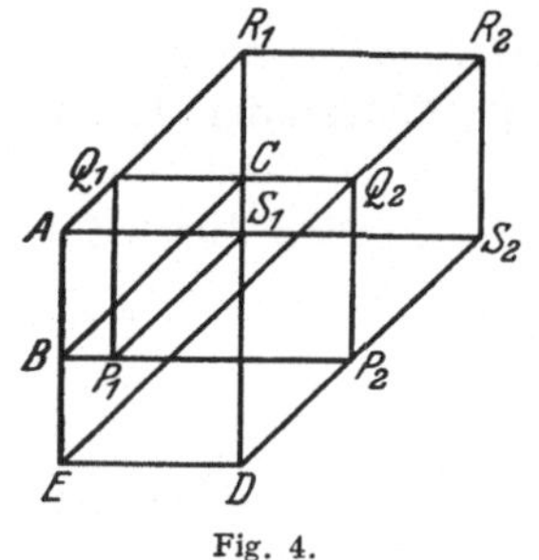

Fig. 4.

Der Schnittpunkt von $S_1 S_2$ mit $Q_1 R_1$ sei A, die $\mathfrak{B}$-Gerade durch A schneide die Gerade $P_1 P_2$ in B, $S_1 R_1$ und $Q_1 Q_2$ mögen sich in C schneiden. $S_1 R_1$ und $S_2 P_2$ mögen sich in D und die $\mathfrak{B}$-Gerade durch A mit der $\mathfrak{A}$-Geraden durch D in E schneiden. Alsdann ist nach $\Sigma.2$, angewendet auf die Punkte P_1, Q_1, S_1, A, C, B die Gerade $C\,B$ eine $\mathfrak{C}$-Gerade und nach $\Sigma.2$ angewendet auf die Punkte D, E, R_2, S_2, A, R_1 die Gerade $E\,R_2$ eine $\mathfrak{C}$-Gerade und nach demselben Satz angewendet auf D, E, Q_2, P_2, C, B die Gerade $E\,Q_2$ eine $\mathfrak{C}$-Gerade; folglich liegt R_2 auf der $\mathfrak{C}$-Geraden durch Q_2.

Mithin ist ein 3-Gewebe mit einer kommutativen Vektorgruppe allein durch die Figur $\Sigma.2$ gekennzeichnet.

Aus $\Sigma.2$ folgt: Die Gruppe der Translationen

$$\mathfrak{x}_1^* = \mathfrak{x}_1 + \mathfrak{a}_1\,,\quad \mathfrak{x}_2^* = \mathfrak{x}_2 + \mathfrak{a}_2$$

ist kommutativ. Jede $\mathfrak{C}$-Gerade geht bei einer Translation

$$\mathfrak{x}_1^* = \mathfrak{x}_1 + \mathfrak{a}\,,\quad \mathfrak{x}_2^* = \mathfrak{x}_2 + \mathfrak{a}$$

in sich über. Bei Translationen gehen alle Strecken in vektorgleiche Strecken über.

---

[1] Siehe Anm. S. 64.

Es liegt nahe, nach anderen Schließungssätzen zu fragen, die in einem 3-Gewebe mit $\Sigma.\,1$ verträglich sind, aber nicht aus $\Sigma.\,1$ folgen. Ein Beispiel hierfür ist in beistehender Figur wiedergegeben.

Sie drückt das Gesetz aus: Sind $\mathfrak{a}_1$, $\mathfrak{a}_2$, $\mathfrak{a}_3$ beliebige $\mathfrak{A}$-Vektoren, und ist

$$\mathfrak{a}^* = \mathfrak{a}_2 + \mathfrak{a}_3 - \mathfrak{a}_2 - \mathfrak{a}_3 ,$$

so ist $\mathfrak{a}^*$ mit $\mathfrak{a}_1$ vertauschbar.

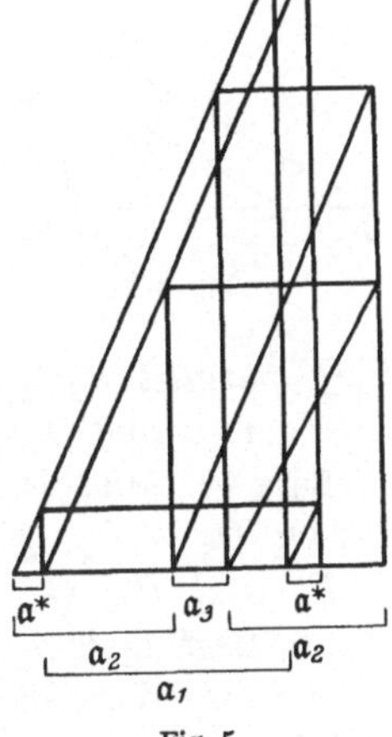

Fig. 5.

14. Die Axiome der Anordnung.

Um den Zusammenhang eines Gewebes mit der additiven Gruppe der reellen Zahlen herstellen zu können, müssen wir die Anordnung der Punkte einer Geraden erklären. Dies geschieht mit Hilfe des Begriffes der Richtung von Strecken oder der Relation „zwischen" für Punkte.

$P_1 P_2$, $Q_1 Q_2$ seien vier Punkte einer Geraden; P_1 sei von P_2, Q_1 von Q_2 verschieden, dann hat die Strecke $P_1 P_2$ entweder dieselbe Richtung wie die Strecke $Q_1 Q_2$ oder nicht. Wir schreiben dafür: entweder ist $r(P_1 P_2) = r(Q_1 Q_2)$ oder $r(P_1 P_2) \neq r(Q_1 Q_2)$ und formulieren für $r(P_1 P_2)$ die folgenden Axiome, unter der Voraussetzung, daß P_1 von P_2 verschieden sei:

A. 1. Es gibt drei verschiedene Punkte auf einer Geraden.

A. 2. Ist $r(P_1 P_2) = r(Q_1 Q_2)$, so ist auch $r(Q_1 Q_2) = r(P_1 P_2)$.

A. 3. Ist $r(P_1 P_2) = r(Q_1 Q_2)$ und $r(Q_1 Q_2) = r(R_1 R_2)$, so ist auch $r(P_1 P_2) = r(R_1 R_2)$.

A. 4. Ist $r(P_1 P_2) \neq r(Q_1 Q_2)$, so ist $r(P_1 P_2) = r(Q_2 Q_1)$.

A. 5. Ist $r(P_1 P_2) = r(P_2 P_3)$, so ist auch $r(P_1 P_2) = r(P_1 P_3)$.

Der Satz $\Sigma.\,2$ soll vorläufig nicht vorausgesetzt werden.

Erklärung: Ist $r(P_1 P_2) = r(P_2 P_3)$, so liegt P_2 zwischen P_1 und P_3.

Satz 1: *Liegt P_2 zwischen P_1 und P_3, so liegt P_2 auch zwischen P_3 und P_1.*

Satz 2: *Sind P_1, P_2, P_3 drei verschiedene Punkte einer Geraden, so liegt einer und nur einer von ihnen zwischen den beiden anderen.*

Beweis: Es ist entweder $r(P_1 P_2) = r(P_2 P_3)$, dann liegt P_2 zwischen P_1 und P_3; oder $r(P_1 P_2) \neq r(P_2 P_3)$; dann ist $r(P_1 P_3)$ entweder gleich $r(P_1 P_2)$ und nach *A. 4* gleich $r(P_3 P_2)$, und P_3 liegt also zwischen P_1 und P_2; oder es ist $r(P_1 P_3) = r(P_2 P_3)$ und also nach *A. 4* gleich $r(P_2 P_1)$, alsdann liegt P_1 zwischen P_2 und P_3. Die drei gemachten Fallunterscheidungen schließen sich aber gegenseitig aus, und also kann tatsächlich auch nur einer der drei Punkte zwischen den beiden andern liegen.

Satz 3: *Liegt P_3 zwischen P_1 und P_2, P_4 zwischen P_1 und P_3, so liegt P_4 zwischen P_1 und P_2.*

Beweis: Nach Voraussetzung ist $r(P_1P_4) = r(P_4P_3)$, nach $A.5$ also gleich $r(P_1P_3)$. Nach Voraussetzung ist ferner $r(P_1P_3) = r(P_3P_2)$. Nochmalige Anwendung von $A.5$ liefert dann $r(P_4P_2) = r(P_4P_3) = r(P_3P_2)$ und daher ist $r(P_1P_4) = r(P_4P_2)$, was zu beweisen war. —

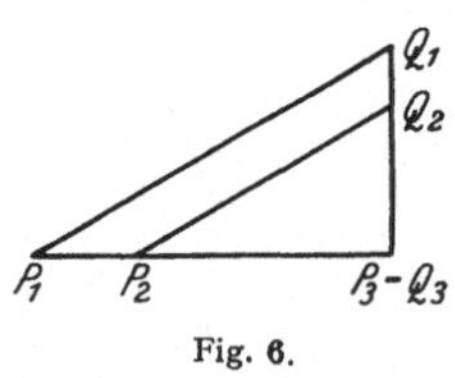

Fig. 6.

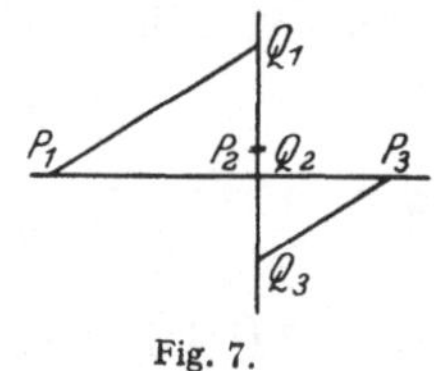

Fig. 7.

Ähnlich kann man eine Reihe analoger Sätze zeigen.

A. 6. Sind P_1, P_2, P_3 drei verschiedene Punkte einer Geraden ϱ_1 und $Q_1, Q_2, Q_3 = P_3$ drei Punkte einer anderen Geraden ϱ_2, ist ferner die Gerade P_1Q_1 parallel P_2Q_2 und liegt P_2 zwischen P_1 und P_3, so liegt auch Q_2 zwischen Q_1 und Q_3 (Fig. 6).

Satz 4: *Sind P_1, P_2, P_3 drei verschiedene Punkte einer Geraden ϱ_1 und $Q_1, Q_2 = P_2, Q_3$ drei Punkte einer anderen Geraden ϱ_2 und bestimmen Q_1, P_1 und P_3, Q_3 parallele Geraden, liegt ferner P_2 zwischen P_1 und P_3, so liegt auch Q_2 zwischen Q_1 und Q_3 (Fig. 7).*

Beweis: Wäre dies nicht der Fall, so müßte entweder Q_1 zwischen P_2 und Q_3 und nach $A.6$ auch P_1 zwischen P_2 und P_3 liegen oder Q_3 zwischen P_2 und Q_1 und nach $A.6$ auch P_3 zwischen P_2 und P_1 liegen, was beides der Voraussetzung und Satz 2 widerspricht.

$A.1$ bis $A.6$ nennen wir Anordnungsaxiome. $A.1$ bis $A.5$ beziehen sich auf Punkte einer einzigen Geraden, $A.6$ stellt die Beziehung zwischen der Anordnung der Punkte auf verschiedenen Geraden her. Es ist mit dem Axiom von Pasch nah verwandt.

15. Richtungsgleichheit als Vektoreigenschaft.

Aus den Anordnungsaxiomen ist zu folgern, daß die Vektorgruppe eine geordnete Gruppe (vgl. **2, 3**) ist. Wir zeigen zunächst, daß vektorgleiche Strecken richtungsgleich sind.

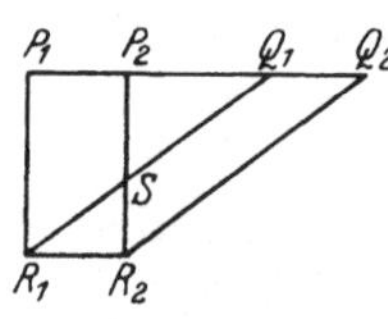

Fig. 8.

Satz 1: *Sind P_1, P_2, Q_1, Q_2 vier Punkte einer Geraden, ist $P_1P_2 \equiv Q_1Q_2$ und liegt P_2 zwischen P_1 und Q_1, so liegt auch Q_1 zwischen P_2 und Q_2.*

Beweis: Die P_i, Q_i mögen auf einer $\mathfrak{A}$-Geraden liegen. Man ziehe durch P_1 die $\mathfrak{B}$-Gerade und durch Q_1 die $\mathfrak{C}$-Gerade, die sich in R_1 schneiden mögen. Durch R_1 ziehe man die $\mathfrak{A}$-Gerade und bringe sie mit der $\mathfrak{B}$-Geraden durch P_2 in R_2 zum Schnitt. R_2 und Q_2 bestimmen dann eine $\mathfrak{C}$-Gerade. Den Schnittpunkt der $\mathfrak{B}$-Geraden durch P_2 mit der $\mathfrak{C}$-Geraden durch Q_1 nennen wir S.

Nach Voraussetzung liegt P_2 zwischen P_1 und Q_1; folglich liegt nach $A.6$ der Punkt S zwischen R_1 und Q_1. Daraus folgt nun nach **4, 14**, Satz 4, daß S zwischen R_2 und P_2, und nach $A.6$, daß Q_1 zwischen P_2 und Q_2 liegt.

Satz 2: *Sind P_1, P_2, Q_1, Q_2 vier Punkte einer Geraden, ist $P_1 P_2$ $\equiv Q_1 Q_2$ und liegt Q_1 zwischen P_1 und P_2, so liegt P_2 zwischen Q_1 und Q_2.*

Beweis: P_1, P_2, Q_1, Q_2 mögen auf einer $\mathfrak{A}$-Geraden liegen. R_1 sei der Schnitt der $\mathfrak{B}$-Geraden durch P_1 mit der $\mathfrak{C}$-Geraden durch Q_1, R_2 der Schnitt der $\mathfrak{A}$-Geraden durch R_1 mit der $\mathfrak{B}$-Geraden durch P_2, durch den auch die $\mathfrak{C}$-Gerade durch Q_2 hindurchgeht, und S der Schnitt von $R_1 Q_1$ mit $R_2 P_2$. Alsdann liegt Q_1 nach 4, 14 Satz 4 zwischen R_1 und S, folglich P_2 nach *A. 6* zwischen S und R_2 und P_2 nach 4, 14 Satz 4 zwischen Q_1 und Q_2.

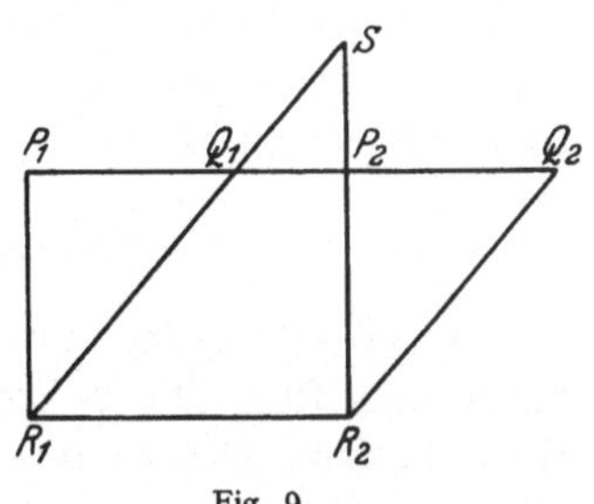

Fig. 9.

Satz 3: *Sind P_1, P_2, Q_1, Q_2 vier Punkte einer Geraden, ist $P_1 P_2 \equiv Q_1 Q_2$ und liegt P_1 zwischen P_2 und Q_1, so liegt auch Q_2 zwischen P_2 und Q_1.*

Der Beweis ist analog wie bei Satz 1 und 2 zu führen.

Satz 4: *Sind P_1, P_2, Q_1, Q_2 vier verschiedene Punkte einer Geraden, und ist $P_1 P_2 \equiv Q_1 Q_2$, so ist $r(P_1 P_2) = r(Q_1 Q_2)$.*

Beweis: Liegt P_2 zwischen P_1 und Q_1, so folgt die Behauptung aus Satz 1 unter Verwendung von *A. 5.* Liegt Q_1 zwischen P_1 und P_2, so folgt es aus Satz 2; liegt schließlich P_1 zwischen P_2 und Q_1, so hat man Satz 3 anzuwenden.

Um den entsprechenden Satz für den Fall, daß $P_2 = Q_1$ ist, zu beweisen, zeigen wir zunächst

Satz 5: *Sind P_1, P_2 zwei beliebige Punkte, so gibt es unendlich viele verschiedene Punkte Q_1, Q_2, Q_3 ..., so daß $P_1 P_2 \equiv Q_1 Q_2 \equiv Q_2 Q_3 = \cdots$ ist.*

Beweis: Nach *A. 1* gibt es einen von P_1 und P_2 verschiedenen Punkt P_3; liegt P_3 nicht zwischen P_1 und P_2, so liegt P_2 bei geeigneter Numerierung zwischen P_1 und P_3. Liegt P_3 zwischen P_1 und P_2 und ist $P_2 P_3' \equiv P_1 P_3$, so liegt P_2 zwischen P_1 und P_3'. Wir setzen P_3 bzw. P_3' $= Q_1$ und konstruieren Q_2 aus der Forderung $P_1 P_2 \equiv Q_1 Q_2$; nach Satz 1 liegt dann Q_1 zwischen P_2 und Q_2, und daher sind P_1, P_2, Q_1, Q_2 vier voneinander verschiedene Punkte derselben Geraden. Man konstruiere nun Q_3, $Q_4 \ldots$ nach der Forderung $P_1 P_2 \equiv Q_i Q_{i+1}$ ($i = 1, 2, \ldots$). Jedes Q_i liegt dann, wie man nach Satz 1 induktiv erschließt, zwischen P_2 und Q_{i+1}; es ist $r(Q_i Q_{i+1}) = r(P_2 Q_i) = r(P_1 P_2)$; Q_i liegt also zwischen Q_{i-1} und Q_{i+1}, und daher sind Q_1, Q_2, Q_3, $\ldots$ sämtlich voneinander verschieden.

Satz 6: *Sind P_1, P_2, P_3 drei verschiedene Punkte einer Geraden und ist $P_1 P_2 \equiv P_2 P_3$, so liegt P_2 zwischen P_1 und P_3.*

Beweis: Nach Satz 5 gibt es eine Strecke $Q_i Q_{i+1} \equiv P_1 P_2$, für welche P_1, P_2, P_3, Q_i, Q_{i+1} sämtlich voneinander verschieden sind. Nach Satz 4 ist dann $r(P_1 P_2) = r(Q_i Q_{i+1}) = r(P_2 P_3)$ und daher liegt P_2 zwischen P_1 und P_3.

Jetzt ergibt sich allgemein

Satz 7: *Vektorgleiche Strecken $P_1 P_2$ und $Q_1 Q_2$ auf einer Geraden sind richtungsgleich.*

Denn ist $P_i = Q_i$, so ist die Behauptung trivial; ist $P_1 = Q_2$ oder $P_2 = Q_1$, so ergibt sie sich aus Satz 6; sind P_1, P_2, Q_1, Q_2 alle verschieden, so handelt es sich gerade um Satz 4.

16. Vektoren als geordnete Gruppe.

Es sei willkürlich auf einer Geraden ein Vektor $\mathfrak{a}_0 \neq \mathfrak{o}$ als *positiv* herausgegriffen. Die Vektoren gleicher Richtung wie $\mathfrak{a}_0$ mögen die positiven heißen. Die zu den positiven inversen Vektoren sind alsdann bestimmt nicht positiv, wir wollen sie negativ nennen, und nach *A. 4* ist jeder Vektor entweder positiv oder negativ. Sind $\mathfrak{a}_1$ und $\mathfrak{a}_2$ positiv, so ist nach *A. 5* auch $\mathfrak{a}_1 + \mathfrak{a}_2 = \mathfrak{a}_3$ positiv.

Wir können ferner eine Größer-Relation zwischen den Vektoren $\mathfrak{a}$ einführen, die für zwei verschiedene Vektoren stets entweder zutrifft oder nicht. Wir erklären

D. 1. $\mathfrak{a}_1 > \mathfrak{o}$ *heißt*: $\mathfrak{a}_1$ *ist positiv.*

D. 2. $\mathfrak{a}_1 > \mathfrak{a}_2$ *heißt*: $\mathfrak{a}_1 - \mathfrak{a}_2 > \mathfrak{o}$.

Das Transitivitätsgesetz der Größer-Relation folgt alsdann so: Ist

$$\mathfrak{a}_1 > \mathfrak{a}_2 \quad \text{und} \quad \mathfrak{a}_2 > \mathfrak{a}_3,$$

also nach D. 2

$$\mathfrak{a}_1 - \mathfrak{a}_2 > \mathfrak{o}, \quad \mathfrak{a}_2 - \mathfrak{a}_3 > \mathfrak{o},$$

so ist auch

$$\mathfrak{a}_1 - \mathfrak{a}_2 + \mathfrak{a}_2 - \mathfrak{a}_3 = \mathfrak{a}_1 - \mathfrak{a}_3 > \mathfrak{o},$$

also

$$\mathfrak{a}_1 > \mathfrak{a}_3.$$

Das erste Monotoniegesetz ergibt sich aus der Definition der Größer-Relation unmittelbar. Ist $\mathfrak{a}_1 > \mathfrak{a}_2$, also $\mathfrak{a}_1 - \mathfrak{a}_2 > \mathfrak{o}$, so ist auch

$$(\mathfrak{a}_1 + \mathfrak{a}_3) - (\mathfrak{a}_2 + \mathfrak{a}_3) = \mathfrak{a}_1 + \mathfrak{a}_3 - \mathfrak{a}_3 - \mathfrak{a}_2 = \mathfrak{a}_1 - \mathfrak{a}_2 > \mathfrak{o}.$$

Um das zweite Monotoniegesetz zu beweisen, zeigen wir den Satz: Notwendig und hinreichend für $\mathfrak{a}_1 > \mathfrak{a}_2$ ist, daß $\mathfrak{a}_1 - \mathfrak{a}_2 > \mathfrak{o}$ ist.

Setzen wir nämlich in **4, 15** Satz **3**

$$\mathfrak{m}\,(Q_1 P_2) = \mathfrak{a}_1 \quad \text{und} \quad \mathfrak{m}\,(P_1 P_2) = \mathfrak{m}\,(Q_1 Q_2) = \mathfrak{a}_2,$$

so ist

$$\mathfrak{m}(Q_1 P_1) = \mathfrak{a}_1 - \mathfrak{a}_2 \quad \text{und} \quad \mathfrak{m}\,(Q_2 P_2) = -\mathfrak{a}_2 + \mathfrak{a}_1.$$

Der Satz besagt alsdann

a) Ist $\mathfrak{a}_2 > \mathfrak{o}$ und $\mathfrak{a}_1 - \mathfrak{a}_2 > \mathfrak{o}$, so ist auch $-\mathfrak{a}_2 + \mathfrak{a}_1 > \mathfrak{o}$.

b) Ist $\mathfrak{o} > \mathfrak{a}_2$ und $\mathfrak{o} > \mathfrak{a}_1 - \mathfrak{a}_2$, so ist auch $\mathfrak{o} > -\mathfrak{a}_2 + \mathfrak{a}_1$, oder wenn wir in b) an Stelle von $\mathfrak{a}_1$, $\mathfrak{a}_2$ die Vektoren $\mathfrak{a}_1' = -\mathfrak{a}_1$, $\mathfrak{a}_2' = -\mathfrak{a}_2$ einführen:

a') Ist $\mathfrak{a}_2' > \mathfrak{o}$ und $-\mathfrak{a}_2' + \mathfrak{a}_1' > \mathfrak{o}$, so ist auch $\mathfrak{a}_1' - \mathfrak{a}_2' > \mathfrak{o}$. Ebenso folgt:

b') Ist $\mathfrak{o} > \mathfrak{a}_2'$ und $\mathfrak{o} > -\mathfrak{a}_2' + \mathfrak{a}_1'$, so ist auch $\mathfrak{o} > \mathfrak{a}_1' - \mathfrak{a}_2'$.

Daher sind, wie behauptet, die beiden Aussagen $\mathfrak{a}_1 - \mathfrak{a}_2 > \mathfrak{o}$ und $-\mathfrak{a}_2 + \mathfrak{a}_1 > \mathfrak{o}$ gleichwertig. — Das zweite Monotoniegesetz ergibt sich jetzt so:

Ist $\mathfrak{a}_1 > \mathfrak{a}_2$, also $-\mathfrak{a}_2 + \mathfrak{a}_1 > \mathfrak{o}$, so ist auch

$$-(\mathfrak{a}_3 + \mathfrak{a}_2) + (\mathfrak{a}_3 + \mathfrak{a}_1) = -\mathfrak{a}_2 + \mathfrak{a}_1 > \mathfrak{o},$$

d. h.

$$\mathfrak{a}_3 + \mathfrak{a}_1 > \mathfrak{a}_3 + \mathfrak{a}_2.$$

Aus *A. 6* folgt, daß der durch $\mathfrak{C}$-Gerade vermittelte Isomorphismus zwischen der Gruppe der $\mathfrak{A}$-Vektoren und der $\mathfrak{B}$-Vektoren auch die Anordnung der Gruppe erhält.

17. Gewebe und reelle Zahlen.

Wir fordern jetzt noch: *Jede Strecke läßt sich eindeutig[1] halbieren.* Alsdann können wir für die Gruppe der $\mathfrak{A}$-Vektoren aussagen: Zu jedem Vektor $\mathfrak{a}$ gibt es ein eindeutig bestimmtes

$$\tfrac{1}{2}\mathfrak{a} \quad \text{mit} \quad \tfrac{1}{2}\mathfrak{a} + \tfrac{1}{2}\mathfrak{a} = \mathfrak{a}.$$

Nach **2,** 4 können wir dann die Symbole

$$\frac{k}{2^n}\mathfrak{a}$$

einführen. Ferner fordern wir:

Archimedisches Axiom: *Sind OP und OQ zwei gleichgerichtete Strecken und $OP \equiv OP_1 \equiv P_1P_2 \equiv \ldots \equiv P_i P_{i+1} \equiv \ldots$, so gibt es ein P_k, so daß QP_k mit OP_k gleichgerichtet ist.*

Alsdann ergibt sich nach **2,** 4, daß jeder Vektor $\mathfrak{a} = r\mathfrak{a}_0$ gesetzt werden kann, wo $\mathfrak{a}_0 \neq \mathfrak{o}$ und r eine bestimmte reelle Zahl ist. Ist

$$\mathfrak{a}_1 = r_1\mathfrak{a}_0, \ \mathfrak{a}_2 = r_2\mathfrak{a}_0, \quad \text{so ist} \quad \mathfrak{a}_1 + \mathfrak{a}_2 = (r_1 + r_2)\mathfrak{a}_0.$$

Es folgt also die Kommutativität der Vektorgruppe und damit die Figur Σ. *2.* Schließlich können wir fordern, daß jeder reellen Zahl ein Vektor entspreche (Vollständigkeitsforderung).

Um das Gewebe dann endgültig auf die Paare reeller Zahlen (r_1, r_2) abzubilden, müssen wir nach Wahl eines $\mathfrak{A}, \mathfrak{B}$-Koordinatensystems noch den Isomorphismus bestimmen, welcher durch die $\mathfrak{C}$-Gerade durch $(\mathfrak{o}, \mathfrak{o})$ zwischen den Geraden $\mathfrak{x}_1 = \mathfrak{o}$ und $\mathfrak{x}_2 = \mathfrak{o}$ vermittelt wird. Geht $\mathfrak{a}_0$ dabei in $\mathfrak{b}_0$ über, so wird

$$\frac{k}{2^n}\mathfrak{a}_0 \quad \text{in} \quad \frac{k}{2^n}\mathfrak{b}_0$$

übergeführt werden, und weil der Isomorphismus die Anordnung erhält, so wird allgemein $r\,\mathfrak{a}_0$ in $r\,\mathfrak{b}_0$ übergeführt; ordnet man also dem Zahlen-

---

[1] Übrigens folgt die Eindeutigkeit aus der Anordnung.

paar (r_1, r_2) den Punkt mit den Koordinaten

$$\mathfrak{x}_1 = r_1 \mathfrak{a}_0, \; \mathfrak{x}_2 = r_2 \mathfrak{b}_0$$

zu, so wird die $\mathfrak{C}$-Gerade durch $(0, 0)$ durch (r, r) dargestellt.

Die allgemeinste Abbildung, welche das Gewebe in sich überführt und die Anordnung der Punkte erhält, hat die Form

$$x_1' = r_1 x_1 + r_2, \quad x_2' = r_1 x_1 + r_3.$$

Das folgt aus 4, 9, weil nach 2, 4 ein Automorphismus der additiven Gruppe reeller Zahlen, der die Anordnung erhält, eine Multiplikation ist.

18. Stetigkeit und Sechseckgewebe.

Daß sich jede Strecke halbieren läßt, ließe sich aus einem Stetigkeitsaxiom folgern von folgender Beschaffenheit etwa:

Stetigkeitsaxiom: *Ist jedem Punkt P einer Geraden ϱ ein Punkt P* derselben Geraden durch Parallelprojektionen eineindeutig so zugeordnet, daß*

$$r(P_1 P_2) = r(P_2^* P_1^*)$$

ist, so gibt es auch einen Punkt S, der mit dem ihm zugeordneten S zusammenfällt.*

Wir wollen gleich mehr zeigen[1]: nämlich, daß sich aus den Zwischenaxiomen *A. 1* bis *A. 6*, dem Stetigkeitsaxiom und dem Archimedischen Axiom in einer noch anzugebenden Form die Figur $\varSigma. 2$ bei einem **3**-Gewebe aus einem speziellen Fall der Figur $\varSigma. 1$, der *Sechseckfigur* beweisen läßt.

Diese Sechseckfigur entsteht aus $\varSigma. 1$, wenn zwei Punktepaare, etwa Q_1 und Q_2, R_1 und R_2 auf derselben $\mathfrak{A}$-Geraden liegen und außerdem Q_2 mit R_1 etwa zusammenfällt. Sei $Q_2 = R_1 = M$. M, S_1 und P_2, sowie M, P_1 und S_2 liegen alsdann ebenfalls auf derselben Geraden. Man kann die Sechseckfigur also folgendermaßen beschreiben:

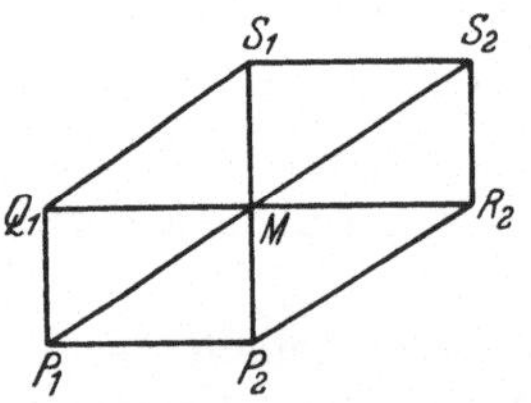

Liegen Q_1, M, R_2; S_1, M, P_2; P_1, M, S_2 je auf einer $\mathfrak{A}$-, $\mathfrak{B}$-, $\mathfrak{C}$-Geraden durch M und bestimmen Q_1, P_1; S_2, R_2 je eine $\mathfrak{B}$-Gerade, Q_1, S_1; P_2, R_2 je eine $\mathfrak{C}$-Gerade, und S_1, S_2 eine $\mathfrak{A}$-Gerade, so bestimmt auch P_1, P_2 eine $\mathfrak{A}$-Gerade.

Fig. 10.

Man kann wieder aus dieser Aussage diejenige folgern, die durch Vertauschung der $\mathfrak{A}$-, $\mathfrak{B}$-, $\mathfrak{C}$-Geraden untereinander daraus entsteht.

Die Erklärung der Vektorgleichheit und alles, was wir daraus gefolgert haben, läßt sich nun natürlich nicht als Ausgangspunkt wählen. Auch die Folgerungen aus den Zwischenaxiomen beruhen zum Teil darauf, und werden also zunächst hinfällig; nur die Axiome und Sätze

---

[1] Vgl. W. Blaschke: Math. Z. 1928. Bd. 28, S. 150 bis 157.

aus 4, 14 können wir auch jetzt noch beibehalten. Wir kommen aber trotzdem sehr schnell zu unserm Ziel, weil die Stetigkeitsvoraussetzungen, die wir jetzt machen, sehr weitgehend sind.

19. Mittelpunkt einer Strecke.

Zunächst zeigen wir:

Satz 1: *Ist jedem Punkt P einer Geraden ein Punkt P^* derselben Geraden so zugeordnet, daß die Voraussetzung des Stetigkeitsaxioms erfüllt ist, so ist der Punkt S, der sich selbst zugeordnet ist, eindeutig bestimmt.*

Angenommen nämlich, es gebe zwei derartige Punkte S_1 und S_2, dann wäre $r(S_1, S_2) = r(S_2^*, S_1^*) = r(S_2, S_1)$, was unmöglich ist.

Unser erstes Ziel ist, den Mittelpunkt einer Strecke zu definieren. Dazu beweisen wir:

Satz 2: *Ist ABC ein Dreieck aus je einer $\mathfrak{A}$-, $\mathfrak{B}$-, $\mathfrak{C}$-Geraden, so gibt es auf der Geraden AB einen und nur einen Punkt $\overline{C}$, auf AC einen und nur einen Punkt $\overline{B}$ und auf BC einen und nur einen Punkt $\overline{A}$, so daß $\overline{A}\,\overline{B}$ parallel AB, $\overline{A}\,\overline{C}$ parallel AC und $\overline{B}\,\overline{C}$ parallel BC ist.*

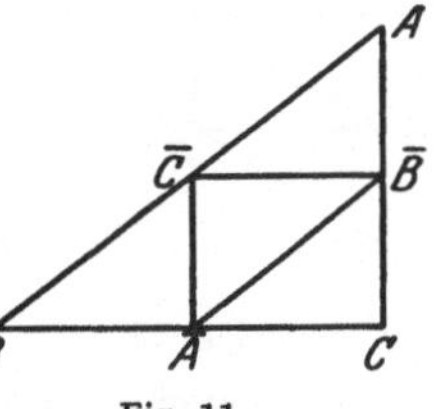

Fig. 11.

Beweis: Q sei ein beliebiger Punkt der Geraden BC; die Parallele zu AC durch Q schneide AB in R. Den Schnittpunkt der Parallelen zu BC durch R mit AC nennen wir T, die Parallele zu AB durch T schneide BG in Q^*. Auf diese Weise ist jedem Punkt Q von BC ein Punkt Q^* derselben Geraden zugeordnet, und zwar eineindeutig, da man aus Q^* auch Q konstruieren kann. Ist Q_1 ein weiterer Punkt von BC, und gehören zu ihm analog R_1, T_1, Q_1^* und ist etwa $r(Q, Q_1) = r(B, C)$, so folgt je nach der Lage leicht aus $A. 6$ oder 4, 14 Satz 4 (vgl. Fig. 12.)

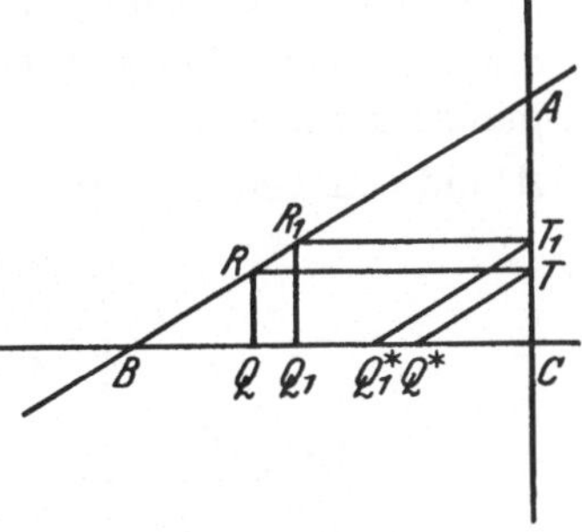

Fig. 12.

$$r(R R_1) = r(B, A); \quad r(T, T_1) = r(C, A);$$
$$r(Q^*, Q_1^*) = r(C, B).$$

Daher ist

$$r(Q, Q_1) \neq r(Q^*, Q_1^*), \quad \text{also} \quad r(Q, Q_1) = r(Q_1^*, Q^*).$$

Das Analoge gilt natürlich dann auch, wenn $r(Q Q_1) \neq r(B, C)$ ist. Die Zuordnung $Q \to Q^*$ genügt also den Voraussetzungen des Stetigkeitsaxioms. Aus diesem und Satz 1 folgt dann, daß es einen und nur einen Punkt Q auf BC gibt, für den $Q = Q^*$ ist. Nennen wir diesen Punkt jetzt $\overline{A}$ und bezeichnen wir die zugehörigen Punkte R, T jetzt mit $\overline{C}$ bzw.

$\overline{B}$, so genügen $\overline{A}, \overline{B}, \overline{C}$ der Behauptung. Weitere derartige Punkte kann es nach Satz 1 nicht geben.

Satz 3: *Hat man zwei Dreiecke aus je einer $\mathfrak{A}$-, $\mathfrak{B}$-, $\mathfrak{C}$-Geraden, mit zwei gemeinsamen Ecken B und C, und bestimmt man zu beiden die drei in Satz 2 genannten Punkte, so erhält man beidemal auf BC denselben Punkt.*

Beweis: Bestimmen B und C etwa eine $\mathfrak{A}$-Gerade, so schneide die $\mathfrak{C}$-Gerade durch B die $\mathfrak{B}$-Gerade durch C in A: die $\mathfrak{B}$-Gerade durch B schneide die $\mathfrak{C}$-Gerade durch C in A'. Dann kommen nur die beiden

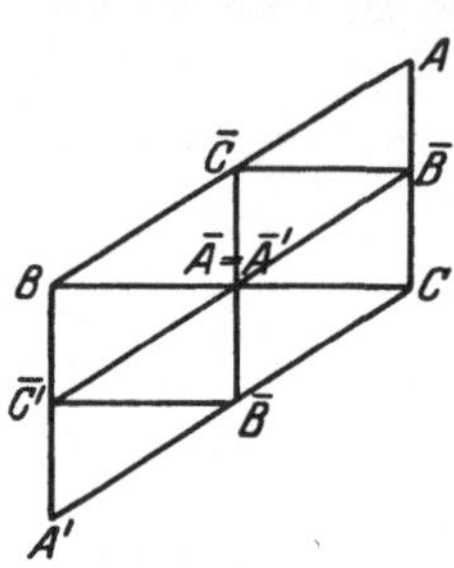

Fig. 13.

Dreiecke ABC und $A'BC$ in Frage. $\overline{A}, \overline{B}, \overline{C}$ mögen für das Dreieck ABC dieselbe Bedeutung wie in Satz 2 haben. Die Gerade $\overline{A}\,\overline{B}$ schneide $A'B$ in $\overline{C}'$, die $\mathfrak{A}$-Gerade durch $\overline{C}'$ die Gerade $\overline{A}\,\overline{C}$ in $\overline{B}'$. Dann bilden $B, \overline{A}, \overline{C}; \overline{C}, \overline{B}; \overline{C}', \overline{B}'$ eine Sechseckfigur und daher bestimmen $\overline{B}'$ und C eine $\mathfrak{C}$-Gerade. Diese ist als $\mathfrak{C}$-Gerade durch C mit $A'C$ identisch. Daher liegt $\overline{B}'$ auf $A'C$. Daraus ergibt sich, daß $\overline{A}, \overline{B}', \overline{C}'$ die drei nach Satz 2 zum Dreieck $A'BC$ gehörigen Punkte sind; auf der Geraden BC erhält man also wirklich denselben Punkt, wie wenn man vom Dreieck ABC ausgeht.

Der Punkt $\overline{A}$ ist also durch B und C eindeutig bestimmt; wir nennen ihn den Mittelpunkt der Strecke BC.[1]

Satz 4: *Der Mittelpunkt von BC liegt zwischen B und C.*

Beweis: B und C mögen wieder auf einer $\mathfrak{A}$-Geraden liegen. Die $\mathfrak{C}$-Gerade durch B schneide die $\mathfrak{B}$-Gerade durch C in A; $\overline{A}, \overline{B}, \overline{C}$ seien die Mittelpunkte der Strecken BC, CA, AB. Würde nun z. B. der Punkt B zwischen $\overline{A}$ und C liegen, so würde nach **4**, 14 Satz 4 und $A.6$ auch B zwischen $\overline{C}$

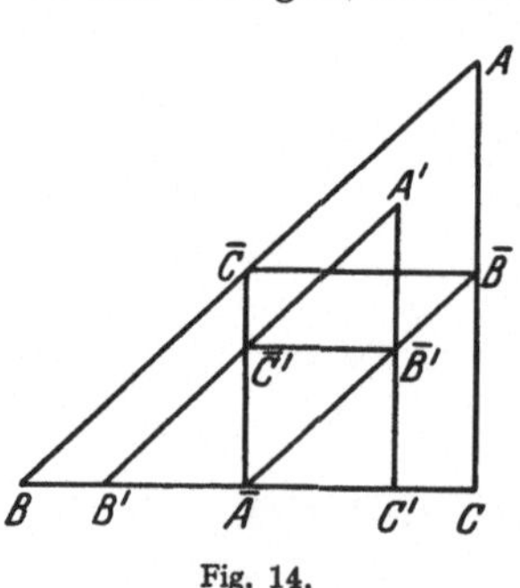

Fig. 14.

und A; C zwischen $\overline{B}$ und A und schließlich C zwischen $\overline{A}$ und B liegen, was im Gegensatz zur Annahme steht. Ebenso schließt man aus, daß C zwischen $\overline{A}$ und B liegt; daher liegt wirklich $\overline{A}$ zwischen B und C.

Satz 5: *Haben zwei Strecken BC und B'C', die auf derselben Geraden ϱ liegen, denselben Mittelpunkt $\overline{A}$, und liegt B' zwischen B und $\overline{A}$, so liegt C' zwischen C und $\overline{A}$.*

Beweis: ϱ sei eine $\mathfrak{A}$-Gerade. Die $\mathfrak{C}$-Gerade durch B schneide die $\mathfrak{B}$-Gerade durch C wieder in A, analog entstehe A' aus B' und C'. Die Mittelpunkte der Seiten im Dreieck ABC seien

---

[1] Der Name Mittelpunkt erscheint gerechtfertigt; denn gilt im Gewebe der Satz $\Sigma.1$, so ist $\mathfrak{m}\,(B\overline{A}) = \mathfrak{m}\,(\overline{A}C)$.

$\overline{A}$, $\overline{B}$, $\overline{C}$, im Dreieck $A'B'C'$ seien es $\overline{A}'$, $\overline{B}'$, $\overline{C}'$. Wegen $\overline{A} = \overline{A}'$ liegen $\overline{A}$, $\overline{C}$, $\overline{C}'$ auf einer $\mathfrak{B}$-Geraden, $\overline{A}$, $\overline{B}$, $\overline{B}'$ auf einer $\mathfrak{C}$-Geraden. Da nach Voraussetzung B' zwischen B und $\overline{A}$ liegt, liegt nach $A.6$ auch $\overline{C}'$ zwischen $\overline{C}$ und $\overline{A}$, $\overline{B}'$ zwischen $\overline{B}$ und $\overline{A}$, C' zwischen C und $\overline{A}$, was zu beweisen war.

20. Netz der Punkte $A_{r,s}$.

Wir wollen jetzt aus einer Strecke $O = A_{00}$, $A = A_{10}$ auf einer $\mathfrak{A}$-Geraden das *Netz der Punkte* $A_{k,l}$ erklären, wo k, l ganze Zahlen sind.

Wir bringen dazu die $\mathfrak{C}$-Gerade durch O mit der $\mathfrak{B}$-Geraden durch $A_{1,0}$ in A_{11} zum Schnitt, ziehen durch A_{11} die $\mathfrak{A}$-Gerade und bringen sie in A_{21} mit der $\mathfrak{C}$-Geraden durch A_{10} zum Schnitt. $A_{2,0}$ sei der Schnitt der $\mathfrak{B}$-Geraden durch A_{21} mit OA_{10}; $A_{k,1}$ der Schnitt der $\mathfrak{C}$-Geraden durch $A_{k-1,0}$ mit $A_{11}A_{21}$. $A_{k,0}$ sei der Schnitt der $\mathfrak{B}$-Geraden durch $A_{k,1}$ mit OA_{10} $(k>0)$. Entsprechend erklären wir A_{k0} und A_{k1} für $k \leqq 0$.

Wir setzen nun $O' = A_{01}$, $A' = A_{11}$ und konstruieren wie oben aus O, A_{10} die Punkte A'_{k0}, A'_{k1}. Man folgert alsdann aus der Sechseckfigur sofort $A'_{k0} = A_{k1}$. Ferner sei $A'_{k1} = A_{k2}$; durch Induktion folgt mühelos die Konstruktion der Punkte $A_{k,l}$ $(k,\ l = 0,\ \pm 1,\ \pm 2, \ldots)$, und die Tatsache, daß je drei Punkte $A_{k,l}\ A_{k+1,l}\ A_{k+1,l+1}$ ein Dreieck bilden, bei dem $A_{k,l}$, $A_{k+1,l}$ eine $\mathfrak{A}$-Gerade, $A_{k+1,l}$, $A_{k+1,l+1}$ eine $\mathfrak{B}$-Gerade und $A_{k,l}$, $A_{k+1,l+1}$ eine $\mathfrak{C}$-Gerade bestimmen.

Ebenso bilden $A_{k,l}$, $A_{k,l+1}$, $A_{k+1,l+1}$ ein Dreieck, bei dem $A_{k,l+1}$ $A_{k+1,l+1}$ eine $\mathfrak{A}$-Gerade, $A_{k,l}$ $A_{k,l+1}$ eine $\mathfrak{B}$-Gerade und $A_{k,l}$ $A_{k+1,l+1}$ eine $\mathfrak{C}$-Gerade bestimmen.

Für alle k und l sei $A_{k+\frac{1}{2}l}$ der Mittelpunkt von $A_{k,l}$ $A_{k+1,l}$; $A_{k,l+\frac{1}{2}}$ sei der von $A_{k,l}$, $A_{k,l+1}$; $A_{k+\frac{1}{2},l+\frac{1}{2}}$ der von $A_{k,l}$ $A_{k+1,l+1}$. Aus der Definition des Mittelpunktes ergibt sich dann (vgl. 4, 13 Satz 2 und 3): $A_{k,\,l+\frac{1}{2}}$ und $A_{k+\frac{1}{2},l+\frac{1}{2}}$ und ebenso $A_{k+\frac{1}{2},l+\frac{1}{2}}$ und $A_{k+1,l+\frac{1}{2}}$ bestimmen eine $\mathfrak{A}$-Gerade.

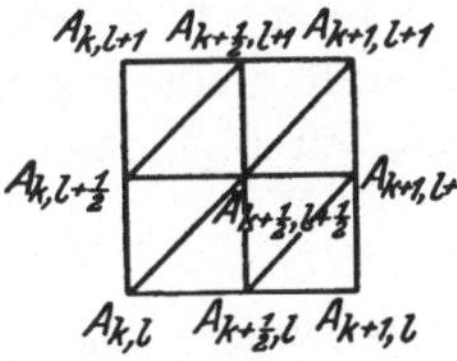

Fig. 15.

$A_{k+\frac{1}{2},l}$ $A_{k+\frac{1}{2},l+\frac{1}{2}}$ und ebenso $A_{k+\frac{1}{2},l+\frac{1}{2}}$ $A_{k+\frac{1}{2},\,l+1}$ bestimmen eine $\mathfrak{B}$-Gerade.

A_{kl}, $A_{k+\frac{1}{2},l+\frac{1}{2}}$ und ebenso $A_{k+\frac{1}{2},l+\frac{1}{2}}$ $A_{k+1,l+1}$ bestimmen eine $\mathfrak{C}$-Gerade.

Die Punkte $A_{\frac{k}{2},\,\frac{l}{2}}$ können aus $OA_{\frac{1}{2},0}$ auf dieselbe Weise erhalten werden, wie $A_{k,l}$ aus $OA_{1,0}$. Es ist

$$A_{\frac{2k}{2},\,\frac{2l}{2}} = A_{k,l}.$$

Durch Iteration der Unterteilung finden wir die Punkte

$$A_{\frac{k}{2^m},\,\frac{l}{2^n}} \qquad (k,\ l,\ m,\ n \text{ ganze Zahlen}).$$

Sind P und Q zwei Punkte auf der Geraden $A_{0,0}A_{1,0}$, so wollen wir sagen, daß Q hinter P und P vor Q liegt, wenn $r(PQ) = r(A_{0,0}A_{1,0})$ ist. Da $A_{1,0}$ der Mittelpunkt von $A_{0,0}A_{2,0}$ ist, liegt nach **4, 19** Satz 4 der Punkt $A_{2,0}$ hinter $A_{1,0}$. Analog liegt $A_{\frac{1}{2},0}$ hinter $A_{0,0}$ und vor $A_{1,0}$. Durch wiederholte Anwendung der Schlußweise ergibt sich leicht, daß

$$A_{r,0} \text{ hinter } A_{s,0} \ \left(r = \frac{k}{2^m},\ s = \frac{l}{2^n}\right) \text{ liegt, wenn } r > s$$

ist. Für $A_{r,0}$ wollen wir jetzt kurz A_r schreiben.

Wir beweisen noch einen Hilfssatz: *P liege auf der Geraden OA_1; Q sei der Schnitt der $\mathfrak{C}$-Geraden durch P mit $A_{0,1}A_{1,1}$; P' der Schnitt der $\mathfrak{B}$-Geraden durch Q mit OA_1. Liegt P zwischen A_r und A_{r+1}, so liegt P' zwischen A_{r+1} und A_{r+2} und umgekehrt.*

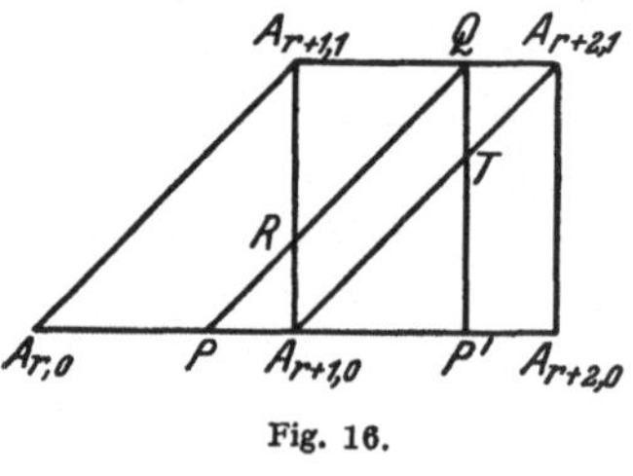

Fig. 16.

Beweis: R sei der Schnitt der $\mathfrak{C}$-Geraden durch P mit $A_{r+1,0}A_{r+1,1}$, T der Schnitt der $\mathfrak{B}$-Geraden durch Q mit $A_{r+1,0}A_{r+2,1}$. Dann folgt aus A. 6, daß R zwischen $A_{r+1,0}$ und $A_{r+1,1}$, Q zwischen $A_{r+2,1}$ und $A_{r+1,1}$, T zwischen $A_{r+2,1}$ und $A_{r+1,0}$ und schließlich P' zwischen $A_{r+1,0}$ und $A_{r+2,0}$ liegt. Die Umkehrung ergibt sich analog.

Wir können aus jedem Punktepaar $B = B_{00}$, $B^{(1)} = B_{10}$ die Punkte des Netzes $B_{r,s}$ bestimmen.

21. Archimedisches Axiom im Sechseckgewebe[1].

Nunmehr verwenden wir das *Archimedische Axiom* in folgender Gestalt: *Ist OA_1 eine beliebige Strecke und OB eine beliebige andere Strecke derselben Geraden, so liegt B stets zwischen O und einem geeignet bestimmten A_k.*

Jetzt soll gezeigt werden, daß die Punkte A_r auf der Geraden OA_1 überall dicht liegen. Gäbe es nämlich auf OA_1 ein Intervall $B_{00}B_{10}$ (B_{00} vor B_{10}), das keine Punkte A_r enthielte, so konstruiere man das Netz

$$B_{r,s} \text{ aus } B_{00}B_{10} \ \left(r = \frac{k}{2^m},\quad s = \frac{l}{2^n}\right),$$

insbesondere die Punkte $B_r = B_{r,0}$. Es seien $k \geqq 0$, $l \geqq 1$ möglichst große ganze Zahlen, derart, daß zwischen B_{-k} und B_l kein A_r liegt; sie existieren nach dem Archimedischen Axiom. Ersetzt man B_{00}, B_{10} durch B_{-k}, B_l und bezeichnet jetzt diese mit B_0, B_1, so muß zwischen B_{-1} und B_0 ein A_r, und zwischen B_1 und B_2 ein A_s liegen; eventuell kann $B_0 = A_r$ oder $B_1 = A_s$ sein.

$A_{\frac{r+s}{2}} = M$, der Mittelpunkt der Strecke $A_r A_s$ liegt nach **4, 19** Satz 4 zwischen diesen Punkten, also zwischen B_{-1} und B_2. Da er aber nicht zwischen B_0 und B_1 liegen darf, so liegt er entweder zwischen B_{-1} und B_0 (mit Einschluß von B_0) oder zwischen B_1 und B_2 (mit Einschluß

---

[1] Die vorliegende Fassung dieses Abschnitts stammt von Herrn R. Brauer.

von B_1). Nehmen wir an, daß der erste Fall eintritt, der zweite ist analog zu behandeln. Wir legen durch M die $\mathfrak{C}$-Gerade und durch deren Schnitt mit $B_{01}B_{11}$ die $\mathfrak{B}$-Gerade, die $B_{00}B_{10}$ in T schneide. Ebenso schneiden wir die $\mathfrak{B}$-Gerade durch M mit $B_{01}B_{11}$ und legen durch diesen Schnittpunkt eine $\mathfrak{C}$-Gerade, die $B_{00}B_{10}$ in S schneide. Nach dem in 4, 20 bewiesenen Hilfssatz liegt dann S zwischen B_{-2} und B_{-1}, ferner T zwischen B_0 und B_1 (mit Einschluß von B_{-1} bzw. B_0), da M zwischen B_{-1} und B_0 liegen soll. Daher liegt A_r zwischen S und M. Da nun die Strecken ST (vgl. Fig. 17)

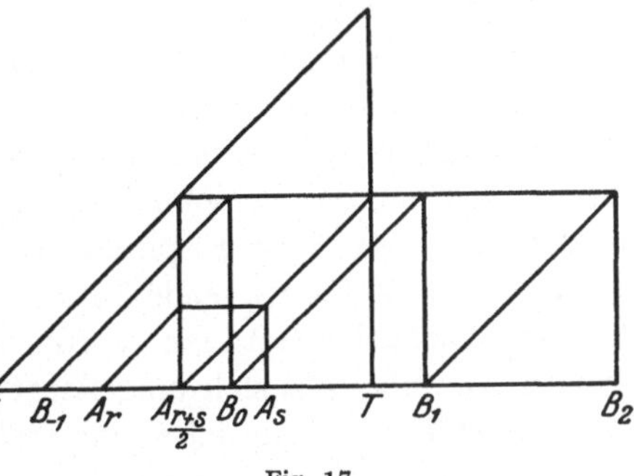

Fig. 17.

und $A_r A_s$ denselben Mittelpunkt M haben und A_r zwischen S und M liegt, liegt nach 4, 19 Satz 5 der Punkt A_s zwischen M und T. T liegt, wie eben gezeigt, nicht hinter B_1, also müßte A_s im Widerspruch zu der Annahme vor B_1 liegen. Daher liegen die Punkte A_r auf der Geraden überall dicht.

Jeder Punkt P bestimmt also einen Schnitt im Bereiche der ersten und der zweiten Indizes von $A_{r,s}$ und ist hierdurch bestimmt, und wir können daher die Punkte des Gewebes auf Paare reeller Zahlen zurückführen. Man sieht, daß sich dabei dieselbe Darstellung wie in 4, 17 ergibt. Daher gilt in dem hier behandelten Sechseckgewebe ebenfalls die Forderung $\Sigma. 2$.

22. Gewebe und affine Ebene.

Zum Schluß dieses Kapitels wollen wir sehen, wie die Gewebe zur Kennzeichnung der affinen Geometrie verwendet werden können. Beispiele für Gewebe aus Geraden der affinen Ebene lassen sich leicht bilden: *Drei Scharen von im Sinne der affinen Geometrie parallelen Geraden bilden ein Gewebe, in welchem der Satz $\Sigma. 2$ erfüllt ist. Die Vektorgruppe dieses Gewebes ist zur additiven Gruppe der Zahlen a, aus denen die affine Ebene erklärt ist, isomorph.* Die Translationen des Gewebes sind Translationen der affinen Geometrie.

Aber auch zwei beliebige Scharen von parallelen Geraden und die Geraden durch irgend einen (eigentlichen) Punkt P der affinen Ebene bilden ein Gewebe. Bei geeignetem Koordinatensystem sind

$$x_1 = a_1, \quad x_2 = a_2 \quad \text{und} \quad a_1 x_1 + a_2 x_2 = 0$$

die drei Geradenscharen. Die Punkte auf $x_1 = 0$, $x_2 = 0$ sind uneigentliche Punkte, $(0, 0)$ ist ein ausgezeichneter uneigentlicher Punkt des Gewebes. Die Translationen dieses Gewebes sind die affinen Transformationen

$$x_1' = a_1 x_1, \quad x_2' = a_2 x_2 \qquad (a_1, a_2 \neq 0).$$

Die Vektorgruppe des Gewebes ist zur multiplikativen Gruppe der Zahlen a isomorph. Es ist also ein Gewebe, in welchem die Figur $\Sigma. 1$ gilt, $\Sigma. 2$ dagegen nur, wenn das kommutative Gesetz der Multiplikation erfüllt ist.

Man folgert leicht, daß drei Scharen von Geraden durch drei verschiedene Punkte A, B, C stets ein Gewebe bilden, das sich zum mindesten auf eines der beiden angegebenen abbilden läßt. Die Zusammenhänge zwischen den verschiedenen 3-Geweben der affinen Ebene werden in den zwei folgenden Kapiteln näher untersucht.

Wenn die Zahlen a reelle Zahlen sind, so bilden die Gewebe aus drei Scharen paralleler Geraden geordnete archimedische Gewebe. In einem solchen Gewebe läßt sich umgekehrt auch die Multiplikation der reellen Zahlen erklären: Denn ist r eine reelle Zahl, ist

$$\frac{k_n}{2^n} < r < \frac{k_n + 1}{2^n} \qquad\qquad (n = 1, 2, \ldots)$$

und a eine andere reelle Zahl, so ist $r \cdot a$ durch

$$\frac{k_n}{2^n}\, a < r a < \frac{k_n + 1}{2^n}\, a$$

bestimmt.

Es sei aber betont, daß es sich hier nur um Existenzsätze handelt. Das Halbieren der Strecke und die Multiplikation der Vektoren ist nicht durch irgendwelche Konstruktionen ausführbar. Also wird man auch für die affine Geometrie aus reellen Zahlen noch eine eingehendere Kennzeichnung verlangen.

23. Kollineationen.

Dagegen läßt sich leicht ein Satz über Abbildungen der affinen Ebene in sich beweisen, der ein wichtiges Ergebnis der affinen Geometrie ist.

Unter einer Kollineation

$$\overline{P} = K(P)$$

verstehen wir eine eineindeutige Punktabbildung der affinen Ebene, welche Gerade in Gerade überführt. Wir behaupten:

Theorem: *Jede Kollineation hat die Gestalt*

$$\begin{aligned} x_1' &= a_{11} J(x_1) + a_{12} J(x_2) + a_{10}, \\ x_2' &= a_{21} J(x_1) + a_{22} J(x_2) + a_{20} \end{aligned} \qquad a_{11} a_{22} - a_{12} a_{21} \neq 0$$

wo $x^* = J(x)$ *ein Isomorphismus des Schiefkörpers der Zahlen* a *ist.*

Sind nämlich $\mathfrak{A}, \mathfrak{B}, \mathfrak{C}$ drei Scharen paralleler Geraden und $\mathfrak{D}$ die Schar von Geraden durch den eigentlichen Punkt D und führt die Kollineation K_1 diese Scharen bzw. in $\mathfrak{A}', \mathfrak{B}', \mathfrak{C}', \mathfrak{D}'$ über, so gibt es eine affine Transformation K_2 derart, daß die beiden Transformationen hintereinander ausgeführt

$$\overline{P} = K_2(K_1(P)) = K_3(P)$$

eine Kollineation K_3 ergeben, welche die Scharen $\mathfrak{A}$, $\mathfrak{B}$, $\mathfrak{C}$, $\mathfrak{D}$ bzw. in sich überführt.

Nun mögen die vier Scharen bzw. durch die Gleichungen

$$x_1 = a; \quad x_2 = a; \quad x_1 - x_2 = a, \quad a_1 x_1 + a_2 x_2 = 0$$

dargestellt sein. Die Transformation K_3 führt alsdann das $\mathfrak{A}\mathfrak{B}\mathfrak{C}$-Gewebe und den Punkt D in sich über und induziert daher nach **4, 9** eine Transformation

$$(1) \qquad x_1' = \overline{J}(x_1), \qquad x_2' = \overline{J}(x_2),$$

wo $\overline{J}$ ein Isomorphismus der additiven Gruppe der a ist.

Diese Transformation muß aber gleichzeitig das $\mathfrak{A}\mathfrak{B}\mathfrak{D}$-Gewebe in sich überführen und hat daher die Gestalt

$$(2) \qquad x_1' = a_1 J^*(x_1), \qquad x_2' = a_2 J^*(x_2),$$

wo J^* ein Isomorphismus der multiplikativen Gruppe der a ist. Aus (1) und (2) folgt zunächst $a_1 = a_2$ und alsdann

$$a_1^{-1} \overline{J}(x_1) = J^*(x_1).$$

Da die linke Seite nach **2, 1, $\varDelta$. 2** ein Isomorphismus der additiven Gruppe ist, ist J^* ein Isomorphismus des Schiefkörpers der a.

Daraus folgt das Behauptete aber ohne weiteres.

Bilden die Zahlen a den Körper der reellen Zahlen, so folgt, daß *alle Kollineationen Affinitäten sind*; denn ein Isomorphismus des Körpers der reellen Zahlen ist nach **2, 4** die Identität.

Kapitel 5.

Die Vektoren der affinen Ebene.

Einleitung.

Die 3-Gewebe aus Geradenscharen der affinen Ebene kennzeichnen die affine Ebene noch nicht. Wir stellten aber in **4, 22** einfache Beziehungen zwischen verschiedenen 3-Geweben der affinen Ebene fest, und es ist also unsere Aufgabe, diese Zusammenhänge axiomatisch zu erfassen. Es wird sich zeigen, daß Schließungssätze in Geweben aus vier Scharen von Geraden diese Zusammenhänge und die affine Ebene völlig zu kennzeichnen gestatten.

In diesem Kapitel wollen wir die Beziehungen der Gewebe aus je drei Scharen von im Sinne der affinen Geometrie parallelen Geraden aufstellen und den Satz begründen, daß die Translationen eines jeden solchen 3-Gewebes in sich die Translationen der affinen Ebene sind.

Man könnte zunächst Gewebe aus vier Scharen $\mathfrak{A}$, $\mathfrak{B}$, $\mathfrak{C}$, $\mathfrak{E}$ von parallelen Geraden der affinen Ebene untersuchen wollen und nach Schließungssätzen fragen, aus denen die Identität der Translationsgruppen der vier 3-Gewebe folgt, welche im $\mathfrak{ABCE}$-Gewebe enthalten sind.

Nun besteht aber schon zwischen einer einzigen $\mathfrak{E}$-Geraden ε und den $\mathfrak{A}$-, $\mathfrak{B}$-, $\mathfrak{C}$-Geraden ein Schließungssatz. Ist nämlich T_ε eine Translation, welche einen Punkt P auf ε in einen anderen Punkt P' ebenfalls auf ε überführt, so wird ja jeder Punkt Q auf ε in einen Punkt Q' auf ε übergeführt. Andererseits geht jede andere Gerade $\bar{\varepsilon}$ der Schar $\mathfrak{E}$ durch eine Translation aus ε hervor. Wenn wir das $\mathfrak{ABC}$-Gewebe und ε kennen, so können wir also die Parallelen zu ε, die Schar $\mathfrak{E}$, konstruieren. Und um die sämtlichen Geraden der affinen Ebene zu erhalten, genügt es, die Existenz eines $\mathfrak{ABC}$-Gewebes, die Existenz je einer Geraden ε aus den Scharen $\mathfrak{E}$ paralleler Geraden, die von der $\mathfrak{A}$-, $\mathfrak{B}$-, $\mathfrak{C}$-Schar verschieden sind, und geeignete Schließungssätze anzunehmen. Wir fordern deswegen, daß ein beliebiger fester Punkt D des $\mathfrak{ABC}$-Gewebes mit irgendeinem beliebigen Punkt P desselben eine und nur eine Gerade δ bestimme. Und wir fordern für das $\mathfrak{ABC}$-Gewebe die Figur $\Sigma. 1$ bzw. $\Sigma. 2$ und für jede Gerade δ einen Schließungssatz $\Sigma. 3$, der die Translationen von δ in sich zu definieren gestattet. Die Geradenschar durch D nennen wir $\mathfrak{D}$. Es wird also unsere Aufgabe sein, das $\mathfrak{ABCD}$-Gewebe zu untersuchen.

Die Parallelen zu den $\mathfrak{D}$-Geraden bilden mit den Scharen $\mathfrak{A}$, $\mathfrak{B}$, $\mathfrak{C}$, $\mathfrak{D}$ und ihren Punkten eine „affine Ebene", wie wir in Verallgemeinerung dieses Begriffes sagen wollen. Wenn wir im $\mathfrak{ABC}$-Gewebe die Figur $\Sigma. 2$ voraussetzen, so sind die Resultate über die Vektoren der zugehörigen affinen Ebene die anschaulich vertrauten. Es gilt vor allem der Satz: Sind $P_1 P_2$ und $Q_1 Q_2$ zwei vektorgleiche Strecken, so sind die durch P_1, Q_1 und die durch P_2, Q_2 bestimmten Geraden zueinander parallel. Setzen wir im $\mathfrak{ABC}$-Gewebe nur $\Sigma. 1$ voraus, so gilt dieser Satz nicht allgemein. Die $\mathfrak{A}$- und $\mathfrak{B}$-Schar spielen dann in der verallgemeinerten affinen Ebene eine bevorzugte Rolle, die auf den ersten Blick vielleicht unbequem erscheint.

Ein beliebiges $\mathfrak{ABC}$-Gewebe, das den Axiomen I in **4, 1** und $\Sigma. 1$ bzw. $\Sigma. 2$ genügt, braucht sich keineswegs zu einer solchen affinen Ebene erweitern zu lassen. Wir können deswegen die Aufgabe, vor die wir uns jetzt gestellt sehen, auch so formulieren: Welche Eigenschaften muß ein 3-Gewebe haben, damit es sich in eine affine Ebene (im erweiterten Sinn) als ein Gewebe aus drei Parallelenscharen einbetten läßt. Nun sieht man: Die Translationen des $\mathfrak{ABC}$-Gewebes, welche eine Gerade δ in sich überführen, bilden eine Untergruppe, die wir eingliedrige Untergruppe nennen wollen; jede Translation läßt sich in eine wohlbestimmte eingliedrige Untergruppe einbetten. Und wir können demnach den Inhalt dieses Kapitels auch dahin erläutern, daß wir die 3-Gewebe kennzeichnen, deren Translationen Gruppen mit eingliedrigen Untergruppen bilden.

Der wichtigste affine Schließungssatz, auf den wir in diesem Kapitel stoßen, ist der sog. kleine Satz von DESARGUES. Unter anderem ergibt sich eine Kennzeichnung der ebenen affinen Geometrien, die aus Körpern reeller Zahlen erklärt sind.

1. Inzidenzaxiome eines 4-Gewebes.

Wir erklären ein 4-Gewebe aus den 4 Scharen $\mathfrak{A}$, $\mathfrak{B}$, $\mathfrak{C}$, $\mathfrak{D}$ von Geraden durch die Festsetzung:

I. 7. Die Geraden der Scharen $\mathfrak{A}$, $\mathfrak{B}$, $\mathfrak{C}$ bilden ein 3-Gewebe, das den Forderungen 4, 1, I. 1 bis I. 7 genügt.*

Wir nennen dies Gewebe auch das $\mathfrak{A}\mathfrak{B}\mathfrak{C}$-Gewebe und später Gewebe aus anderen Scharen entsprechend.

I. 8. Die Geraden der Schar $\mathfrak{D}$ gehen sämtlich durch einen Punkt D des $\mathfrak{A}\mathfrak{B}\mathfrak{C}$-Gewebes. Die Punkte auf $\mathfrak{D}$-Geraden sind Punkte des $\mathfrak{A}\mathfrak{B}\mathfrak{C}$-Gewebes.

I. 9. Ist P ein beliebiger Punkt des $\mathfrak{A}\mathfrak{B}\mathfrak{C}$-Gewebes, so gibt es eine und nur eine Gerade der Schar $\mathfrak{D}$, welche mit D und P inzidiert.

I. 10. Jede $\mathfrak{D}$-Gerade hat mit einer von ihr verschiedenen $\mathfrak{A}$-, $\mathfrak{B}$- oder $\mathfrak{C}$-Geraden höchstens einen Punkt gemeinsam.

Danach sind die $\mathfrak{A}$-, $\mathfrak{B}$-, $\mathfrak{C}$-Geraden durch D gleichzeitig $\mathfrak{D}$-Geraden.

I. 11. Jede $\mathfrak{D}$-Gerade, die nicht gleichzeitig $\mathfrak{A}$- oder $\mathfrak{B}$-Gerade ist, hat mit jeder $\mathfrak{A}$- und $\mathfrak{B}$-Geraden mindestens einen Punkt gemeinsam.

Wir verzichten also zunächst auf die Forderung, daß $\mathfrak{C}$- und $\mathfrak{D}$-Geraden sich stets schneiden.

Die Aussagen *I. 8* bis *11* besagen, daß die Scharen $\mathfrak{A}$, $\mathfrak{B}$, $\mathfrak{D}$ ein 3-Gewebe mit uneigentlichen Elementen bilden. D ist in der Ausdrucksweise von 4, 11 ein ausgezeichneter uneigentlicher Punkt, die $\mathfrak{A}$- und $\mathfrak{B}$-Geraden durch D uneigentliche Gerade und die Punkte derselben außer D nichtausgezeichnete uneigentliche Punkte.

2. Geradenisomorphismen und Figur Σ. 3.

Neben den Inzidenzaxiomen fordern wir die Geltung von zwei Schließungssätzen, nämlich Σ. *1* für das $\mathfrak{A}\mathfrak{B}\mathfrak{C}$-Gewebe und ferner für $\mathfrak{D}$-Geraden und das $\mathfrak{A}\mathfrak{B}\mathfrak{C}$-Gewebe:

Σ. *3: Sind P_1, P_2, P_3 drei Punkte der $\mathfrak{A}$-Geraden durch D, Q_1, Q_2, Q_3 die Schnittpunkte der $\mathfrak{B}$-Geraden durch P_1, P_2 bzw. P_3 mit einer $\mathfrak{D}$-Geraden δ und P_1^*, P_2^*, P_3^* die Schnittpunkte der $\mathfrak{A}$-Geraden durch Q_1, Q_2 bzw. Q_3 mit der $\mathfrak{B}$-Geraden durch D und ist $DP_1 \equiv P_2 P_3$, so ist auch $DP_1^* \equiv P_2^* P_3^*$.* (Vgl. Fig. 18.)

Aus den Axiomen *I* folgt, daß die in Σ. *3* beschriebene Abbildung eine eineindeutige ist und Σ. *3* selbst besagt mit Hilfe von Σ. *1*, daß *diese Abbildung einen Isomorphismus $\overline{J}$ der $\mathfrak{A}$- und $\mathfrak{B}$-Vektoren vermittelt*, wenn wir $\mathfrak{m}(DP)$ und $\mathfrak{m}(DP^*)$ einander zuordnen. Umgekehrt folgt aus der Tatsache, daß diese Abbildung ein Isomorphismus zwischen den $\mathfrak{A}$- und $\mathfrak{B}$-Vektoren ist, der Schließungssatz Σ. *3*.

Nennen wir die durch $\mathfrak{D}$-Geraden vermittelten Isomorphismen der Vektorgruppe „*Geradenisomorphismen*", so folgt aus Axiom *I. 9* sofort:

Es gibt einen und nur einen Geradenisomorphismus, der ein beliebiges Element $\mathfrak{a} \neq \mathfrak{o}$ in ein beliebiges Element $\mathfrak{b} \neq \mathfrak{o}$ überführt.

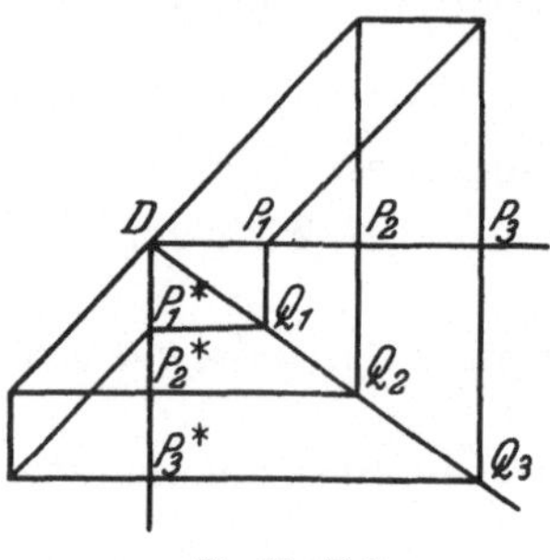

Fig. 18. $\Sigma . 3$.

Denn nehmen wir D als Ursprung eines Koordinatensystems für das $\mathfrak{AB C}$-Gewebe und ordnen jedem Punkte so die Koordinaten $\mathfrak{a}$, $\mathfrak{b}$ zu, so vermittelt die $\mathfrak{D}$-Gerade durch $\mathfrak{a}, \mathfrak{b}$ und nur sie einen Isomorphismus, der $\mathfrak{a}$ in $\mathfrak{b}$ überführt.

Aus diesen verschiedenen Isomorphismen zwischen den $\mathfrak{A}$- und $\mathfrak{B}$-Vektoren können wir uns leicht Automorphismen für $\mathfrak{A}$-Vektoren zusammensetzen. Nach willkürlicher Auszeichnung einer $\mathfrak{D}$-Geraden, etwa der $\mathfrak{C}$-Geraden γ, die gleichzeitig $\mathfrak{D}$-Gerade ist, können wir jeder $\mathfrak{D}$-Geraden δ eindeutig einen Automorphismus J_δ zuordnen.

Sind nämlich

$$\mathfrak{a}' = \overline{J}_\gamma(\mathfrak{b}) \quad \text{und} \quad \mathfrak{b} = \overline{J}_\delta(\mathfrak{a})$$

die den Geraden δ und γ entsprechenden Isomorphismen, so sei

$$\mathfrak{a}' = \overline{J}_\gamma(\overline{J}_\delta(\mathfrak{a})) = J_\delta(\mathfrak{a})$$

der der Geraden δ zugeordnete Automorphismus der $\mathfrak{A}$-Vektoren.

Wird J_δ durch die Abbildung

$$\mathfrak{m}(DP) \to \mathfrak{m}(DP')$$

vermittelt, so finden wir P' aus P und δ auf folgende Weise:

Die $\mathfrak{B}$-Gerade durch P schneide die Gerade δ in Q und die $\mathfrak{A}$-Gerade durch Q schneide die $\mathfrak{C}$-Gerade durch D in R, alsdann trifft die $\mathfrak{B}$-Gerade durch R die $\mathfrak{A}$-Gerade durch D in P'. Nehmen wir

$$\mathfrak{a}' = \overline{J}_\gamma(\mathfrak{b})$$

an Stelle von $\mathfrak{b}$ als Maßzahl des Vektors $\mathfrak{b}$, so können wir die Zuordnung

$$\mathfrak{m}(DP) \to \mathfrak{m}(PQ)$$

auch schon als geometrische Repräsentation des durch δ unter Auszeichnung von γ vermittelten Automorphismus J_δ ansehen.

3. Die Parallelen der $\mathfrak{D}$-Geraden.

Führen wir ein $\mathfrak{AB}$-Koordinatensystem mit D als Ursprung ein und ordnen jedem Punkt als Koordinaten an Stelle von $\mathfrak{a}$, $\mathfrak{b}$ die beiden $\mathfrak{A}$-Vektoren

$$\mathfrak{a}_1 = \mathfrak{a}, \quad \mathfrak{a}_2 = \overline{J}_\gamma(\mathfrak{b})$$

zu, wie dies in **4,** 7 ausgeführt wurde, so wird eine $\mathfrak{D}$-Gerade δ durch

$$t, \; J_\delta(t)$$

dargestellt.

Bei einer Translation des $\mathfrak{A}\,\mathfrak{B}\,\mathfrak{C}$-Gewebes parallel zur $\mathfrak{A}$-Schar

$$\mathfrak{x}_1^* = \mathfrak{x}_1 + \mathfrak{a}_1, \quad \mathfrak{x}_2^* = \mathfrak{x}_2$$

gehen die Punkte einer $\mathfrak{D}$-Geraden in

$$t + \mathfrak{a}, \quad J_\delta(t)$$

über. Wir nennen diese Punktklasse eine *Gerade*, und zwar eine *Parallele* zu δ. Zwei Gerade $t + \mathfrak{a}_1$, $J_\delta(t)$ und $t + \mathfrak{a}_2$, $J_\delta(t)$ nennen wir ebenfalls parallel. Es gelten auch nach dieser Erweiterung noch die Sätze: *I. 1, 3, 4* in **4,** 1 über Inzidenz von Punkten und Geraden und den Parallelismus von Geraden. Ferner gilt

Satz 1: *Jede Gerade, die nicht $\mathfrak{A}$- oder $\mathfrak{B}$-Gerade ist, hat mit einer $\mathfrak{A}$- und $\mathfrak{B}$-Geraden einen und nur einen Punkt gemeinsam.*

Satz 2: *Zwei Punkte bestimmen eine und nur eine Gerade.*

Satz 3: *Sind P_1P_2 und Q_1Q_2 zwei Strecken auf verschiedenen $\mathfrak{A}$-Geraden oder verschiedenen $\mathfrak{B}$-Geraden, so ist dann und nur dann*

$$P_1P_2 \equiv Q_1Q_2,$$

wenn P_1Q_1 und P_2Q_2 parallele Geraden bestimmen. I. 2 ist mit Satz 2 identisch.

Der Beweis für Satz 1 erfolgt durch die Rechnungen, wie sie in **4,** 10 ausgeführt sind.

Satz 2 folgt daraus, daß die Translationen

$$\mathfrak{x}_1^* = \mathfrak{x}_1 + \mathfrak{a}_1, \quad \mathfrak{x}_2^* = \mathfrak{x}_2 + \mathfrak{a}_2$$

Gerade in parallele Gerade überführen. Es gehen dabei nämlich die Punkte $t + \mathfrak{a}$, $J_\delta(t)$ in

$$t + \mathfrak{a} + \mathfrak{a}_1, J_\delta(t) + \mathfrak{a}_2$$

über, oder wenn wir $t + J_\delta^{-1}(\mathfrak{a}_2) = t^*$ setzen, in

$$t^* - J_\delta^{-1}(\mathfrak{a}_2) + \mathfrak{a} + \mathfrak{a}_1, \quad J_\delta(t^*)$$

über.

Um die Geraden durch die verschiedenen Punkte P_1 und P_2 zu bestimmen, führe ich durch eine geeignete, und zwar eindeutig bestimmte Translation P_1 nach D über; hierbei gehe P_2 in Q über. D und Q sind verschieden und bestimmen nach *I. 9* eine und nur eine $\mathfrak{D}$-Gerade. Führe ich nun durch eine Translation D nach P_1 zurück, so geht auch Q wieder in P_2 über und die $\mathfrak{D}$-Gerade durch D und Q in eine Gerade durch P_1 und P_2. Offenbar gibt es auch nur eine Gerade durch P_1 und P_2, weil es nur eine Gerade durch D und Q gibt.

Da aber, wie wir oben sahen, sowohl bei der Translation $\mathfrak{x}_1^* = \mathfrak{x}_1 + \mathfrak{a}_1$,

$\mathfrak{x}_2^* = \mathfrak{x}_2$ wie $\mathfrak{x}_1^* = \mathfrak{x}_1$, $\mathfrak{x}_2^* = \mathfrak{x}_2 + \mathfrak{a}_2$ jede Gerade in eine zu ihr parallele übergeht, so ergibt sich damit auch Satz 3.

Die Gesamtheit der Punkte und der so konstruierten Geraden nennen wir — in Verallgemeinerung der bisherigen Verwendung dieses Begriffes — eine *affine Ebene*.

4. Der kleine Desarguessche Satz, $\Sigma.\delta$.

In der affinen Ebene können wir die Schließungsaxiome $\Sigma.1$ und $\Sigma.3$ durch ein viel übersichtlicheres ersetzen:

$\Sigma.\delta$. *Sind P_1Q_1; P_2Q_2; P_3Q_3 drei Strecken auf $\mathfrak{A}$-Geraden ($\mathfrak{B}$-Geraden) und ist P_1P_2 parallel Q_1Q_2, P_2P_3 parallel Q_2Q_3, so ist auch P_1P_3 parallel Q_1Q_3.* Es möge der *„kleine Desarguessche Satz für $\mathfrak{A}$- und $\mathfrak{B}$-Geraden"* genannt werden.

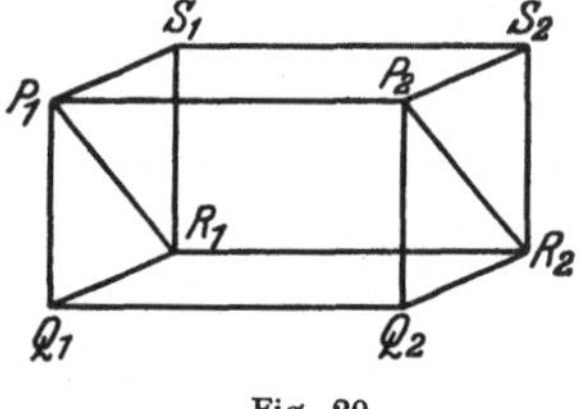

Fig. 19. $\Sigma.\delta$.

Wie man durch indirekte Schlußweise erkennt, ist $\Sigma.\delta$ mit der folgenden Umkehrung gleichwertig.

Sind P_1P_2 parallel Q_1Q_2, P_2P_3 parallel Q_2Q_3 und P_1P_3 parallel Q_2Q_3 und bestimmen P_1Q_1 und P_2Q_2 zwei verschiedene $\mathfrak{A}$-Geraden ($\mathfrak{B}$-Geraden), so bestimmen auch P_3 und Q_3 eine $\mathfrak{A}$-Gerade ($\mathfrak{B}$-Gerade).

Daß der Satz $\Sigma.\delta$ richtig ist, folgt aus der Transitivität der Vektorgleichheit und dem in **5, 3** Satz 3 bewiesenen Kriterium für Vektorgleichheit.

Umgekehrt folgt aus $\Sigma.\delta$ für $\mathfrak{A}$- und $\mathfrak{B}$-Geraden und geeigneten Inzidenzaxiomen, die sich aus I.1 bis I.4 und Satz 1 in 5,3 leicht entnehmen lassen, auch der Satz $\Sigma.1$ für das $\mathfrak{A}\mathfrak{B}\mathfrak{C}$-Gewebe und der Satz $\Sigma.3$ für $\mathfrak{A}\mathfrak{B}\mathfrak{D}$-Gewebe.

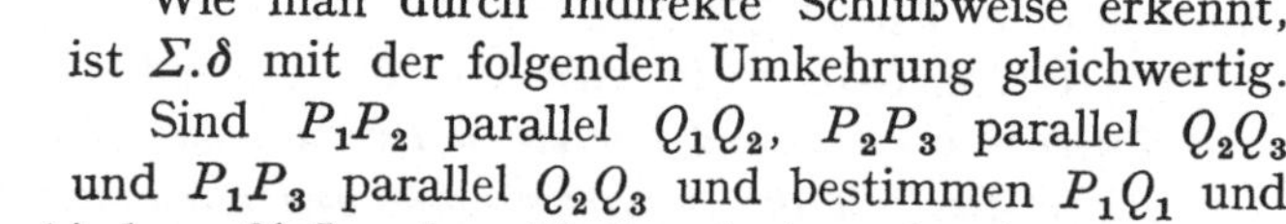

Fig. 20.

Sind nämlich P_1P_2, Q_1Q_2, R_1R_2 drei $\mathfrak{A}$-Geraden und P_1Q_1, P_2Q_2 $\mathfrak{B}$-Geraden, Q_1R_1 und Q_2R_2 $\mathfrak{C}$-Geraden, so mögen sich die $\mathfrak{C}$-Geraden durch P_1 bzw. P_2 mit den $\mathfrak{B}$-Geraden durch R_1 bzw. R_2 in S_1 bzw. S_2 schneiden. Alsdann folgt aus $\Sigma.\delta$ und der Umkehrung von $\Sigma.\delta$, daß auch S_1, S_2 eine $\mathfrak{A}$-Gerade bestimmen, und damit ist $\Sigma.1$ bewiesen. Ist ε irgend eine Gerade, die nicht $\mathfrak{A}$-Gerade oder $\mathfrak{B}$-Gerade ist, und $\mathfrak{C}$ die Schar der zu ε parallelen Geraden, so bilden auch die Scharen $\mathfrak{A}, \mathfrak{B}, \mathfrak{C}$ ein 3-Gewebe, in welchem infolge $\Sigma.\delta$ ebenfalls $\Sigma.1$ gilt.

Vektorgleiche $\mathfrak{A}$- oder $\mathfrak{B}$-Strecken im $\mathfrak{A}\mathfrak{B}\mathfrak{C}$-Gewebe sind nach $\Sigma.\delta$ auch vektorgleich im $\mathfrak{A}\mathfrak{B}\mathfrak{C}$-Gewebe. Ist nun D irgend ein Punkt, $\alpha, \beta, \varepsilon$ je eine $\mathfrak{A}$-, $\mathfrak{B}$-, $\mathfrak{C}$-Gerade durch D, P ein Punkt auf α, Q der Schnittpunkt der $\mathfrak{B}$-Geraden durch P mit ε und P^* der Schnittpunkt der $\mathfrak{A}$-Geraden durch Q mit β, so liefert die Abbildung $\mathfrak{m}(DP) \to \mathfrak{m}(DP^*)$ nach **4, 6** einen Isomorphismus zwischen den $\mathfrak{A}$- und $\mathfrak{B}$-Vektoren. Daraus folgt aber nach **5, 2** die Figur $\Sigma.3$.

Hier zeigt sich die bevorzugte Rolle der $\mathfrak{A}$- und $\mathfrak{B}$-Schar in der verallgemeinerten affinen Ebene zum erstenmal. In den nächsten drei Abschnitten wird sie immer wieder hervortreten.

5. Dreieckssätze.

Ebenso wie im $\mathfrak{ABC}$-Gewebe für $\mathfrak{C}$-Strecken läßt sich in jedem $\mathfrak{ABC}$-Gewebe die Vektorgleichheit für $\mathfrak{C}$-Strecken erklären; es ergibt sich dann für beliebige Strecken:

D. 1: *Zwei Strecken $P_1 P_2$ und $Q_1 Q_2$ sind vektorgleich, wenn die Geraden $P_1 P_2$ und $Q_1 Q_2$ parallel sind und wenn entweder $P_1 Q_1$ und $P_2 Q_2$ beide $\mathfrak{A}$-Geraden oder beide $\mathfrak{B}$-Geraden sind.*

D. 2: *Zwei Strecken $P_1 P_2$ und $Q_1 Q_2$ sind vektorgleich, wenn es eine Strecke $R_1 R_2$ gibt, die nach D. 1 sowohl zu $P_1 P_2$ wie zu $Q_1 Q_2$ vektorgleich ist.*

Diese Vektorgleichheit ist transitiv, und von jedem Punkte aus läßt sich zu jeder Strecke eindeutig eine vektorgleiche abtragen.

Der kleine Satz von DESARGUES für die $\mathfrak{A}$-und $\mathfrak{B}$-Schar läßt sich dann als ein Satz über Dreiecke aussprechen, von deren Seiten *höchstens eine* eine $\mathfrak{A}$- oder $\mathfrak{B}$-Strecke ist. Er lautet

Satz 1a: *Sind P_i und Q_i zwei Dreiecke und ist $P_1 P_2 \equiv Q_1 Q_2$, $P_1 P_3 \equiv Q_1 Q_3$, sind diese Strecken weder $\mathfrak{A}$- noch $\mathfrak{B}$-Strecken und bestimmen $P_2 P_3$ eine $\mathfrak{A}$-Gerade ($\mathfrak{B}$-Gerade), so bestimmen auch $Q_2 Q_3$ eine $\mathfrak{A}$-Gerade ($\mathfrak{B}$-Gerade).*

Beweis: Bestimmen P_1 und Q_1 eine $\mathfrak{A}$-Gerade ($\mathfrak{B}$-Gerade), so müssen $P_2 P_3$, $Q_2 Q_3$ auf derselben $\mathfrak{A}$-Geraden liegen, und die Behauptung ist richtig.

Bestimmen P_1 und Q_1 eine $\mathfrak{B}$-Gerade ($\mathfrak{A}$-Gerade), so müssen auch $P_2 Q_2$ und $P_3 Q_3$ je eine $\mathfrak{B}$-Gerade ($\mathfrak{A}$-Gerade) bestimmen, und das Behauptete folgt alsdann aus $\Sigma. \delta$.

Ist weder das eine noch das andere der Fall, so bringe man die $\mathfrak{A}$-Gerade ($\mathfrak{B}$-Gerade) durch P_1 mit der $\mathfrak{B}$-Geraden ($\mathfrak{A}$-Geraden) durch Q_1 in R_1 zum Schnitt und die Parallele durch R_1 zu $P_1 P_2$ bzw. $P_1 P_3$ mit der Geraden $P_2 P_3$ in R_2 und R_3 zum Schnitt. Dann folgt das Behauptete aus $\Sigma. \delta$ angewendet auf die Dreiecke $R_1 R_2 R_3$ und $Q_1 Q_2 Q_3$.

Durch indirekte Schlüsse folgert man aus Satz 1a leicht die Sätze 2a bis 4a:

Satz 2a: *Sind $P_1 P_2 \equiv Q_1 Q_2$ weder $\mathfrak{A}$- noch $\mathfrak{B}$-Strecken, $P_1 P_3$ parallel $Q_1 Q_3$ und $P_2 P_3$ wie $Q_2 Q_3$ entweder gleichzeitig $\mathfrak{A}$-Gerade oder $\mathfrak{B}$-Gerade, so ist*

$$P_1 P_3 \equiv Q_1 Q_3 .$$

Satz 3a: *Ist $P_1 P_2 \equiv Q_2 Q_1$ und $P_2 P_3 \equiv Q_3 Q_2$ und sind dieselben weder $\mathfrak{A}$- noch $\mathfrak{B}$-Strecken und ist $P_1 P_3$ eine $\mathfrak{A}$-Gerade, so ist auch $Q_1 Q_3$ eine $\mathfrak{A}$-Gerade.*

Satz 4a: *Ist $P_1P_2 \equiv Q_1Q_2$, die Gerade P_1P_3 zu der Geraden Q_2Q_3 parallel und sind die Geraden P_2P_3 und Q_1Q_3 beide $\mathfrak{A}$- oder $\mathfrak{B}$-Geraden, so ist $P_1P_3 \equiv Q_3Q_2$.*

Durch zweimalige Anwendung von Satz 1a oder aus Satz $\Sigma.\,\delta$ unmittelbar folgt ferner

Satz 1b: *Sind P_i, Q_i zwei Dreiecke, von deren Seiten keine $\mathfrak{A}$-Gerade noch $\mathfrak{B}$-Gerade ist und ist $P_1P_2 \equiv Q_1Q_2$, $P_2P_3 \equiv Q_2Q_3$, so ist auch $P_1P_3 \equiv Q_1Q_3$.*

Aus Satz 1b und der Definition der Vektorgleichheit folgt umgekehrt $\Sigma.\,\delta$ für die $\mathfrak{A}$- und $\mathfrak{B}$-Schar.

Ferner ergibt sich durch indirekte Schlußweise aus Satz 1b der Satz 2b für Dreiecke, von deren Seiten keine $\mathfrak{A}$- oder $\mathfrak{B}$-Gerade ist.

Satz 2b: *Ist $P_1P_2 \equiv Q_1Q_2$, die Gerade durch P_2P_3 parallel zu der Geraden Q_2Q_3 und die Gerade P_1P_3 parallel der Geraden Q_1Q_3, so ist $P_2P_3 \equiv Q_2Q_3$ und $P_1P_3 \equiv Q_1Q_3$.*

Ist nämlich $Q_2Q_3' \equiv P_2P_3$, so liegt Q_3' auf der Geraden Q_2Q_3 und nach Satz 1b ist die Gerade P_1P_3 parallel zu der Geraden Q_1Q_3'; folglich sind die Geraden Q_1Q_3 und Q_1Q_3' als Parallele miteinander identisch und daher auch $Q_3 = Q_3'$.

6. Proportionen.

Aus diesen Dreieckssätzen lassen sich einige Sätze über Proportionen beweisen. Wir erklären die Proportion, unter Auszeichnung der $\mathfrak{A}$- und $\mathfrak{B}$-Geraden, so:

D. 1: *Sind O, P_1, P_2 drei verschiedene Punkte einer Geraden, O, Q_1, Q_2 drei verschiedene Punkte einer anderen Geraden durch O, sind diese beiden Geraden weder $\mathfrak{A}$- noch $\mathfrak{B}$-Geraden und sind die durch P_1Q_1 und durch P_2Q_2 bestimmten Geraden gleichzeitig $\mathfrak{A}$-Geraden oder $\mathfrak{B}$-Geraden, so heißen die Strecken OP_1 und OP_2 proportional zu den Strecken OQ_1 und OQ_2, in Zeichen*

$$OP_1 : OP_2 = OQ_1 : OQ_2,$$

oder auch

$$OP_2 : OP_1 = OQ_2 : OQ_1.$$

Wir beweisen die folgenden Sätze.

Satz 1: *Ist $O'P_1'$ vektorgleich zu OP_1, $O'P_2'$ vektorgleich OP_2, $O'Q_1'$ vektorgleich OQ_1 und $O'Q_2'$ vektorgleich OQ_2 und*

$$OP_1 : OP_2 = OQ_1 : OQ_2,$$

so ist auch

$$O'P_1' : O'P_2' = O'Q_1' : O'Q_2'.$$

Nach Voraussetzung und **5, 5** Satz 1a ist nämlich P_1P_2 parallel $P_1'P_2'$, Q_1Q_2 parallel $Q_1'Q_2'$ und daher sind P_1P_2 und Q_1Q_2 beide $\mathfrak{A}$- oder beide $\mathfrak{B}$-Geraden.

Satz 2: *Ist* $OP_1 \equiv P_1'O$, $OQ_1 \equiv Q_1'O$ *und* $OP_1:OP_2 = OQ_1:OQ_2$, *so ist auch* $OP_1':OP_2 = OQ_1':OQ_2$. Dies folgt aus **5, 5** Satz 3a.

Satz 3: *Sind* O, P_1, P_2, P_3 *vier Punkte einer Geraden*, O, Q_1, Q_2, Q_3 *vier Punkte einer andern Geraden durch* O *und ist*

$$OP_1:OP_2 = OQ_1:OQ_2 \quad und \quad OP_2:OP_3 = OQ_2:OQ_3,$$

so ist auch

$$OP_1:OP_3 = OQ_1:OQ_3.$$

Dies folgt aus der Transitivität des Parallelismus.

Satz 4: *Sind* O, P_1, P_2, P_3, P_4 *fünf Punkte einer Geraden und* O, Q_1, Q_2, Q_3, Q_4 *fünf Punkte einer anderen Geraden durch* O *und ist*

$$OP_1:OP_3 = OQ_1:OQ_3, \quad OP_2:OP_3 = OQ_2:OQ_3,$$

und ist P_1P_4 *vektorgleich zu* OP_2 *und* Q_1Q_4 *vektorgleich zu* OQ_2, *so ist auch*

$$OP_4:OP_3 = OQ_4:OQ_3.$$

Ziehen wir nämlich durch P_1 die Parallele zu OQ_2 und machen P_1R_4 vektorgleich zu OQ_2, so ist nach **5, 5** Satz 1a P_4R_4 parallel zu P_2Q_2 und da P_1R_4 nach **5, 5** Satz 2a andererseits vektorgleich zu Q_1Q_4 ist, so muß die Gerade R_4Q_4 ebenfalls zu P_2Q_2 parallel sein. Folglich liegen $P_4R_4Q_4$ auf einer Geraden und P_4Q_4 beide auf einer Parallelen zu P_3Q_3. In der Formulierung dieses Satzes könnte man übrigens P_3, Q_3 ausmerzen.

Wir erweitern jetzt die Definition der Proportion folgendermaßen:

D. 2: *Sind* P_1P_2 *und* P_3P_4, Q_1Q_2 *und* Q_3Q_4 *4 Strecken, so sagen wir*

$$P_1P_2:P_3P_4 = Q_1Q_2:Q_3Q_4,$$

wenn die Strecken OP_1^*, OP_2^*, OQ_1^*, OQ_2^* *vektorgleich bzw. zu* P_1P_2, P_3P_4, Q_1Q_2, Q_3Q_4 *sind und nach* **D. 1** *in der Proportion*

$$OP_1^*:OP_2^* = OQ_1^*:OQ_2^*$$

stehen.

Nach Satz 1 ist diese Erklärung widerspruchsfrei.

Satz 5: *Sind* P_1, P_2, P_3 *und* Q_1, Q_2, Q_3 *je drei Punkte, die nicht in einer Geraden liegen und ist* P_1P_2 *parallel* Q_1Q_2, P_1P_3 *parallel* Q_1Q_3, P_2P_3 *parallel* Q_2Q_3 *und letztere beide* 𝔄- *oder* 𝔅-*Gerade, so ist*

$$P_1P_2:Q_1Q_2 = P_1P_3:Q_1Q_3.$$

Die Proportionalität ist unter den bisher gemachten Annahmen nicht transitiv. Sie wird es erst infolge des Satzes $\Sigma.\,1$ für das 𝔄𝔅𝔇-Gewebe, wie wir in Kapitel 6 sehen werden. Sie bildet dann die Brücke, die von den 4-Geweben zu den Zahlensystemen führen, ähnlich wie die Vektorgleichheit den Zusammenhang zwischen Gruppen und 3-Geweben vermittelte. Später (vgl. **5, 14** und **6, 11**) werden wir uns von der Auszeichnung der 𝔄- und 𝔅-Geraden in der Definition der Proportionalität befreien.

7. Vektoren der affinen Ebene.

Die Klassen vektorgleicher Strecken nennen wir *Vektoren der affinen Ebene* oder kürzer *Vektoren*.

Wenn Strecken auf parallelen Geraden liegen, so nennen wir solche Vektoren von jetzt ab *parallel* oder *linear abhängig*. Die Gesamtheit der Vektoren, die zu einem Vektor parallel sind, bilden eine Gruppe, die wir von jetzt ab als *eingliedrige Gruppen von Vektoren* bezeichnen wollen.

Es läßt sich auch eine *Komposition aus nichtparallelen Vektoren* erklären, nämlich so:

Repräsentieren $P_1 P_2$ den Vektor $\mathfrak{x}$ und $P_2 P_3$ den Vektor $\mathfrak{y}$ und ist weder Gerade $P_1 P_2$ noch $P_2 P_3$ noch $P_1 P_3$ zu einer $\mathfrak{A}$- oder $\mathfrak{B}$-Geraden parallel, so repräsentiere $P_1 P_3$ den Vektor $\mathfrak{x} + \mathfrak{y}$. **5, 5** Satz 1 b lehrt, daß diese Erklärung von der Auswahl von P_1 unabhängig ist. Die Komposition ist assoziativ. Einheitselement und inverses Element bestimmen sich wie bisher. Die Komposition ist aber nicht stets ausführbar — nämlich dann nicht, wenn $P_1 P_3$ einen $\mathfrak{A}$- oder $\mathfrak{B}$-Vektor repräsentiert.

Mit Hilfe des in **5, 3** eingeführten Koordinatensystems und des Satzes aus **4**, **10** über das Abtragen von $\mathfrak{C}$-Strecken läßt sich leicht einsehen, daß dem Abtragen eines Vektors $\mathfrak{e}$, der nicht $\mathfrak{A}$- oder $\mathfrak{B}$-Vektor ist, die Transformation

$$(1) \qquad \mathfrak{x}_1' = \mathfrak{a}_1 + \mathfrak{x}_1, \qquad \mathfrak{x}_2' = \mathfrak{a}_2 + \mathfrak{x}_2 \qquad\qquad (\mathfrak{a}_1, \mathfrak{a}_2 \neq \mathfrak{o})$$

entspricht. Wir setzen alsdann $\mathfrak{e} = [\mathfrak{a}_1, \mathfrak{a}_2]$ und nennen $\mathfrak{a}_i$ die Komponenten von $\mathfrak{e}$ bezüglich der $\mathfrak{A}$- und $\mathfrak{B}$-Schar. Daraus erkennt man, wie die Vektoren zu einer vollständigen Gruppe ergänzt werden: indem man nämlich durch die Transformationen

$$(2) \qquad \mathfrak{x}_1' = \mathfrak{a}_1 + \mathfrak{x}_1, \quad \mathfrak{x}_2' = \mathfrak{x}_2; \qquad \mathfrak{x}_1' = \mathfrak{x}_1, \quad \mathfrak{x}_2' = \mathfrak{a}_2 + \mathfrak{x}_2$$

das Abtragen der Vektoren $[\mathfrak{a}_1, \mathfrak{o}]$ und $[\mathfrak{o}, \mathfrak{a}_2]$ erklärt.

Der $\mathfrak{A}$-Vektor $\mathfrak{a}_1$ und der Vektor $[\mathfrak{a}_1, \mathfrak{o}]$ sowie der $\mathfrak{B}$-Vektor mit dem Maßvektor $\mathfrak{a}_2$ und der Vektor $[\mathfrak{o}, \mathfrak{a}_2]$ sind verschiedene Begriffe. Denn dem Abtragen von $\mathfrak{a}_1$ entspricht ja die Translation

$$\mathfrak{x}_1' = \mathfrak{x}_1 + \mathfrak{a}_1, \quad \mathfrak{x}_2' = \mathfrak{x}_2.$$

Zwei $\mathfrak{A}$- bzw. $\mathfrak{B}$-Strecken $P_1 P_2$ und $Q_1 Q_2$ mögen translationsgleich, in Zeichen

$$P_1 P_2 \equiv Q_1 Q_2,$$

heißen, wenn der Endpunkt der Strecken aus dem Anfangspunkt durch dieselbe Translation (2) hervorgeht. Jeder Klasse translationsgleicher Strecken entspricht ein Vektor $[\mathfrak{a}_1, \mathfrak{o}]$ bzw. $[\mathfrak{o}, \mathfrak{a}_2]$. Die geometrische Konstruktion von translationsgleichen Strecken ergibt sich aus dem Dreieckssatz:

Ist $P_1 P_2 \equiv Q_1 Q_2$, und bestimmen P_1, P_3 sowie Q_1, Q_3 $\mathfrak{A}$-Geraden, P_3, P_2 sowie Q_3, Q_2 $\mathfrak{B}$-Geraden, so ist $P_1 P_3 \equiv Q_1 Q_3$ und $P_3 P_2 \equiv Q_3 Q_2$.

Man beachte, daß die Transformationen (1) im allgemeinen keineswegs Gerade in Gerade überführen.

Infolge **5, 6**, Satz 1 läßt sich die *Proportionalität auf Vektoren* erweitern.

Ist $\mathfrak{x}_1$ parallel $\mathfrak{x}_2$ und $\mathfrak{y}_1$ parallel $\mathfrak{y}_2$, dagegen $\mathfrak{x}_1$ zu $\mathfrak{y}_1$ nicht parallel, so heißt

$$\mathfrak{x}_1 : \mathfrak{x}_2 = \mathfrak{y}_1 : \mathfrak{y}_2$$

das folgende: Trägt man die 4 Vektoren von einem Punkte O aus ab, so sind die 4 entstehenden Strecken OP_1, OP_2, OQ_1, OQ_2 zueinander nach **5, 5**, D. 1 proportional.

Aus den gleich numerierten Sätzen des Abschnitts **5, 6** folgt:

Satz 1: *Die Erklärung der Proportion ist widerspruchsfrei.*

Satz 2: *Aus $\mathfrak{x}_1 : \mathfrak{x}_2 = \mathfrak{y}_1 : \mathfrak{y}_2$ folgt $- \mathfrak{x}_1 : \mathfrak{x}_2 = - \mathfrak{y}_1 : \mathfrak{y}_2$.*

Satz 3: *Aus $\mathfrak{x}_1 : \mathfrak{x}_2 = \mathfrak{y}_1 : \mathfrak{y}_2$ und $\mathfrak{x}_2 : \mathfrak{x}_3 = \mathfrak{y}_2 : \mathfrak{y}_3$ folgt $\mathfrak{x}_1 : \mathfrak{x}_3 = \mathfrak{y}_2 : \mathfrak{y}_3$.*

Satz 4: *Aus $\mathfrak{x}_1 : \mathfrak{x}_3 = \mathfrak{y}_1 : \mathfrak{y}_3$ und $\mathfrak{x}_2 : \mathfrak{x}_3 = \mathfrak{y}_2 : \mathfrak{y}_3$ folgt*

$$\mathfrak{x}_1 + \mathfrak{x}_2 : \mathfrak{x}_3 = \mathfrak{y}_1 + \mathfrak{y}_2 : \mathfrak{y}_3.$$

8. Zerlegung eines Vektors in n gleiche Teile.

Die wichtigste Eigenschaft der Gewebevektoren, die aus den 4-Gewebeaxiomen folgt, ist: Man kann jeden Vektor eindeutig in n gleiche Teile zerlegen, wenn es einen Vektor $\mathfrak{a}$ gibt, für den

$$\mathfrak{a}, \mathfrak{a} + \mathfrak{a} = 2\,\mathfrak{a}, \mathfrak{a} + \mathfrak{a} + \mathfrak{a} = 3\,\mathfrak{a}, \ldots, \mathfrak{a} + \mathfrak{a} + \cdots + \mathfrak{a} = n\,\mathfrak{a}$$

alle voneinander und von dem Einheitselement $\mathfrak{o}$ der Gruppe verschieden sind.

Wir zeigen unter der gemachten Annahme zunächst

Satz 1: *Jede Strecke einer $\mathfrak{A}$- oder $\mathfrak{B}$-Geraden läßt sich in n vektorgleiche Strecken zerlegen.*

Sei $Q_0 Q_n$ die zu zerlegende Strecke, die einer $\mathfrak{B}$-Geraden etwa angehöre, sei P_0 derselbe Punkt wie Q_0, $\mathfrak{m}(P_0 P_i) = i\,\mathfrak{a}$ $(i = 1, 2, \ldots, n)$, $P_0 P_i$ möge $\mathfrak{A}$-Strecke sein. Wir verbinden Q_n und P_n durch eine Gerade und bringen die Parallelen zu derselben durch P_i mit $Q_0 Q_n$ in Q_i zum Schnitt. Es ist dann $Q_0 Q_1 \equiv Q_i Q_{i+1}$.

Ziehen wir nämlich durch Q_1 die $\mathfrak{A}$-Gerade und bringen sie in R_i bzw. mit den Geraden $P_i Q_i$ zum

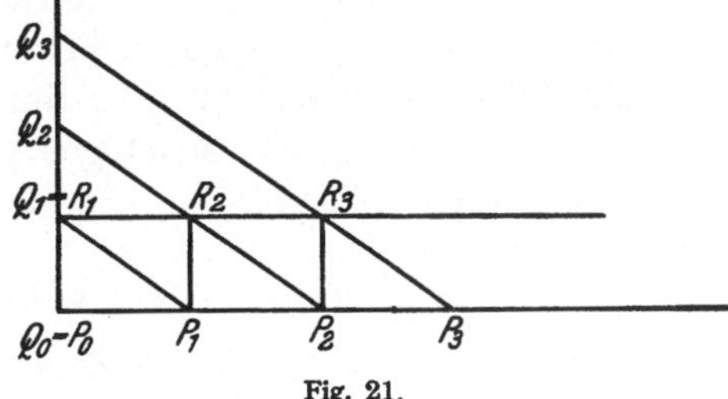

Fig. 21.

Schnitt, und bezeichnen Q_1 mit R_1, so ist $R_i R_{i+1} \equiv P_i P_{i+1}$ und da $P_i P_{i+1} \equiv P_{i-1} P_i$, so sind die Geraden durch P_i und R_{i+1} sämtlich parallel zueinander, und da $Q_0 Q_1$ eine $\mathfrak{B}$-Gerade ist, ebenfalls $\mathfrak{B}$-Gerade.

Also ist $Q_0 Q_1 \equiv P_i R_{i+1} \equiv Q_i Q_{i+1}$.

Um die Eindeutigkeit dieser Zerlegung zu zeigen, beweisen wir die Umkehrung von Satz 1:

Satz 2: *Ist $Q_0 = P_0$ und*

$$Q_i Q_{i+1} \equiv Q_0 Q_1, \quad P_i P_{i+1} \equiv P_0 P_1 \qquad (i = 1, \ldots, n)$$

und liegen die P_i auf derselben $\mathfrak{A}$-Geraden, die Q_i auf derselben $\mathfrak{B}$-Geraden, so sind die Verbindungsgeraden $P_i Q_i$ zueinander parallel.

Ziehen wir nämlich wieder die $\mathfrak{A}$-Gerade durch Q_1 und bringen sie mit der $\mathfrak{B}$-Geraden durch P_i bzw. in R_{i+1} zum Schnitt ($Q_1 = R_1$), so ist $P_i P_{i+1} \equiv R_{i+1} R_{i+2}$ und da $P_i P_{i+1} \equiv P_{i+1} P_{i+2}$ ist, auch $R_i R_{i+1} \equiv P_i P_{i+1}$. Also sind die Geraden $R_i P_i$ alle zueinander parallel.

Außerdem ist aber $Q_0 Q_1 \equiv P_i R_{i+1}$ und da $Q_0 Q_1 \equiv Q_i Q_{i+1}$, auch $P_i R_{i+1} \equiv Q_i Q_{i+1}$; also ist die Gerade $P_1 Q_1$ mit der Geraden durch $R_i Q_i$ parallel. Da nun aber die Geraden $P_1 Q_1$ und $P_1 R_1$ identisch sind, müssen die Geraden $R_i Q_i$ und $P_i R_i$ als Parallele durch denselben Punkt zusammenfallen.

Also sind in der Tat alle Geraden $P_i Q_i$ zueinander parallel.

Aus Satz 2 folgt sofort:

Satz 3: *Eine Strecke auf einer $\mathfrak{A}$- oder $\mathfrak{B}$-Geraden läßt sich nur auf eine Weise in n gleiche Teile zerlegen.*

Sind nämlich $Q_i Q_{i+1} \equiv Q_0 Q_1$ und $Q_i' Q_{i+1}' \equiv Q_0' Q_1'$ mit $Q_0 = Q_0'$, $Q_n = Q_n'$ Strecken einer $\mathfrak{B}$-Geraden und sind $P_i P_{i+1} \equiv P_0 P_1$ Strecken einer $\mathfrak{A}$-Geraden und ist $P_0 = Q_0$, so müssen die Geraden $P_i Q_i$ und $Q_i' P_i$ zu den Geraden $Q_n P_n$ parallel sein und daher zusammenfallen. — Schließlich müssen wir zeigen

Satz 4: *Jeder $\mathfrak{A}$- oder $\mathfrak{B}$-Vektor läßt sich eindeutig in n Teile zerlegen.*
Das folgt aber sofort aus Satz 3.
Ist nämlich

$$Q_0 Q_1 \equiv Q_i Q_{i+1} \quad \text{und} \quad Q_i Q_{i+1} \equiv Q_i^* Q_{i+1}^* \qquad (i = 0, 1, \ldots, n-1)$$

und bestimmen $Q_0 Q_0^*$ eine Gerade, die nicht $\mathfrak{B}$-Gerade ist, so sind die Geraden $Q_i Q_i^*$ verschiedene zueinander parallele Geraden und wegen der Transitivität des Parallelismus ist $Q_0 Q_n \equiv Q_0^* Q_n^*$. Die Q_i^* zerlegen also $Q_0^* Q_n^*$ in die eindeutig bestimmten n gleichen Teile.

Die Zerlegung von beliebigen Vektoren läßt sich auf die von $\mathfrak{A}$- und $\mathfrak{B}$-Vektoren zurückführen, wie wir im nächsten Abschnitt sehen werden.

9. Rationales Netz. Anordnungsaxiome.

Gibt es eine natürliche Zahl n und einen Vektor $\mathfrak{a}_0 \neq \mathfrak{o}$, so daß $n\mathfrak{a}_0 = \mathfrak{o}$ ist, so gibt es auch ein kleinstes n_0 dieser Beschaffenheit für denselben Vektor $\mathfrak{a}_0$. Alsdann muß aber für alle Vektoren $\mathfrak{a}$ ebenfalls $n_0\mathfrak{a} = \mathfrak{o}$ und $m\mathfrak{a} \neq \mathfrak{o}$ sein, wenn $0 < m < n_0$, $\mathfrak{a} \neq \mathfrak{o}$ ist. Angenommen nämlich, es gäbe zwei Vektoren mit

$$n_i \mathfrak{a}_i = \mathfrak{o}, \quad m_i \mathfrak{a}_i \neq \mathfrak{o}, \quad 0 < m_i < n_i \; (i = 1, 2), \quad n_1 < n_2,$$

so gibt es eine $\mathfrak{A}$-Strecke $P_0 P_1$ mit $n_1 \mathfrak{m}\,(P_0 P_1) = \mathfrak{o}$ und eine $\mathfrak{B}$-Strecke $Q_0 Q_1$ mit $n_2 \mathfrak{m}\,(Q_0 Q_1) = \mathfrak{o}$. Ist

$$P_i P_{i+1} \equiv P_0 P_1, \qquad Q_i Q_{i+1} \equiv Q_0 Q_1, \qquad (P_0 = Q_0), \qquad (i = 1, 2, \ldots),$$

so ist Q_1 mit Q_{1+n_2} identisch, P_1 aber von P_{1+n_2} verschieden und die Gerade durch Q_1 und P_1 sowie durch Q_{1+n_2} und P_{1+n_2} wären verschiedene Parallele durch denselben Punkt $Q_1 = Q_{1+n_2}$. Analog folgt, daß es keinen Vektor $\mathfrak{a}$ gibt, für den kein Vielfaches $k\mathfrak{a} = \mathfrak{o}$ $(k \neq 0)$ ist.

Wäre das oben erklärte $n_0 = n_1 n_2$, also $n_0 \mathfrak{a} = n_1 n_2 \mathfrak{a} = \mathfrak{o}$ und $n_2 \mathfrak{a} = \mathfrak{a}'$, so wäre $n_1 \mathfrak{a}' = \mathfrak{o}$, also muß n_0 eine Primzahl p sein.

Die Punkte P_{m_1, m_2}, die aus P durch die Translationen

$$\mathfrak{x}_1' = \mathfrak{x}_1 + m_1 \mathfrak{a}_1, \qquad \mathfrak{x}_2' = \mathfrak{x}_2 + m_2 \mathfrak{a}_2, \qquad 0 \leq m_1, m_2 < p,$$

hervorgehen, nennen wir das *rationale Netz* über P, $[m_1 \mathfrak{a}_1, m_2 \mathfrak{a}_2]$ die Vektoren desselben.

Gibt es für keinen Vektor eine natürliche Zahl n mit $n\mathfrak{a} = \mathfrak{o}$, so können wir jeden Vektor eindeutig in m gleiche Teile zerlegen und daher aus einem Vektor $\mathfrak{a}$ die Vektoren

$$r\,\mathfrak{a} = \frac{n}{m}\,\mathfrak{a} = \frac{1}{m}\,(n\,\mathfrak{a}) = n\left(\frac{1}{m}\,\mathfrak{a}\right)$$

ableiten, wo m und n beliebige positive oder negative ganze Zahlen sind.

Nach Überlegungen, die denen von **2, 4** ganz analog sind, ist

$$r_1 \mathfrak{a} + r_2 \mathfrak{a} = (r_1 + r_2)\,\mathfrak{a} = r_2 \mathfrak{a} + r_1 \mathfrak{a}$$

und

$$r_1 \mathfrak{a} \neq r_2 \mathfrak{a}, \text{ wenn } r_1 \neq r_2 \text{ ist.}$$

Sind $\mathfrak{a}_1$, $\mathfrak{a}_2$ zwei $\mathfrak{A}$-Vektoren, so bilden die Punkte, die aus einem festen Punkt P durch die Translationen

$$\mathfrak{x}_1' = \mathfrak{x}_1 + r_1 \mathfrak{a}_1, \qquad \mathfrak{x}_2' = \mathfrak{x}_2 + r_2 \mathfrak{a}_2$$

mit beliebigen rationalen r_1, r_2 hervorgehen, das *rationale Netz* über P, $[r_1 \mathfrak{a}_1, r_2 \mathfrak{a}_2]$ die Vektoren desselben. In einem $\mathfrak{A}\mathfrak{B}$-Koordinatensystem mit P als Ursprung erhalten die Netzpunkte die Koordinaten

$$\mathfrak{x}_1 = x_1 \mathfrak{a}_1, \qquad \mathfrak{x}_2 = x_2 \mathfrak{a}_2,$$

wo die x_1, x_2 beliebige rationale Zahlen sind.

Weil die $\mathfrak{A}$- und $\mathfrak{B}$-*Vektoren des Netzes* je eine kommutative Gruppe bilden, bilden die Netzvektoren einschließlich der $\mathfrak{A}$- und $\mathfrak{B}$-Vektoren eine Gruppe, und zwar eine kommutative. Die Summe zweier Netzvektoren ist

$$[r_1 \mathfrak{a}_1, r_2 \mathfrak{a}_2] + [s_1 \mathfrak{a}_1, s_2 \mathfrak{a}_2] = [(r_1 + s_1)\mathfrak{a}_1, (r_2 + s_2)\mathfrak{a}_2].$$

Jeder Vektor $\mathfrak{r}$ läßt sich eindeutig in n Vektoren $\dfrac{1}{n}\,\mathfrak{r}$ zerlegen und daraus $r\,\mathfrak{r}$ erklären, wo r eine rationale Zahl ist, und zwar ist

$$r\,\mathfrak{r} = r\,[r_1\,\mathfrak{a}_1,\, r_2\,\mathfrak{a}_2] = [r\,r_1\,\mathfrak{a}_1,\, r\,r_2\,\mathfrak{a}_2]\,.$$

Die Vektoren $r\mathfrak{r}$ und $s\mathfrak{r}$ sind linear voneinander abhängig, weil es zwei ganze Zahlen m und n gibt, so daß

$$m\,(r\,\mathfrak{r}) = n\,(s\,\mathfrak{r})$$

ist. Hiervon gilt auch die Umkehrung, d. h. sind die Netzvektoren $\mathfrak{r}$ und $\mathfrak{f}$ linear abhängig, so ist $\mathfrak{f} = s\mathfrak{r}$, wo s eine rationale Zahl ist.

Ist nämlich

$$\mathfrak{r} = [r_1\,\mathfrak{a}_1,\, r_2\,\mathfrak{a}_2]\,, \qquad \mathfrak{f} = [s_1\,\mathfrak{a}_1,\, s_2\,\mathfrak{a}_2]\,,$$

so haben wir zu zeigen: Ist

$$r_1 : r_2 \,\neq\, s_1 : s_2\,,$$

so sind $\mathfrak{r}$ und $\mathfrak{f}$ bzw.

$$\mathfrak{r}' = \left[\mathfrak{a}_1,\, \frac{r_2}{r_1}\,\mathfrak{a}_2\right]\,, \qquad \mathfrak{f}' = \left[\mathfrak{a}_1,\, \frac{s_2}{s_1}\,\mathfrak{a}_2\right] \qquad\qquad (r_1,\ s_1 \neq 0)$$

zwei nicht parallele Vektoren. Trage ich nun $\mathfrak{r}'$, $\mathfrak{f}'$ und $\mathfrak{a}_1$ von P aus ab, sind ihre Endpunkte bzw. P_1, P_2, A so schneidet die $\mathfrak{B}$-Gerade durch A die Gerade durch PP_i in P_i und daher müssen die Geraden PP_i verschieden sein.

Hieraus folgt, daß den Geraden, die zwei Netzpunkte enthalten, die linearen Gleichungen

$$u_1\,x_1 + u_2\,x_2 + u_0 = 0\,, \qquad\qquad u_1^2 + u_2^2 \neq 0$$

entsprechen, wo die u_i beliebige rationale Zahlen sind, die der Nebenbedingung genügen; die und nur die Netzpunkte, deren Koordinaten diese Gleichung erfüllen, liegen auf der entsprechenden Geraden.

Die Netzpunkte und Netzgeraden bilden also die ebene affine Geometrie, die aus dem Körper der rationalen Zahlen hervorgeht. Fordern wir: die Netzpunkte erschöpfen alle Punkte des $\mathfrak{ABCD}$-Gewebes, so haben wir die genannte affine Geometrie gekennzeichnet. Sehr leicht lassen sich nun auch die aus Körpern reeller Zahlen entstandenen Ebenen kennzeichnen.

Nimmt man die Anordnungsaxiome **4**, 14 *A. 1* bis *A. 6* und das Archimedische Axiom **4**, 17 hinzu, *so lassen sich die sämtlichen Punkte $(\mathfrak{x}_1,\ \mathfrak{x}_2)$ des $\mathfrak{ABCD}$-Gewebes eineindeutig auf Paare reeller Zahlen $(x_1,\ x_2)$* mit $\mathfrak{x}_1 = x_1\mathfrak{a}_1$, $\mathfrak{x}_2 = x_2\mathfrak{a}_2$ *beziehen*, wie bereits im **4**, 17 gezeigt wurde.

Ich behaupte, *die Gesamtheit $\mathfrak{R}$ dieser Zahlen bildet einen Körper.* Wie ebenfalls in **4**, 16 gezeigt wurde, erhalten die Isomorphismen $J_\delta(\mathfrak{t})$ in der Parameterdarstellung der Geraden $\mathfrak{t}$, $J_\delta(\mathfrak{t})$ die Anordnung, und ist $\mathfrak{t} = t\mathfrak{a}_1$, so ist $J_\delta(\mathfrak{t}) = J_\delta(t\mathfrak{a}_1) = t\,J_\delta(\mathfrak{a}_1)$, also bei geeignetem reellem d $J_\delta(\mathfrak{t}) = td\,\mathfrak{a}_2$.

Also trifft die Gerade t, $J_\delta(t)$ die Gerade $\mathfrak{a}_1$, $t\mathfrak{a}_2$ in $\mathfrak{a}_1$, $d\mathfrak{a}_2$, folglich ist d eine beliebige Zahl aus $\mathfrak{R}$ und da dt ebenfalls in $\mathfrak{R}$ liegt, ist $\mathfrak{R}$ ein Körper. Den Geraden entsprechen, wie man aus ihrer Parameterdarstellung entnimmt, die linearen Gleichungen in bekannter Weise.

10. Kommutative Vektorgruppe.

Nunmehr fordern wir an Stelle von $\Sigma.1$ das *Axiom $\Sigma.2$* für das $\mathfrak{ABC}$-Gewebe, ferner die Inzidenzaxiome I und das Axiom $\Sigma.3$ für das $\mathfrak{ABCD}$-Gewebe. Wir können dann *den kleinen Satz von* DESARGUES $\Sigma.\delta$ *für beliebige $\mathfrak{C}$-Geraden folgern.* Zunächst ist klar, daß auch im $\mathfrak{ABC}$-Gewebe die Figur $\Sigma.2$ erfüllt ist, weil die Vektorgruppe des $\mathfrak{ABC}$-Gewebes zur Vektorgruppe des $\mathfrak{ABC}$-Gewebes isomorph ist. Daher fallen die Beziehungen translationsgleich ($\equiv$) und vektorgleich ($\equiv$) jetzt zusammen und der Dreieckssatz aus Abschnitt 5, 7 besagt daher

Satz 1: *Ist $P_1P_2 \equiv Q_1Q_2$ und bestimmen P_1, P_3 sowie Q_1, Q_3 $\mathfrak{A}$-Geraden, P_3, P_2 sowie Q_3, Q_2 $\mathfrak{B}$-Geraden, so ist*

$$P_1P_3 \equiv Q_1Q_3 \quad und \quad P_3P_2 \equiv Q_3Q_2.$$

Daraus folgt

Satz 2: *Ist $P_1P_2 \equiv Q_1Q_2$, so ist die durch P_1, Q_1 bestimmte Gerade zu der durch P_2, Q_2 bestimmten parallel.*

Bestimmen P_1, P_2 eine $\mathfrak{A}$- oder $\mathfrak{B}$-Gerade, so ist die Behauptung mit 5, 3, Satz 3, identisch. Bestimmen P_1, P_2 weder eine $\mathfrak{A}$- noch eine $\mathfrak{B}$-Gerade, so bringe man die $\mathfrak{A}$-Gerade durch P_1 bzw. Q_1 mit der $\mathfrak{B}$-Geraden durch P_2 bzw. Q_2 in P_3 bzw. Q_3 zum Schnitt. Dann ist nach Satz 1 und 5, 3, Satz 3 P_1Q_1 parallel zu P_3Q_3 und P_3Q_3 parallel zu P_2Q_2 und daher P_1Q_1 parallel zu P_2Q_2.

Aus der Transitivität der Vektorgleichheit für $\mathfrak{C}$-Strecken und dem in Satz 2 angegebenen Kriterium folgt sofort der kleine DESARGUESsche Satz allgemein.

Umgekehrt folgt aus $\Sigma.\delta$ für die $\mathfrak{C}$-Schar der Satz 2 für vektorgleiche $\mathfrak{C}$-Strecken und aus Satz 2 und $\Sigma.\delta$ folgt Satz 1. In Verbindung mit dem Dreieckssatz aus 5, 7 folgt daraus aber die Identität von Vektorgleichheit und Translationsgleichheit der $\mathfrak{A}$- und $\mathfrak{B}$-Strecken, damit die Identität der Transformationen

$$\mathfrak{x}_1' = \mathfrak{x}_1 + \mathfrak{a}_1, \quad \mathfrak{x}_2' = \mathfrak{x}_2 \quad und \quad \mathfrak{x}_1' = \mathfrak{a}_1 + \mathfrak{x}_1, \quad \mathfrak{x}_2' = \mathfrak{x}_2$$

und damit *das kommutative Gesetz der Vektorkomposition.*

11. Figur $\Sigma.2$ und Figur $\Sigma.\delta$.

Wir wollen den Zusammenhang zwischen der Figur $\Sigma.2$ und dem kleinen DESARGUESschen Satz für $\mathfrak{C}$-Geraden uns dadurch noch einmal verdeutlichen, daß wir ihn rein geometrisch als Satz über ein $\mathfrak{ABCC}$-Gewebe formulieren.

Satz 1: *Ist der kleine Desarguessche Satz für Dreiecke aus $\mathfrak{B}$-, $\mathfrak{C}$-, $\mathfrak{E}$-Geraden, deren Punkte paarweise auf drei $\mathfrak{A}$-Geraden liegen, und der für $\mathfrak{A}$-, $\mathfrak{C}$-, $\mathfrak{E}$-Geraden, deren Punkte paarweise auf $\mathfrak{B}$-Geraden liegen und die Figur $\Sigma. 2$ für $\mathfrak{A}$-, $\mathfrak{B}$-, $\mathfrak{C}$-Geraden erfüllt, so gilt auch der kleine Desarguessche Satz für Dreiecke aus $\mathfrak{A}$-, $\mathfrak{B}$-, $\mathfrak{C}$-Geraden, deren Ecken paarweise auf $\mathfrak{E}$-Geraden liegen.*

Offenbar gilt der kleine Desarguessche Satz dann auch für Dreiecke aus $\mathfrak{A}$-, $\mathfrak{B}$-, $\mathfrak{E}$-Geraden, deren Ecken paarweise auf $\mathfrak{C}$-Geraden liegen. Denn da die Figur $\Sigma. 2$ auch für $\mathfrak{A}$, $\mathfrak{B}$, $\mathfrak{E}$-Geraden gilt, bleiben die Voraussetzungen des Satzes 1 auch richtig, wenn man die $\mathfrak{E}$-Schar und $\mathfrak{C}$-Schar miteinander vertauscht.

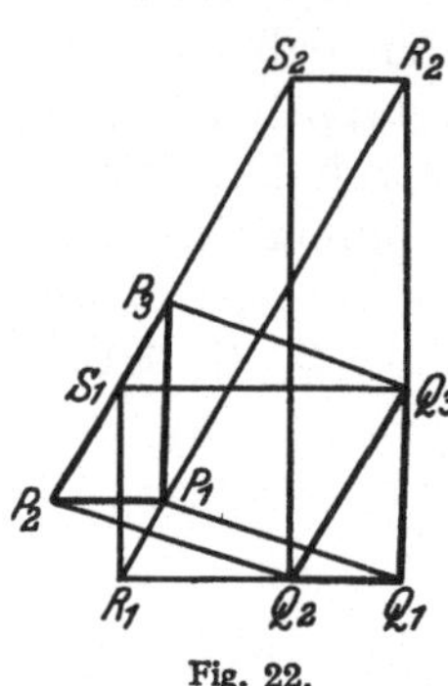

Fig. 22.

Seien P_1P_2 und Q_1Q_2 $\mathfrak{A}$-Geraden, P_1P_3 und Q_1Q_3 $\mathfrak{B}$-Geraden und P_2P_3 eine $\mathfrak{C}$-Gerade, seien P_1Q_1, P_2Q_2 und P_3Q_3 $\mathfrak{E}$-Geraden. Wir müssen zeigen, daß Q_2Q_3 eine $\mathfrak{C}$-Gerade ist. Wir ziehen die $\mathfrak{C}$-Gerade durch P_1 und bringen sie mit Q_1Q_2 in R_1 und mit Q_1Q_3 in R_2 zum Schnitt. Alsdann bringen wir die $\mathfrak{A}$-Gerade durch R_2 mit der $\mathfrak{C}$-Geraden durch P_2 in S_2 zum Schnitt. Dann ist nach dem kleinen Desarguesschen Satz für die Dreiecke $P_1R_2Q_1$ und $P_2S_2Q_2$ die Gerade S_2Q_2 eine $\mathfrak{B}$-Gerade. Alsdann bringen wir die $\mathfrak{B}$-Gerade durch R_1 mit der $\mathfrak{C}$-Geraden durch P_2 in S_1 zum Schnitt. Nach dem kleinen Desarguesschen Satz, angewendet auf die Dreiecke $Q_1R_1P_1$ und $Q_3S_1P_3$, ist dann Q_3S_1 eine $\mathfrak{A}$-Gerade und daher nach der Figur $\Sigma. 2$ tatsächlich Q_2Q_3 eine $\mathfrak{C}$-Gerade.

Als Umkehrung von Satz 1 zeigen wir

Satz 2: *Ist der kleine Desarguessche Satz für Dreiecke aus $\mathfrak{A}$-, $\mathfrak{C}$-, $\mathfrak{E}$-Geraden, deren Ecken paarweise auf $\mathfrak{B}$-Geraden, für Dreiecke aus $\mathfrak{A}$-, $\mathfrak{B}$-, $\mathfrak{E}$-Geraden, deren Ecken paarweise auf $\mathfrak{C}$-Geraden und für $\mathfrak{A}$-, $\mathfrak{B}$-, $\mathfrak{C}$-Dreiecke, deren Ecken paarweise auf $\mathfrak{E}$-Geraden liegen, erfüllt, so gilt im $\mathfrak{A}\mathfrak{B}\mathfrak{C}$-Gewebe die Figur $\Sigma. 2$.*

Gleichwertig hiermit ist der Satz, der durch Vertauschung der $\mathfrak{A}$- und $\mathfrak{B}$-Scharen sowie der $\mathfrak{C}$- und $\mathfrak{E}$-Scharen aus ihm hervorgeht. Den Beweis knüpfen wir an dieselbe Figur an, vertauschen jedoch die Bezeichnung „$\mathfrak{A}$"-Gerade und „$\mathfrak{C}$"-Gerade. Wir setzen R_1R_2 und S_1S_2 als $\mathfrak{A}$-Geraden, R_2Q_3, Q_2S_2, R_1S_1 als $\mathfrak{B}$-Geraden, R_1Q_2, R_2S_2 und Q_3S_1 als $\mathfrak{C}$-Geraden voraus und haben nun zu zeigen, daß Q_2Q_3 eine $\mathfrak{A}$-Gerade ist.

Wir konstruieren Q_1 als Schnitt von R_2Q_3 und R_1Q_2, P_1 als Schnitt der $\mathfrak{E}$-Geraden durch Q_1 und der $\mathfrak{A}$-Geraden R_1R_2, P_2 als Schnitt der $\mathfrak{E}$-Geraden durch P_1 und S_1S_2 und P_3 als Schnitt der $\mathfrak{B}$-Geraden durch P_1 mit der $\mathfrak{A}$-Geraden S_1S_2.

Aus dem kleinen Desarguesschen Satz für die Dreiecke $Q_1R_1P_1$ und $Q_3S_1P_3$, deren Ecken paarweise auf $\mathfrak{B}$-Geraden liegen, folgt, daß Q_3P_3 eine $\mathfrak{E}$-Gerade bestimmen. Aus demselben Satze, angewendet auf die Dreiecke $Q_1 R_2 P_1$ und $Q_2 S_2 P_2$, deren Ecken paarweise auf $\mathfrak{C}$-Geraden liegen, folgt, daß $P_2 Q_2$ eine $\mathfrak{C}$-Gerade ist, und aus demselben Satze, angewendet auf die Dreiecke $Q_1 Q_2 Q_3$ und $P_1 P_2 P_3$, deren Ecken nach den eben erzielten Ergebnissen paarweise auf $\mathfrak{C}$-Geraden liegen, folgt, daß $Q_2 Q_3$ eine $\mathfrak{A}$-Gerade ist.

12. Parallelismus in der affinen Geometrie.

Es liegt nahe, nach den weiteren Umkehrungen des Satzes 1 aus dem vorigen Abschnitt zu fragen. Eine solche wäre z. B. die folgende:

Ist der kleine DESARGUESsche Satz für Dreiecke

aus $\mathfrak{B}$, $\mathfrak{C}$, $\mathfrak{E}$-Geraden, deren Ecken paarweise auf $\mathfrak{A}$-Geraden

    $\mathfrak{A}$, $\mathfrak{C}$, $\mathfrak{E}$-   ,, ,   ,,   ,,   ,,   ,, $\mathfrak{B}$-   ,,

    $\mathfrak{A}$, $\mathfrak{B}$, $\mathfrak{E}$-   ,, ,   ,,   ,,   ,,   ,, $\mathfrak{C}$-   ,,

liegen, erfüllt, so gilt die Figur $\varSigma.2$ für das $\mathfrak{ABC}$-Gewebe.

Der Beweis läßt sich nicht ohne weiteres übertragen, weil wir bisher nur voraussetzten, daß eine $\mathfrak{A}$- oder $\mathfrak{B}$-Gerade mit einer zu ihr nicht parallelen Geraden einen Schnittpunkt besitzt. Diese Einschränkung ist unnatürlich, sobald wir den kleinen DESARGUESschen Satz für beliebige Geraden untersuchen, und wir wollen sie deshalb hier fallen lassen. Wir stellen statt dessen die Forderung auf:

Parallelenaxiom: Zwei verschiedene Gerade sind entweder parallel oder sie haben einen Punkt miteinander gemeinsam.

Alsdann können wir die Axiome $I.3, I.4$ beweisen. In der Tat sind verschiedene parallele Geraden und punktfremde Geraden jetzt dasselbe, und der Parallelismus ist gewiß eine symmetrische Beziehung. Angenommen ferner, der Parallelismus wäre nicht transitiv. Es sei also γ_1 parallel γ_2, γ_2 parallel γ_3 und γ_1 und γ_3 mögen den Punkt P bestimmen, so gehen durch P zwei verschiedene Parallele zu γ_2 im Widerspruch zu $I.5$.

Der Übersicht wegen stellen wir die Inzidenzaxiome und das Parallelenaxiom der affinen Geometrie hier zusammen.

Iα. 1. Zwei voneinander verschiedene Punkte bestimmen stets eine Gerade.

Dies wurde in **5,2** als Satz über die durch Definition aus dem $\mathfrak{ABCD}$-Gewebe erzeugten Geraden bewiesen.

Iα. 2. Irgend zwei voneinander verschiedene Punkte einer Geraden legen diese Gerade eindeutig fest.

Iα. 3. Auf einer Geraden liegen stets zwei verschiedene Punkte.

Dies forderten wir auch bisher.

Iα. 4. Es gibt drei Punkte, die nicht auf einer Geraden liegen.

Dies folgte bisher aus der Forderung $I.6$.

Definition: Zwei Geraden heißen *parallel*, wenn sie punktfremd oder miteinander identisch sind.

Iα. 5. Zu einer Geraden gibt es durch jeden Punkt eine und nur eine Parallele.

Die Anordnungsaxiome **4, 14** *A. 1* bis *A. 6* und das Archimedische Axiom **4, 17** können ohne Abänderung als Axiome der affinen Geometrie genommen werden. Das Axiom $\Sigma. \delta$ läßt sich so formulieren:

$\Sigma. \delta$. *Sind* P_i, Q_i $(i = 1, 2, 3)$ *zwei Dreiecke mit paarweise parallelen Seiten und ist* P_1Q_1 *parallel zu* P_2Q_2, *so ist* P_1Q_1 *auch parallel zu* P_3Q_3.

Das am Schluß von **5, 9** erzielte Ergebnis läßt sich alsdann übersichtlich so formulieren:

Theorem: *Die affinen Geometrien, die aus Körpern reeller Zahlen erklärt sind, sind durch die Inzidenzaxiome Iα. 1 bis Iα. 5, die Anordnungsaxiome A. 1 bis A. 6, das Archimedische Axiom und das Schließungsaxiom $\Sigma. \delta$ für zwei Scharen paralleler Geraden gekennzeichnet.*

Mit Hilfe der Ergebnisse über das 3-Gewebe mit der Sechseckfigur sieht man leicht ein, daß $\Sigma. \delta$ sogar nur für den Fall vorausgesetzt zu werden braucht, wo P_2 z. B. auf der Geraden $Q_1 Q_3$ liegt. Man vergleiche hierzu auch die in **6, 12** zitierte Arbeit von R. MAYRHOFER.

13. Vektorgleichheit von Dreiecken.

Der kleine DESARGUESsche Satz ist mit einem Satz über Dreiecke äquivalent, ähnlich wie die in **5, 4** angegebenen Dreieckssätze die dort vorausgesetzten Spezialfälle dieses Satzes zu ersetzen vermochten.

Satz 1: *Bilden* P_i *und* Q_i *je ein Dreieck und ist*

$$P_1 P_2 \equiv Q_1 Q_2, \qquad P_2 P_3 \equiv Q_2 Q_3,$$

so ist auch

$$P_1 P_3 \equiv Q_1 Q_3.$$

Man kann den Beweis auf **5, 5**, Satz 1a und b und **5, 10**, Satz 1 zurückführen. Wir geben einen direkten Beweis unter den Inzidenzvoraussetzungen des vorigen Abschnitts. Wir bemerken dabei, daß in jedem Gewebe aus drei Scharen paralleler Geraden nach **5, 11** die Figur $\Sigma. 2$ gilt.

Sind die Geraden P_iQ_i voneinander verschieden, so sind sie nach Voraussetzung parallel; daraus folgt aber nach der zweiten Aussage des kleinen DESARGUESschen Satzes, daß die Geraden durch $P_1 P_3$ und $Q_1 Q_3$ parallel sind, und folglich gilt auch das Behauptete.

Liegen $P_1 P_2$ und $Q_1 Q_2$ auf derselben Geraden und ist P_2 von Q_1 und P_1 von Q_2 verschieden, so ziehen wir durch P_2 die Parallele zu $P_1 P_3$, welche $Q_2 Q_3$ in R_2 treffe. Die Parallele zu $P_1 P_2$ durch R_2 treffe die Gerade $P_1 P_3$ in R_1. Alsdann ist $P_1 P_2 \equiv R_1 R_2$ und daher auch $R_1 R_2 \equiv Q_1 Q_2$. Daher ist die Gerade $R_1 Q_1$ parallel zur Geraden $R_2 Q_2$. Ferner ist die Gerade $P_2 Q_2$ parallel zur Geraden $P_3 Q_3$, weil $P_2 P_3 \equiv Q_2 Q_3$ ist, und daher folgt aus der Figur $\Sigma. 2$, daß auch $P_1 P_3$ parallel zu $Q_1 Q_3$ ist, und damit ist $P_1 P_3 \equiv Q_1 Q_3$.

Ist $P_2 = Q_1$, so ist $Q_1 Q_2 \equiv P_3 Q_3$ und daher $P_3 Q_3 \equiv P_1 P_2$, und daraus folgt das Behauptete.

In den anderen Fällen kommt man analog zum Ziel.

Aus Satz 1 und dem Kriterium der Vektorgleichheit folgt umgekehrt der kleine DESARGUESsche Satz.

Ebenfalls beweist man nunmehr den Satz 2b aus **5, 5** ohne die Einschränkung, daß keine der Seiten eine $\mathfrak{A}$- oder $\mathfrak{B}$-Gerade ist (Satz 2). Ferner gilt

Satz 3: *Ist*

$$P_1 P_2 \equiv Q_1 Q_2 \quad und \quad P_3 P_2 \equiv Q_1 Q_3,$$

so ist auch

$$P_1 P_3 \equiv Q_3 Q_2 .$$

Bringen wir nämlich die Parallele durch Q_1 zu $Q_2 Q_3$ mit der Parallelen zu $Q_1 Q_3$ durch Q_2 in Q_3' zum Schnitt, so ist $Q_2 Q_3' \equiv Q_3 Q_1$, also $Q_2 Q_3$ $\equiv P_2 P_3$ und $Q_1 Q_3' \equiv Q_3 Q_2$. Nun ist nach Satz 1 $P_1 P_3 \equiv Q_1 Q_3'$ und daraus folgt das Behauptete.

Satz 4: *Ist $P_1 P_2 \equiv Q_1 Q_2$ und die Gerade $P_2 P_3$ parallel $Q_1 Q_3$ und die Gerade $P_1 P_3$ parallel $Q_2 Q_3$, so ist $P_2 P_3 \equiv Q_3 Q_1$ und $P_1 P_3 \equiv Q_3 Q_2$.*

14. Proportionen. Vektoren.

Mit den Sätzen über Dreiecke aus **5, 13** lassen sich leicht dieselben Sätze für Proportionen von Strecken wie in **5, 6** beweisen für die folgende allgemeinere Erklärung:

D.*1. *Sind O, P_1, P_2 drei Punkte einer Geraden und O, Q_1, Q_2 drei Punkte einer anderen Geraden durch denselben Punkt O und ist $P_1 Q_1$ parallel zu $P_2 Q_2$, so gelte*

$$O P_1 : O P_2 = O Q_1 : O Q_2 .$$

Die Definition D.*2 entstehe aus **5, 6** D.2, indem im Wortlaut derselben D. 1 durch D.*1 ersetzt wird. Die Sätze aus **5, 6** lassen sich nun wörtlich herübernehmen (Satz 1 bis 5). Es gilt ferner der folgende Proportionalitätssatz für Dreiecke:

Satz 6: *Sind P_i, Q_i zwei Dreiecke und ist*

$$P_1 P_2 : Q_1 Q_2 = P_1 P_3 : Q_1 Q_3,$$

so ist auch

$$P_2 P_3 : Q_2 Q_3 = P_2 P_1 : Q_2 Q_1 .$$

Aus der Voraussetzung folgt nämlich, daß die entsprechenden Seiten der Dreiecke parallel sind, und daraus folgt das Behauptete.

Die Transitivität für die Proportionalität von Streckenpaaren gilt aber auch jetzt noch nicht. Dies werden wir in **7, 13** direkt beweisen.

Die Vektoren bilden eine kommutative Gruppe mit eingliedrigen Untergruppen, die je aus den zueinander parallelen Vektoren bestehen. Nach **5, 13**, Satz 2 läßt sich jeder Vektor in zwei Komponenten zerlegen,

die zu zwei vorgegebenen Geraden parallel sind bzw. zu zwei vorge-
gebenen eingliedrigen Untergruppen gehören. Aus der Erklärung der
Vektorgleichheit und der Kommutativität der Komposition paralleler
Vektoren erschließt man leicht den folgenden Schließungssatz:

Sind P_1, P_2, P_3 einerseits und Q_1, Q_2, Q_3 andererseits je drei Punkte
auf parallelen Geraden und ist $P_1 Q_2$ parallel $P_2 Q_3$ und $P_2 Q_1$ parallel

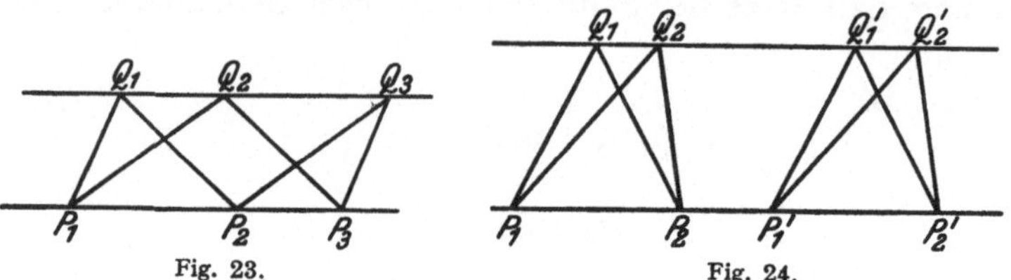

Fig. 23.   Fig. 24.

$P_3 Q_2$, so ist auch $P_1 Q_1$ parallel $P_3 Q_3$. Aus dem assoziativen Gesetz der
Komposition linear abhängiger Vektoren folgert man:

Sind $P_1 P_2$, $P_1' P_2'$ einerseits und $Q_1 Q_2$, $Q_1' Q_2'$ andererseits je vier
Punkte paralleler Geraden und ist $P_1 Q_1$ parallel $P_1' Q_1'$, $P_1 Q_2$ parallel
$P_1' Q_2'$, $P_2 Q_1$ parallel $P_2' Q_1'$, so ist auch $P_2 Q_2$ parallel $P_2' Q_2'$.

Erklären wir die Verhältnisgleichheit von Vektoren wie in **5, 7**, indem
wir aber an Stelle von **5, 6, D. 1** die Erklärung D.*1 setzen, so reiht
sich neben die Sätze 1 bis 4 für beliebige Vektoren noch der

Satz 7: *Ist* $\mathfrak{x}_1$ *nicht parallel zu* $\mathfrak{y}_1$ *und ist* $\mathfrak{x}_1 : \mathfrak{x}_2 = \mathfrak{y}_1 : \mathfrak{y}_2$, *so ist auch*
$\mathfrak{x}_1 : \mathfrak{x}_2 = \mathfrak{x}_1 + \mathfrak{y}_1 : \mathfrak{x}_2 + \mathfrak{y}_2$.

Kapitel 6.

Gewebe und Zahlensysteme.

Einleitung.

Wie wir in **4, 22** nachwiesen, ist im $\mathfrak{A}\mathfrak{B}\mathfrak{D}$-Gewebe, das in **5, 1** mit
erklärt wurde, der Schließungssatz $\Sigma.1$ erfüllt, falls das $\mathfrak{A}\mathfrak{B}\mathfrak{C}\mathfrak{D}$-Gewebe
aus einer affinen Ebene entnommen wurde, die aus einem Schiefkörper
erklärt ist. Wir wollen deswegen jetzt ein $\mathfrak{A}\mathfrak{B}\mathfrak{C}\mathfrak{D}$-Gewebe betrachten,
in dem für das $\mathfrak{A}\mathfrak{B}\mathfrak{C}$- und das $\mathfrak{A}\mathfrak{B}\mathfrak{D}$-Gewebe $\Sigma. 1$ und ferner die Forderung $\Sigma.3$ erfüllt ist. Wir werden zeigen, daß ein solches 4-Gewebe in einer
einfachen Beziehung zu einem einseitig distributiven Zahlensystem
steht, und zwar so, daß sich jedem solchen 4-Gewebe ein Zahlensystem
und jedem solchen Zahlensystem ein 4-Gewebe mit den angegebenen
Eigenschaften zuordnen läßt. Die Bedeutung des Schließungssatzes $\Sigma.3$
läßt sich jetzt prägnanter als in Kapitel 5 formulieren: Er entspricht dem
distributiven Gesetze des Zahlensystems.

Wie in Kapitel 5 gezeigt wurde, läßt sich jedes $\mathfrak{A}\mathfrak{B}\mathfrak{C}\mathfrak{D}$-Gewebe mit
Figur $\Sigma.1$ für das $\mathfrak{A}\mathfrak{B}\mathfrak{C}$-Gewebe und mit Figur $\Sigma.3$ zu einer affinen Ebene

erweitern. Dadurch wird hier der Zusammenhang zwischen einseitig distributiven Zahlsystemen und zugehörigen affinen Ebenen vermittelt.

Später ist es leicht, einen Schließungssatz $\Sigma.4$ für das zweite distributive Gesetz anzugeben, sowie die Folgerungen zu übersehen, die sich aus $\Sigma.4$ unabhängig von $\Sigma.3$ ziehen lassen. Die Gewebe, in denen statt $\Sigma.3$ die Figur $\Sigma.4$ gilt, stehen wieder in Beziehung zu einseitig distributiven Zahlensystemen, die Gewebe, in denen sowohl $\Sigma.3$ wie $\Sigma.4$ gilt, in Beziehung zu Schiefkörpern. Den Übergang zwischen Zahlen und affiner Ebene bildet die Proportionalität von Strecken oder das Streckenverhältnis.

1. Die Geradenautomorphismen als Gruppe.

Wir legen für das $\mathfrak{A}, \mathfrak{B}, \mathfrak{C}, \mathfrak{D}$-Gewebe die Axiome $I.1$ bis $I.11$, $\Sigma.1$, $\Sigma.3$ wie in 5, 2 zugrunde und fordern ferner

$\Sigma^*.1$: *Im $\mathfrak{A}\mathfrak{B}\mathfrak{D}$-Gewebe gilt der Schließungssatz $\Sigma.1$*

und zeigen alsdann

Satz: *Die durch $\mathfrak{D}$-Geraden vermittelten Geradenautomorphismen J_δ der Gruppe der $\mathfrak{A}$-Vektoren bilden eine Gruppe.*

Nach 1, 4 ist es zwar trivial, daß die Automorphismen einer Gruppe selbst eine Gruppe bilden, aber die Klasse der Geradenautomorphismen braucht ja keineswegs aus allen Automorphismen der Vektorgruppe zu bestehen. Dies ist im allgemeinen sogar unmöglich, weil ja ein Geradenautomorphismus festgelegt ist, wenn er ein Element $\mathfrak{a}_1$ in ein anderes $\mathfrak{a}_1'$ überführt, und das gilt natürlich im allgemeinen für beliebige Automorphismen keineswegs.

Ist PQ eine $\mathfrak{B}$-Strecke, so verstehen wir in diesem Abschnitt unter $\mathfrak{m}(PQ)$ gleich den $\mathfrak{A}$-Vektor, welcher dem $\mathfrak{B}$-Vektor $\mathfrak{m}(PQ)$ durch die isomorphe Abbildung mittels der $\mathfrak{C}$-Geraden γ zugeordnet wird.

Es seien jetzt zwei Gerade δ_1, δ_2 vorgelegt, J_{δ_1}, J_{δ_2} seien ihre Automorphismen, wir wollen die Gerade δ_3 konstruieren, die den Automorphismus $J_{\delta_2}(J_{\delta_1}(\mathfrak{a}))$ $= J_{\delta_3}(\mathfrak{a})$ vermittelt.

Sei P_1 irgend ein Punkt der $\mathfrak{A}$-Geraden α durch D, Q_1 der Schnitt der $\mathfrak{B}$-Geraden durch P_1 mit δ_1, R_1 der Schnitt der $\mathfrak{A}$-Geraden durch Q_1 mit der $\mathfrak{C}$-Geraden γ durch D, $\overline{P}_1$ bzw. $\overline{Q}_1$ der Schnitt

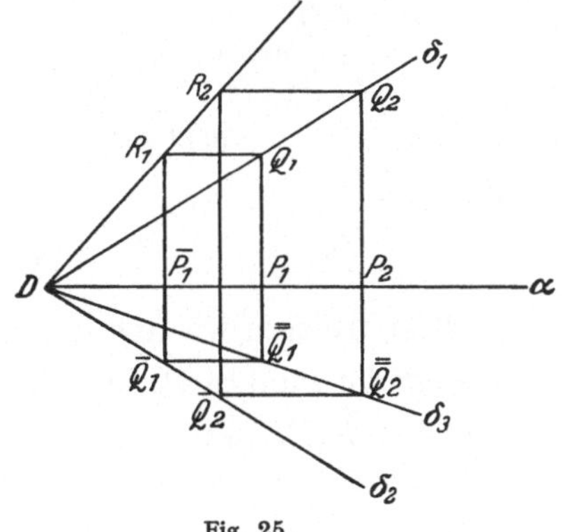

Fig. 25.

der $\mathfrak{B}$-Geraden durch R_1 mit α bzw. δ_2. Nun bringen wir die $\mathfrak{A}$-Gerade durch $\overline{Q}_1$ und die $\mathfrak{B}$-Gerade durch Q_1 in $\overline{\overline{Q}}_1$ zum Schnitt und ziehen δ_3 durch D und $\overline{\overline{Q}}_1$.

Setzen wir $\mathfrak{m}(DP_1) = \mathfrak{a}_1$, so ist

$$\mathfrak{m}(P_1 Q_1) = \mathfrak{m}(\overline{P}_1 R_1) = \mathfrak{m}(D\overline{P}_1) = J_{\delta_1}(\mathfrak{a}_1)$$

und daher

$$\mathfrak{m}(\overline{P}_1 \overline{Q}_1) = J_{\delta_2}(J_{\delta_1}(\mathfrak{a}_1));$$

andererseits ist $\mathfrak{m}(\overline{P_1 Q}_1) = \mathfrak{m}(P_1 \overline{\overline{Q}}_1) = J_{\delta_3}(\mathfrak{a}_1)$, und es ist also

$$J_{\delta_2}(J_{\delta_1}(\mathfrak{a}_1)) = J_{\delta_3}(\mathfrak{a}_1).$$

Ist nun P_2 irgendein anderer Punkt von α, so können wir analog Q_2, R_2, $\overline{Q}_2$ konstruieren, und bestimmen wir $\overline{\overline{Q}}_2$ als Schnitt der $\mathfrak{B}$-Geraden durch P_2 mit δ_3, so folgt aus $\Sigma^*\,1$, daß $\overline{Q}_2$, $\overline{\overline{Q}}_2$ eine $\mathfrak{A}$-Gerade bestimmen. Folglich ist auch

$$J_{\delta_2}(J_{\delta_1}(\mathfrak{a}_2)) = J_{\delta_3}(\mathfrak{a}_2).$$

Ist J_δ ein Geradenautomorphismus, so ist auch der inverse Automorphismus J_δ^{-1} ein Geradenautomorphismus. Sei nämlich δ wieder eine be-

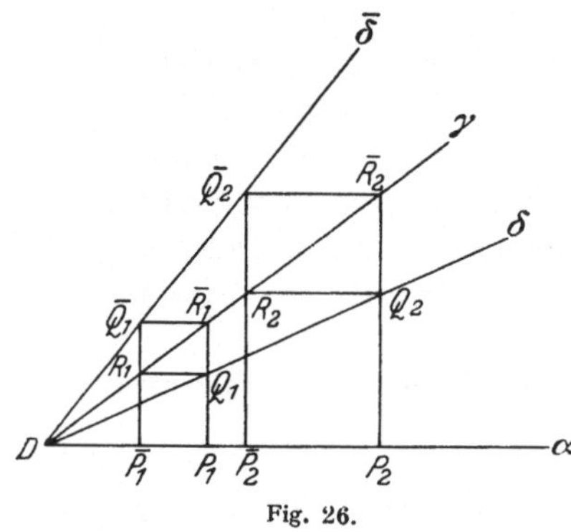

Fig. 26.

liebige $\mathfrak{D}$-Gerade, P_1, Q_1, R_1, $\overline{P}_1$ konstruiert wie oben. $\overline{R}_1$ heiße der Schnittpunkt der $\mathfrak{B}$-Geraden $P_1 Q_1$ mit γ, $\overline{Q}_1$ der Schnittpunkt der $\mathfrak{B}$-Geraden durch $\overline{P}_1$ mit der $\mathfrak{A}$-Geraden durch $\overline{R}_1$. Die durch D und $\overline{Q}_1$ bestimmte Gerade heiße $\overline{\delta}$. Setzen wir $\mathfrak{m}(DP_1) = \mathfrak{a}_1$, so ist

$$\mathfrak{m}(D\overline{P}_1) = J_\delta(\mathfrak{a}_1)$$

und

$$\mathfrak{m}(\overline{P}_1 \overline{Q}_1) = \mathfrak{m}(P_1 \overline{R}_1) = \mathfrak{m}(DP_1) = \mathfrak{a}_1,$$

also

$$J_{\overline{\delta}}(J_\delta(\mathfrak{a}_1)) = \mathfrak{a}_1.$$

Konstruieren wir aus einem beliebigen Punkt P_2 mit $\mathfrak{m}(DP_2) = \mathfrak{a}_2$ analog die Punkte Q_2, R_2, $\overline{R}_2$, $\overline{P}_2$ und bestimmen $\overline{Q}_2$ als Schnitt der Geraden $\overline{P}_2 R_2$ mit $\overline{\delta}$, so bestimmen $\overline{Q}_2$, $\overline{R}_2$ nach $\Sigma^*\,1$ eine $\mathfrak{A}$-Gerade, und es ist also wieder

$$J_{\overline{\delta}}(J_\delta(\mathfrak{a}_2)) = \mathfrak{a}_2.$$

Aus dem über die J_δ Bewiesenen folgt nun aber nach **1, 3** sofort, daß die Geradenautomorphismen tatsächlich eine Gruppe bilden.

2. Die Multiplikation der $\mathfrak{A}$-Vektoren.

Die eindeutige Zuordnung der Geradenisomorphismen zu den Elementepaaren $\mathfrak{a}_1 \neq \mathfrak{o}$, $\mathfrak{a}_2 \neq \mathfrak{o}$ benutzen wir zur Einführung einer anderen Schreibweise.

Nach Auswahl irgend eines Normvektors $\mathfrak{a}_0 \neq \mathfrak{o}$ erklären wir jetzt eine Multiplikation der Vektoren $\mathfrak{a}$. *Ist*

$$J_\delta(\mathfrak{a}_0) = \mathfrak{a}_1, \quad J_\delta(\mathfrak{a}_2) = \mathfrak{a}',$$

so schreiben wir dafür

$$\mathfrak{a}_1 \mathfrak{a}_2 = \mathfrak{a}'.$$

Da jedem Elementepaar $\mathfrak{a}_0$, $\mathfrak{a}_1$ mit $\mathfrak{a}_1 \neq \mathfrak{o}$ ein wohl bestimmter Automorphismus J_δ entspricht, ist das Produkt für beliebige Vektoren $\mathfrak{a}_1, \mathfrak{a}_2$ erklärt. Weil

$$J_\delta(\mathfrak{a}_2 + \mathfrak{a}_3) = J_\delta(\mathfrak{a}_2) + J_\delta(\mathfrak{a}_3),$$

gilt offenbar das erste distributive Gesetz

$$\mathfrak{a}_1 (\mathfrak{a}_2 + \mathfrak{a}_3) = \mathfrak{a}_1 \mathfrak{a}_2 + \mathfrak{a}_1 \mathfrak{a}_3.$$

Es gilt das assoziative Gesetz. Ist nämlich $J_{\mathfrak{a}_1}$ und $J_{\mathfrak{a}_2}$ der $\mathfrak{a}_1$ bzw. $\mathfrak{a}_2$ entsprechende Automorphismus, so ist für den Produktautomorphismus

$$(J_{\mathfrak{a}_1} \cdot J_{\mathfrak{a}_2})(\mathfrak{a}_0) = J_{\mathfrak{a}_1}(J_{\mathfrak{a}_2}(\mathfrak{a}_0)) = J_{\mathfrak{a}_1}(\mathfrak{a}_2) = \mathfrak{a}_1 \mathfrak{a}_2 = J_{\mathfrak{a}_1 \mathfrak{a}_2}(\mathfrak{a}_0).$$

Da aber die Komposition der Automorphismen assoziativ ist, so gilt dies also auch für die Multiplikation der Vektoren.

Da $J_{\mathfrak{a}_0}(\mathfrak{a})$ der identische Automorphismus ist, ist $\mathfrak{a}_0 \mathfrak{a} = \mathfrak{a}$. Nach Definition ist aber auch

$$\mathfrak{a} \mathfrak{a}_0 = J_\mathfrak{a}(\mathfrak{a}_0) = \mathfrak{a}$$

und $\mathfrak{a}_0$ also das Einheitselement der Multiplikation. Die Gleichung

$$\mathfrak{x}\, \mathfrak{a}_1 = \mathfrak{a}_2$$

ist stets auflösbar $(\mathfrak{a}_1, \mathfrak{a}_2 \neq \mathfrak{o})$, weil es einen wohl bestimmten Automorphismus gibt, der $\mathfrak{a}_1$ in $\mathfrak{a}_2$ überführt. Ebenso ist

$$\mathfrak{a}_1 \mathfrak{x} = \mathfrak{a}_2$$

stets auflösbar. Es ist

$$\mathfrak{a}\, \mathfrak{o} = \mathfrak{o}.$$

Schließlich setzen wir noch

$$\mathfrak{o}\, \mathfrak{a} = \mathfrak{o}.$$

Alsdann bilden die Vektoren ein einseitig distributives Zahlensystem; die Frage nach der Kommutativität der Addition bleibe offen. Man kann natürlich nach Auszeichnung eines $\mathfrak{a}_0$ auch die Multiplikation $\mathfrak{a}_1 \mathfrak{a}_2 = \mathfrak{a}'$ direkt geometrisch erklären und die Rechengesetze aus $\Sigma.1$, Σ^*1, $\Sigma.3$ ableiten.

Wie ändert sich diese Multiplikation, wenn wir ein anderes Normelement $\bar{\mathfrak{a}}_0$ wählen?

Wir bezeichnen das neue Produkt von $\mathfrak{a}_1$, $\mathfrak{a}_2$ durch $\mathfrak{a}_1 \circ \mathfrak{a}_2$ und das zu $\bar{\mathfrak{a}}_0$ inverse Element bei der Multiplikation mit dem Normelement $\mathfrak{a}_0$ mit $\bar{\mathfrak{a}}_0^{-1}$. Alsdann ist

$$\mathfrak{a}_1 \circ \mathfrak{a}_2 = \mathfrak{a}_1\, \bar{\mathfrak{a}}_0^{-1}\, \mathfrak{a}_2 .$$

Denn ist $\overline{J}_{\mathfrak{a}_1}(\bar{\mathfrak{a}}_0) = \mathfrak{a}_1$, so ist $\mathfrak{a}_1 \circ \mathfrak{a}_2 = \overline{J}_{\mathfrak{a}_1}(\mathfrak{a}_2)$; dabei ist

$$\overline{J}_{\mathfrak{a}_1} = J_{\mathfrak{a}_1} \cdot J_{\bar{\mathfrak{a}}_0^{-1}} \text{ mit } J_{\mathfrak{a}_1}(\mathfrak{a}_0) = \mathfrak{a}_1, \ J_{\bar{\mathfrak{a}}_0^{-1}}(\mathfrak{a}_0) = \bar{\mathfrak{a}}_0^{-1},$$

weil

$$J_{\mathfrak{a}_1}\left(J_{\bar{\mathfrak{a}}_0^{-1}}(\bar{\mathfrak{a}}_0)\right) = J_{\mathfrak{a}_1}(\mathfrak{a}_0) = \mathfrak{a}_1 .$$

Setzen wir also $\mathfrak{a}^* = \bar{\mathfrak{a}}_0\, \mathfrak{a}$, so wird dadurch eine eineindeutige Abbildung der Vektoren $\mathfrak{a}$ vermittelt, und zwar ist

$$(\mathfrak{a}_1 + \mathfrak{a}_2)^* = \mathfrak{a}_1^* + \mathfrak{a}_2^*$$

und

$$(\mathfrak{a}_1\, \mathfrak{a}_2)^* = \mathfrak{a}_1^* \circ \mathfrak{a}_2^* .$$

Das heißt aber, die beiden Zahlensysteme, die einerseits durch die Operationen $\mathfrak{a}_1 + \mathfrak{a}_2$, $\mathfrak{a}_1\mathfrak{a}_2$ und andererseits durch die Operationen $\mathfrak{a}_1 + \mathfrak{a}_2$, $\mathfrak{a}_1 \circ \mathfrak{a}_2$ erklärt sind, lassen sich unter Erhaltung der Kompositionsvorschriften eineindeutig aufeinander abbilden und sind also zueinander isomorph.

3. Das Zahlensystem der Vektorpaare.

Die willkürliche Auszeichnung des Einheitselementes ist weder algebraisch noch geometrisch befriedigend. Hiervon befreien wir uns durch die Bildung eines Zahlensystems aus Paaren $(\mathfrak{a}_1, \mathfrak{a}_2)$ mit $\mathfrak{a}_1 \neq \mathfrak{o}$ von $\mathfrak{A}$-Vektoren, indem wir festsetzen:

Zwei Vektorpaare $(\mathfrak{a}_1, \mathfrak{a}_2)$, $(\bar{\mathfrak{a}}_1, \bar{\mathfrak{a}}_2)$ heißen gleich oder proportional, wenn es einen Geradenisomorphismus J gibt, so daß

$$J(\mathfrak{a}_i) = \bar{\mathfrak{a}}_i \qquad\qquad (i = 1, 2)$$

oder, was dasselbe ist, wenn es ein $\mathfrak{a}$ gibt, für das im Sinne der Multiplikation bezügl. $\mathfrak{a}_0$

$$\mathfrak{a}\, \mathfrak{a}_i = \bar{\mathfrak{a}}_i \qquad\qquad (i = 1, 2)$$

oder wenn für dieselbe Multiplikation

$$\mathfrak{a}_1^{-1}\, \mathfrak{a}_2 = \bar{\mathfrak{a}}_1^{-1}\, \bar{\mathfrak{a}}_2$$

ist. Diese Gleichheit ist transitiv; die Klasse der zu $(\mathfrak{a}_1, \mathfrak{a}_2)$ gleichen Vektorpaare nennen wir die Zahl $a\,(\mathfrak{a}_1, \mathfrak{a}_2)$. Jede Zahl läßt sich durch ein Vektorpaar mit beliebigem ersten Vektor $\neq \mathfrak{o}$ repräsentieren. Der zweite Vektor ist alsdann eindeutig bestimmt. Jede Zahl außer $a\,(\mathfrak{a}_1, \mathfrak{o})$ läßt sich auch durch ein Vektorpaar mit beliebigem zweiten Vektor $\neq \mathfrak{o}$ repräsentieren. Der erste Vektor ist dann auch eindeutig bestimmt.

Um zwei Zahlen zu addieren, repräsentieren wir sie durch Vektorpaare mit identischem ersten Vektor

$$a = a\,(\mathfrak{a}_1,\, \mathfrak{a}_2),\; \bar{a} = a\,(\mathfrak{a}_1,\, \bar{\mathfrak{a}}_2)$$

und setzen

$$a + \bar{a} = a\,(\mathfrak{a}_1,\, \mathfrak{a}_2 + \bar{\mathfrak{a}}_2)\,.$$

Diese Erklärung ist widerspruchsfrei. Denn ist $a = a\,(\mathfrak{a}\,\mathfrak{a}_1,\, \mathfrak{a}\,\mathfrak{a}_2)$ und $\bar{a} = a\,(\mathfrak{a}\,\mathfrak{a}_1,\, \mathfrak{a}\,\bar{\mathfrak{a}}_2)$ eine andere solche Darstellung derselben Zahlen, so ist nach dem distributiven Gesetz

$$a\,(\mathfrak{a}\,\mathfrak{a}_1,\, \mathfrak{a}\,\mathfrak{a}_2 + \mathfrak{a}\,\bar{\mathfrak{a}}_2) = a\,(\mathfrak{a}\,\mathfrak{a}_1,\, \mathfrak{a}\,(\mathfrak{a}_2 + \bar{\mathfrak{a}}_2)) = a + \bar{a}\,.$$

Um das Produkt zweier Zahlen a, $\bar{a}$ zu bilden, setzen wir

$$a = a\,(\mathfrak{a}_1,\, \mathfrak{a}_2),\quad \bar{a} = a\,(\bar{\mathfrak{a}}_2,\, \bar{\mathfrak{a}}_3)\quad \text{mit}\quad \mathfrak{a}_2 = \bar{\mathfrak{a}}_2$$

und

$$a\,\bar{a} = a\,(\mathfrak{a}_1,\, \bar{\mathfrak{a}}_3).$$

Diese Erklärung ist widerspruchsfrei. Denn ist

$$a = a\,(\mathfrak{a}\,\mathfrak{a}_1,\, \mathfrak{a}\,\mathfrak{a}_2),\; \bar{a} = a\,(\mathfrak{a}\,\bar{\mathfrak{a}}_2,\, \mathfrak{a}\,\bar{\mathfrak{a}}_3)$$

eine andere solche Darstellung, so ist

$$a\,(\mathfrak{a}\,\mathfrak{a}_1,\, \mathfrak{a}\,\bar{\mathfrak{a}}_3) = a\,\bar{a}\,.$$

Man bestätigt nun mühelos, daß *die a ein einseitig distributives Zahlensystem $\mathfrak{Z}$ bilden*; die Frage nach der Kommutativität der Addition bleibe offen. $a\,(\mathfrak{a},\, \mathfrak{o}) = 0$ ist das Nullelement der Addition, $a\,(\mathfrak{a},\, \mathfrak{a}) = 1$ das Einheitselement der Multiplikation.

4. $\mathfrak{D}$-Maßzahlen.

Es liegen nun zwei Fragen nahe: nämlich einerseits, ob die Einführung der Elemente des Zahlensystems auch direkt auf geometrischem Wege möglich ist, und andererseits, wie sich die Vektoren, die wir im $\mathfrak{A}\mathfrak{B}\mathfrak{D}$-Gewebe einführen können, zu den Zahlen unseres Zahlensystems verhalten. Statt $\mathfrak{D}$-Vektoren wollen wir hier lieber „$\mathfrak{D}$-*Maßzahlen*" sagen. Beide — nicht ganz präzise formulierten — Fragen lassen sich dann gleichzeitig präzise beantworten durch den folgenden

Satz: *Die Maßzahlengruppe des $\mathfrak{A}\mathfrak{B}\mathfrak{D}$-Gewebes ist isomorph zu der Gruppe der Zahlen $a \neq 0$ des Zahlensystems $\mathfrak{Z}$ bei der Multiplikation als Kompositionsvorschrift.*

Ist nämlich $P_1 P_2$ eine $\mathfrak{D}$-Strecke auf der Geraden δ und sind $\mathfrak{a}_{11}$, $\mathfrak{a}_{12}$, $\mathfrak{a}_{21}$, $\mathfrak{a}_{22}$ die Koordinaten von P_1, P_2, so ist

$$a\,(\mathfrak{a}_{11},\, \mathfrak{a}_{21}) = a\,(\mathfrak{a}_{12},\, \mathfrak{a}_{22}),$$

weil nach Erklärung des Isomorphismus

$$\mathfrak{a}_{i\,2} = J_\delta(\mathfrak{a}_{i\,1}) \qquad\qquad (i = 1,\, 2)$$

ist. Wir behaupten nun, daß die Zuordnung

$$\mathfrak{d}\,(P_1 P_2) \leftrightarrow a\,(\mathfrak{a}_{11},\ \mathfrak{a}_{21})$$

einen Isomorphismus zwischen den beiden fraglichen Gruppen vermittelt, wenn $\mathfrak{d}\,(P_1 P_2)$ die durch $P_1 P_2$ bestimmte $\mathfrak{D}$-Maßzahl bedeutet. Sind $P_1 P_2$ und $\overline{P}_1 \overline{P}_2$ zwei im $\mathfrak{A}\mathfrak{B}\mathfrak{D}$-Gewebe gleiche (eigentliche) $\mathfrak{D}$-Strecken und sind $\mathfrak{a}_{i1}$, $\mathfrak{a}_{i2}$ bzw. $\bar{\mathfrak{a}}_{i1}$, $\bar{\mathfrak{a}}_{i2}$ die Koordinaten von P_i bzw. $\overline{P}_i$, so haben wir also zu zeigen, es ist

$$(1) \qquad\qquad a\,(\mathfrak{a}_{11}, \mathfrak{a}_{21}) = a\,(\bar{\mathfrak{a}}_{11}, \bar{\mathfrak{a}}_{21})\,,$$

$$(2) \qquad\qquad a\,(\mathfrak{a}_{12}, \mathfrak{a}_{22}) = a\,(\bar{\mathfrak{a}}_{12}, \bar{\mathfrak{a}}_{22})\,,$$

und umgekehrt: Ist eine der Gleichungen (1) oder (2) erfüllt, so sind die zugehörigen $\mathfrak{D}$-Strecken gleich. (1) ist, wie wir soeben sahen, eine Folge von (2) und umgekehrt.

Liegen nun P_1, $\overline{P}_1$ und deswegen auch P_2, $\overline{P}_2$ auf $\mathfrak{A}$-Geraden, so ist

$$\mathfrak{a}_{i2} = \bar{\mathfrak{a}}_{i2} \qquad\qquad (i = 1,\ 2),$$

es ist also (2) erfüllt. Liegen P_1, $\overline{P}_1$ und deswegen auch P_2, $\overline{P}_2$ auf $\mathfrak{B}$-Geraden, so ist

$$\mathfrak{a}_{i1} = \bar{\mathfrak{a}}_{i1} \qquad\qquad (i = 1,\ 2),$$

es ist also (1) erfüllt. Hieraus folgt allgemein, daß gleichen $\mathfrak{D}$-Strecken dieselbe Zahl a zugeordnet ist. Ungleichen $\mathfrak{D}$-Strecken mit identischem Anfangspunkt entsprechen aber auch verschiedene Zahlen a. Sind schließlich $P_1 P_2$ und $P_2 P_3$ zwei $\mathfrak{D}$-Strecken mit gemeinsamem Anfangs- bzw. Endpunkt und $\mathfrak{a}_{i1}$, $\mathfrak{a}_{i2}$ ($i = 1$, 2, 3) die Koordinaten der P_i, so ist die $P_1 P_2$ zugeordnete Zahl $a\,(\mathfrak{a}_{11}, \mathfrak{a}_{21}) = a_1$, die $P_2 P_3$ zugeordnete $a\,(\mathfrak{a}_{21}, \mathfrak{a}_{31}) = a_2$ und die $P_1 P_3$ zugeordnete

$$a\,(\mathfrak{a}_{11}, \mathfrak{a}_{31}) = a_1 a_2.$$

Daraus folgt der behauptete Isomorphismus zwischen der $\mathfrak{D}$-Maßzahlengruppe und der multiplikativen Gruppe der Zahlen a.

Die Komposition der $\mathfrak{D}$-Maßzahlen im $\mathfrak{A}\mathfrak{B}\mathfrak{D}$-Gewebe heiße fortan die *„Multiplikation"*. Der soeben nachgewiesene Zusammenhang legt es nahe, nach einer zweiten Komposition von $\mathfrak{D}$-Strecken zu fragen, die der Addition der Zahlen a entspricht. Sie ist leicht zu konstruieren.

Sind P_1, P_2, P_3 drei Punkte einer eigentlichen $\mathfrak{D}$-Geraden, Q_1, Q_2, Q_3 die Schnittpunkte der $\mathfrak{B}$-Geraden durch P_i mit der $\mathfrak{A}$-Geraden durch D, ist $\mathfrak{m}\,(D Q_i) = \mathfrak{a}_{i1}$, so werde im $\mathfrak{A}\mathfrak{B}\mathfrak{C}$-Gewebe ein Punkt Q_4 mit den Koordinaten

$$\mathfrak{a}_{41} = \mathfrak{m}\,(D Q_4) = \mathfrak{a}_{21} + \mathfrak{a}_{31}, \qquad \mathfrak{a}_{42} = \mathfrak{o}$$

konstruiert. Die $\mathfrak{B}$-Gerade durch Q_4 treffe die $\mathfrak{D}$-Gerade $P_1 P_2$ in P_4 und alsdann heiße $\mathfrak{d}\,(P_1 P_4)$ die Summe von $\mathfrak{d}\,(P_1 P_2)$ und $\mathfrak{d}\,(P_1 P_3)$, in Zeichen

$$\mathfrak{d}\,(P_1 P_4) = \mathfrak{d}\,(P_1 P_2) + \mathfrak{d}\,(P_1 P_3)\,.$$

Die Definition dieser *Addition* ist von der Auswahl von P_1 unabhängig. Denn sind a_i die den $\mathfrak{D}$-Vektoren $\mathfrak{d}\,(P_1 P_i)$ entsprechenden Zahlen, so ist

$$a_2 + a_3 = a_4\,.$$

Ähnlich kann man die a als Maßzahlen für $\mathfrak{A}$-Strecken im $\mathfrak{A}\mathfrak{B}\mathfrak{D}$-Gewebe deuten. Es entsprechen dann jeder $\mathfrak{A}$-Strecke also ein Vektor $\mathfrak{a}$ und eine $\mathfrak{D}$-Maßzahl a. Man beachte hierbei, daß die $\mathfrak{A}$-Gerade durch D eine uneigentliche Gerade des $\mathfrak{A}\mathfrak{B}\mathfrak{D}$-Gewebes ist, ein Fall, den wir bei Einführung der Vektoren im 3-Gewebe nicht berücksichtigt haben.

5. Streckenverhältnisse als Zahlensystem.

Die geometrische Bedeutung der Zahlen $a = a\,(\mathfrak{a}_1, \mathfrak{a}_2)$ und ihrer Verknüpfung wird noch deutlicher, wenn wir das $\mathfrak{A}\mathfrak{B}\mathfrak{C}\mathfrak{D}$-Gewebe zu der affinen Ebene erweitern. Die affine Geometrie, die so entsteht, ist nach **5, 4** im wesentlichen durch $\varSigma. \delta$ für die zwei Scharen paralleler Geraden $\mathfrak{A}$ und $\mathfrak{B}$ und den Schließungssatz $\varSigma. 1$ für ein 3-Gewebe aus einem Geradenbüschel durch einen Punkt und den beiden Scharen $\mathfrak{A}$ und $\mathfrak{B}$ gekennzeichnet.

Weil die Translationen des $\mathfrak{A}\mathfrak{B}\mathfrak{C}$-Gewebes nach **5, 3** Kollineationen der affinen Ebene sind, welche parallele Gerade in parallele Gerade überführen, gilt in dem 3-Gewebe aus den $\mathfrak{A}$-, $\mathfrak{B}$- und den $\mathfrak{D}$-Geraden durch einen beliebigen Punkt D' der Ebene die Figur $\varSigma. 1$. Man kann also in jedem $\mathfrak{A}\mathfrak{B}\mathfrak{D}'$-Gewebe die „*Maßzahlengleichheit*" erklären; diese Maßzahlengleichheit ist alsdann transitiv, und das Abtragen eines Vektors von einem Punkte aus eindeutig.

Besser läßt sich dieser geometrische Sachverhalt durch den Ausbau der Proportionenlehre beschreiben. Wir ergänzen die in **5, 6** gegebene Definition D. 1 durch die folgende Festsetzung:

D. 1 *Liegen* O, P_1, P_2 *auf einer Geraden und* O, Q_1, Q_2 *auf einer anderen Geraden durch* O, *die beide weder* $\mathfrak{A}$- *noch* $\mathfrak{B}$-*Geraden sind, so heiße*

$$(1) \qquad\qquad O P_1 : O P_2 = O Q_1 : O Q_2\,,$$

wenn die P_1, P_2, Q_1, Q_2 *entweder gleichzeitig* $\mathfrak{A}$-*Geraden oder* $\mathfrak{B}$-*Geraden bestimmen oder falls dies nicht zutrifft,*

D. 2 *wenn es Punkte* R_1, R_2 *gibt, so daß sowohl* $O P_1 : O P_2 = O R_1 : O R_2$ *als auch* $O Q_1 : O Q_2 = O R_1 : O R_2$ *ist.*

Ist $O P_1 : O P_2 = O Q_1 : O Q_2$, so sind die Strecken $P_1 P_2$ und $Q_1 Q_2$ in dem Gewebe aus den $\mathfrak{A}$- und $\mathfrak{B}$-Geraden und den Geraden durch O maßzahlengleich und umgekehrt. Die Proportionalität von Streckenpaaren mit demselben Anfangspunkt ist also ebenfalls transitiv, und durch (1) ist der Punkt Q_2 eindeutig bestimmt, wenn O, P_1, P_2 und Q_1 gegeben sind.

Die Definition der Proportionalität für Vektoren, die weder $\mathfrak{A}$- noch $\mathfrak{B}$-Vektoren sind, führen wir analog wie früher auf die für Strecken zurück und erhalten den Satz:

Ist

$$\mathfrak{x}_1 : \mathfrak{x}_2 = \mathfrak{y}_1 : \mathfrak{y}_2 \quad und \quad \mathfrak{y}_1 : \mathfrak{y}_2 = \mathfrak{z}_1 : \mathfrak{z}_2 \, ,$$

so ist auch

$$\mathfrak{x}_1 : \mathfrak{x}_2 = \mathfrak{z}_1 : \mathfrak{z}_2 \, ,$$

mit anderen Worten: die Proportionalität von Vektoren ist transitiv.

Sind $\mathfrak{x}_1$ und $\mathfrak{x}_2$ parallele Vektoren, so verstehen wir unter $v\,(\mathfrak{x}_1, \mathfrak{x}_2)$ die Gesamtheit der Vektorpaare $\mathfrak{y}_1, \mathfrak{y}_2$ für die

$$(2) \qquad\qquad \mathfrak{x}_1 : \mathfrak{x}_2 = \mathfrak{y}_1 : \mathfrak{y}_2$$

ist. Wegen der Transitivität der Proportionalität ist mit (2) stets

$$v\,(\mathfrak{x}_1, \mathfrak{x}_2) = v\,(\mathfrak{y}_1, \mathfrak{y}_2)$$

und umgekehrt. Diese Klassen v nennen wir „*Streckenverhältnisse*". Die Streckenverhältnisse bilden ein einseitig distributives Zahlensystem, wenn die Multiplikation und Addition so erklärt werden:

Ist

$$v_1 = v\,(\mathfrak{x}_0, \mathfrak{x}_1), \qquad v_2 = v\,(\mathfrak{x}_0, \mathfrak{x}_2),$$

so sei

$$v_2 + v_1 = v\,(\mathfrak{x}_0, \mathfrak{x}_1 + \mathfrak{x}_2)\, .$$

Ist

$$v_1 = v\,(\mathfrak{x}_0, \mathfrak{x}_1), \qquad v_2 = v\,(\mathfrak{x}_1, \mathfrak{x}_2),$$

so sei

$$v_1\, v_2 = v\,(\mathfrak{x}_0, \mathfrak{x}_2)\, .$$

Beide Operationen sind stets eindeutig ausführbar. Denn ist v_2 irgend ein Streckenverhältnis und $\mathfrak{x}_1$ irgend ein Vektor, so gibt es stets einen und nur einen Vektor $\mathfrak{x}_2$, so daß

$$v_2 = v\,(\mathfrak{x}_1, \mathfrak{x}_2)$$

ist. $v\,(\mathfrak{x}, \mathfrak{x})$ ist das Einheitselement der Multiplikation, $v\,(\mathfrak{x}, \mathfrak{o})$ ist das Nullelement der Addition, wenn unter $\mathfrak{o}$ der Nullvektor verstanden wird.

$$v\,(\mathfrak{x}_2, \mathfrak{x}_1) \quad \text{ist gleich} \quad v^{-1}\,(\mathfrak{x}_1, \mathfrak{x}_2)$$

und

$$v\,(\mathfrak{x}_1, -\mathfrak{x}_2) = -\,v\,(\mathfrak{x}_1, \mathfrak{x}_2)\, .$$

Aus **5**, 7 Satz 3 folgt, daß die Multiplikation von der Auswahl der Vektorpaare $\mathfrak{x}_1, \mathfrak{x}_2$ aus v unabhängig ist. Aus **5**, 7 Satz 4 folgt, daß für die Addition dasselbe gilt.

Das assoziative Gesetz der Multiplikation ist unmittelbar zu bestätigen, das der Addition folgt aus dem assoziativen Gesetz der Addition für Vektoren. Dasselbe gilt für das distributive Gesetz

$$v_1\,(v_2 + v_3) = v_1\, v_2 + v_1\, v_3\, .$$

Es ist nämlich

$$v\,(\mathfrak{x}_0, \mathfrak{x}_1)\,[v\,(\mathfrak{x}_1, \mathfrak{x}_2) + v\,(\mathfrak{x}_1, \mathfrak{x}_3)] = v\,(\mathfrak{x}_0, \mathfrak{x}_1)\,v\,(\mathfrak{x}_1, \mathfrak{x}_3 + \mathfrak{x}_2) = v\,(\mathfrak{x}_0, \mathfrak{x}_3 + \mathfrak{x}_2)$$

$$= v\,(\mathfrak{x}_0, \mathfrak{x}_2) + v\,(\mathfrak{x}_0, \mathfrak{x}_3) = v\,(\mathfrak{x}_0, \mathfrak{x}_1)\,v\,(\mathfrak{x}_1, \mathfrak{x}_2) + v\,(\mathfrak{x}_0, \mathfrak{x}_1)\,v\,(\mathfrak{x}_1, \mathfrak{x}_3)\, .$$

Das Zahlensystem der Streckenverhältnisse ist zu dem Zahlensystem der $a = a\,(\mathfrak{a}_1, \mathfrak{a}_2)$ isomorph.

Sei nämlich D der Ursprung eines Koordinatensystems. Jedem Vektor $\mathfrak{x}$ ordnen wir eine „$\mathfrak{A}$-Komponente" zu; tragen wir $\mathfrak{x}$ von D aus bis P ab und hat P alsdann die Koordinaten $\mathfrak{a}_1, \mathfrak{a}_2$, so heiße $\mathfrak{a}_1$ die $\mathfrak{A}$-Komponente von $\mathfrak{x}$. Sei $\mathfrak{a}_{i1}$ die $\mathfrak{A}$-Komponente von $\mathfrak{x}_i$, so ist $\mathfrak{a}_{21} + \mathfrak{a}_{11}$ die $\mathfrak{A}$-Komponente von $\mathfrak{x}_1 + \mathfrak{x}_2$. Ordnen wir nun jedem Streckenverhältnis $v\,(\mathfrak{x}_1, \mathfrak{x}_2)$ die Zahl $a = a\,(\mathfrak{a}_{11}, \mathfrak{a}_{21})$ zu, wo die $\mathfrak{a}_{i1}$ wieder die $\mathfrak{A}$-Komponenten von $\mathfrak{x}_i$ sind, so ist diese Zuordnung zwischen den v und a zunächst eineindeutig, weil jedes a eine wohl bestimmte Klasse von maßzahlengleichen $\mathfrak{D}$-Strecken und eine solche Klasse ein wohl bestimmtes Streckenverhältnis v bestimmt, und wie man nunmehr leicht aus der Erklärung der Multiplikation und Addition der a und v abliest, in der Tat ein Isomorphismus der beiden Zahlensysteme.

6. Analytische Darstellung.

Aus der analytischen Darstellung des 4-Gewebes und der affinen Ebene mit Hilfe der $\mathfrak{A}$- und $\mathfrak{B}$-Vektoren können wir nun eine Darstellung in dem Zahlensystem $a = a\,(\mathfrak{a}_1, \mathfrak{a}_2)$ ableiten. Sind $\mathfrak{b}_1, \mathfrak{b}_2$ zwei Vektoren, so sei $a\,(\mathfrak{b}_1, \mathfrak{b}_2) = a\,(\mathfrak{a}_1, \mathfrak{a}_2)$, wenn die $\mathfrak{a}_i$ den $\mathfrak{b}_i$ durch einen Geradenisomorphismus zugeordnet werden.

Wir wählen auf den $\mathfrak{A}$- und $\mathfrak{B}$-Geraden durch D je einen Punkt E_α bzw. E_β als Einheitspunkte und setzen

$$\mathfrak{m}\,(D\,E_\alpha) = \mathfrak{a}_0, \qquad \mathfrak{m}\,(D\,E_\beta) = \mathfrak{b}_0.$$

Seien nun $\mathfrak{a}, \mathfrak{b}$ die Koordinaten irgend eines Punktes bezüglich des Koordinatensystems mit dem Anfangspunkt D, so ordnen wir ihm nunmehr die Zahlen

$$a = a\,(\mathfrak{a}_0, \mathfrak{a}), \qquad b = a\,(\mathfrak{b}_0, \mathfrak{b})$$

als Koordinaten zu. Dem Schnittpunkt E der $\mathfrak{A}$-Geraden durch E_β mit der $\mathfrak{B}$-Geraden durch E_α entsprechen die Koordinaten $1, 1$. E heißt der Einheitspunkt des affinen Koordinatensystems, a, b heißen affine oder Parallelkoordinaten.

Es gilt, die Parameterdarstellung der Geraden zu ermitteln. Ist $\mathfrak{t}, J\,(\mathfrak{t})$ eine solche in 3-Gewebe-Koordinaten, und setzen wir

$$t = a\,(\mathfrak{a}_0, \mathfrak{t}) = a\,(J\,(\mathfrak{a}_0), J\,(\mathfrak{t}))$$

und

$$d = a\,(\mathfrak{b}_0, J\,(\mathfrak{a}_0)),$$

so ist

$$a\,(\mathfrak{b}_0, J\,(\mathfrak{t})) = a\,(\mathfrak{b}_0, J\,(\mathfrak{a}_0))\,a\,(J\,(\mathfrak{a}_0), J\,(\mathfrak{t})) = d\,t,$$

also ist $t, d\,t$ die gesuchte Parameterdarstellung.

Für beliebige Gerade $t + \mathfrak{a}$, $J(\mathfrak{t})$ ergibt sich daraus, wenn $a = a(\mathfrak{a}_0, \mathfrak{a})$ gesetzt wird, die Darstellung

$$t + a, \ dt$$

und umgekehrt liefert ein beliebiges a, d so die Punkte einer bestimmten Geraden.

Der Geraden durch D und E entspricht die Darstellung t, t.

Aus der Parameterdarstellung folgt, daß die Punkte einer Geraden eine lineare Gleichung erfüllen und daß umgekehrt jeder linearen Gleichung eines gewissen Typus eine Gerade entspricht. In der Tat ist für die Punkte $x = t + a$, $y = dt$

$$d(x - a) - y = 0.$$

Sei nun

(1) $$ux - w - vy = 0$$

eine lineare Gleichung, in der u und v nicht gleichzeitig verschwinden. Man beachte hierbei, daß zwar $u(-v) = -uv$, dagegen $(-v)u$ im allgemeinen $\neq -vu$ ist; es ist daher wesentlich, daß die Glieder ux und vy entgegengesetztes Vorzeichen haben.

Ist $v = 0$, so ist $x = u^{-1}w$, also liegen die Lösungen auf einer $\mathfrak{B}$-Geraden; ebenso folgt, daß (1) für $u = 0$ die Gleichung einer $\mathfrak{A}$-Geraden ist. Ist $u \neq 0$, $v \neq 0$, so ist $y = v^{-1}u(x - u^{-1}w)$; ist $x - u^{-1}w = t$, so sieht man, die Lösungen von (1) liegen auf der Geraden $t + u^{-1}w$, $v^{-1}ut$.

Erklärt man umgekehrt aus einem einseitig distributiven Zahlensystem $\mathfrak{Z}$ analytisch ein 4-Gewebe und eine affine Ebene, indem man die Zahlenpaare (a, b) als Punkte und die Gleichungen (1) als Geraden nimmt, so genügen diese 1. unseren Axiomen und 2. bilden die Streckenverhältnisse ein einseitig distributives Zahlensystem, welches zu $\mathfrak{Z}$ isomorph ist.

Nach **4, 8** gilt nämlich sowohl im 3-Gewebe aus den Geraden

$$x - a = 0, \qquad y - b = 0, \qquad x - c - y = 0$$

wie im 3-Gewebe aus den Geraden

$$x - a = 0, \qquad y - b = 0, \qquad dx - y = 0$$

der Schließungssatz $\Sigma.\ 1$, und nach **5, 2** der Schließungssatz $\Sigma.\ 3$ wegen des distributiven Gesetzes. Die Streckenverhältnisse bilden also ein einseitig distributives Zahlensystem $\mathfrak{Z}'$.

Nach **4, 8** ist sowohl die additive Gruppe desselben zur additiven Gruppe von $\mathfrak{Z}$ wie auch die multiplikative Gruppe zur multiplikativen Gruppe von $\mathfrak{Z}$ isomorph. Den Isomorphismus von $\mathfrak{Z}$ und $\mathfrak{Z}'$ erkennt man ähnlich, indem man jeder $\mathfrak{D}$-Strecke $P_1 P_2$ die Maßzahl

$$a_1^{-1} a_2 = (d a_1)^{-1} d a_2$$

zuschreibt, wenn P_i die Koordinaten

$$a_i, \; da_i, \qquad\qquad (i = 1, 2)$$

hat. Dann bekommen nach **4, 8** maßzahlengleiche $\mathfrak{D}$-Strecken dieselbe Maßzahl aus $\mathfrak{Z}$, und der Multiplikation der $\mathfrak{D}$-Maßzahlen aus $\mathfrak{Z}'$ entspricht die der Maßzahlen aus $\mathfrak{Z}$ isomorph. Dasselbe gilt aber auch für die in **6, 4** erklärte Addition der $\mathfrak{D}$-Maßzahlen $\mathfrak{Z}'$ und die Addition der Maßzahlen aus $\mathfrak{Z}$, wie man am leichtesten bei Strecken der Geraden $x - c - y = 0$ nachprüft.

7. Kollineationen.

Eine Kollineation der affinen Ebene, welche die $\mathfrak{A}$-Schar und die $\mathfrak{B}$-Schar je in sich überführt und den Parallelismus erhält, läßt sich analytisch durch

(1) $$x' = a\,J(x) + b, \qquad y' = c\,J(y) + d \qquad\qquad a, c \neq 0$$

darstellen, wenn J einen Isomorphismus des Zahlensystems $\mathfrak{Z}$ bedeutet.

Die Transformationen (1) sind zunächst eineindeutig; denn

$$x = J^{-1}[a^{-1}(x' - b)], \qquad y = J^{-1}[c^{-1}(y' - d)]$$

ist die zu (1) inverse Transformation.

Ferner gehen Gerade in Gerade über; wir bestätigen dies einerseits für

(2) $$x' = J(x), \qquad y' = J(y)$$

andererseits für

(3) $$x^* = ax + b, \qquad y^* = cy + d.$$

Bei (2) gehen die Punkte der Geraden $ux - w - vy = 0$ in die Punkte der Geraden

$$J(u)\,x' - J(w) - J(v)\,y' = 0$$

über. Bei (3) gehen die Punkte jener Geraden in die der Geraden

$$u^* x^* - w^* - v^* y^* = 0$$

mit

$$u^* = ua^{-1},$$
$$v^* = vc^{-1},$$
$$w^* = -vc^{-1}d + w + ua^{-1}b$$

über. Denn es ist

$$u^* x^* - w^* - v^* y^*$$
$$= ua^{-1}(ax + b) - (-vc^{-1}d + w + ua^{-1}b) - vc^{-1}(cy + d)$$
$$= ux - w - vy = 0.$$

Auch der Parallelismus bleibt in beiden Fällen erhalten. Also sind auch alle Transformationen (1) Kollineationen, die den Parallelismus erhalten.

Ist umgekehrt irgend eine Kollineation K vorgelegt, welche die $\mathfrak{A}$- und $\mathfrak{B}$-Schar in sich überführt und den Parallelismus erhält, so kann man sie mit einer solchen Transformation (3) zusammensetzen, daß bei der zusammengesetzten Kollineation die Punkte D und E festbleiben. Eine Kollineation, welche aber diese beiden Punkte festläßt, führt die Gerade t, t in sich über und hat daher die Gestalt

$$x' = F(x), \qquad y' = F(y).$$

Sie führt ferner das 3-Gewebe

$$x - a = 0, \quad y - b = 0, \quad x - c - y = 0$$

und das 3-Gewebe

$$x - a = 0, \quad y - b = 0, \quad cx - y = 0$$

je in sich über und vermittelt deswegen nach **4, 8** einen Isomorphismus im Zahlensystem der Streckenverhältnisse. Daraus folgt aber ganz ähnlich wie in **4, 23** das Behauptete.

8. Zweites distributives Gesetz und Figur $\Sigma.4$.

Wir kehren zu der Betrachtung des 4-Gewebes zurück und fragen nach der *Figur, welche das zweite distributive Gesetz ausdrückt*. Dies leistet die Forderung:

$\Sigma.4$. *Sind P_1, P_2, P_3 und Q_1, Q_2, Q_3 zwei Dreiecke aus $\mathfrak{A}$-, $\mathfrak{B}$-, $\mathfrak{C}$-Geraden, d. h. sind etwa P_1P_2 und Q_1Q_2 $\mathfrak{A}$-Geraden, P_2P_3 und Q_2Q_3 $\mathfrak{B}$-Geraden und P_3P_1, Q_3Q_1 $\mathfrak{C}$-Geraden und liegen die Ecken P_3Q_3 auf der $\mathfrak{A}$-Geraden durch D und außerdem die Ecken P_2Q_2 auf einer $\mathfrak{D}$-Geraden, so liegen auch P_1Q_1 auf einer $\mathfrak{D}$-Geraden.*

Die verschiedenen möglichen Umkehrungen dieses Satzes zu bilden, möge dem Leser überlassen bleiben.

Um den Zusammenhang mit dem zweiten distributiven Gesetz zu erkennen, ziehen wir noch die $\mathfrak{C}$-Gerade

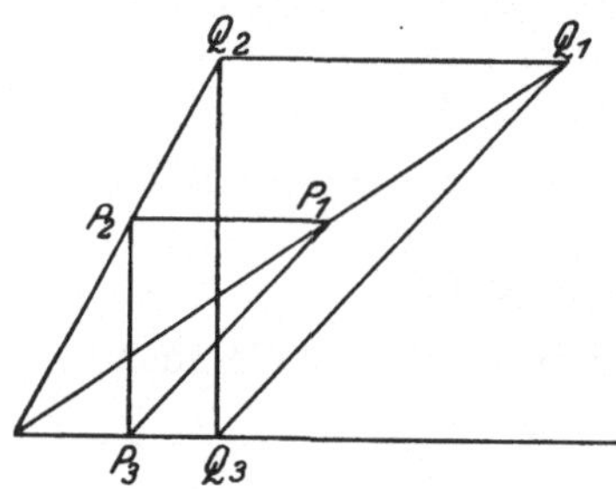

Fig. 27. $\Sigma.4$.

durch D und bringen sie in P_4 bzw. Q_4 mit P_1P_2 bzw. mit Q_1Q_2 zum Schnitt. Die Parameterdarstellung der Geraden P_iQ_i sei

$$t, d_i t \qquad\qquad (i = 1, 2).$$

Die Koordinaten von P_2 seien a, d_2a, die von Q_2 seien b, d_2b; alsdann sind die Koordinaten von P_3 und Q_3 bzw. $a, 0$ oder $b, 0$ und die Koordinaten von P_4 bzw. Q_4 die Zahlenpaare d_2a, d_2a bzw. d_2b, d_2b und weil $DP_3 \equiv P_4P_1$ und $DQ_3 \equiv Q_4Q_1$ ist, sind die Koordinaten von P_1 und Q_1 einerseits $d_2a + a, d_2a$ bzw. $d_2b + b, d_2b$, andererseits aber ist nach $\Sigma.4$ für das durch $d_1(d_2a + a) = d_2a$ bestimmte d_1 auch

$$d_1(d_2b + b) = d_2b.$$

Daraus folgt

$$(d_2 a + a)\, a^{-1} b = d_2 b + b$$

oder, da a, b, d_2 willkürlich sind, wenn wir $d_2 a = a'$, $a = b'$, $a^{-1} b = c'$ setzen,

$$(a' + b')\, c' = a' c' + b' c'.$$

Halten wir die zwei $\mathfrak{A}$-Geraden fest und sind R bzw. R' die Schnittpunkte dieser beiden Geraden mit einer beliebigen $\mathfrak{D}$-Geraden, so werden, wenn das zweite distributive Gesetz gilt, zwei vektorgleichen Strecken $R_1 R_2 \equiv R_3 R_4$ dabei zwei vektorgleiche Strecken $R'_1 R'_2 \equiv R'_3 R'_4$ zugeordnet, und die Abbildung der Vektoren $\mathfrak{m}\,(R_1 R_2) \longleftrightarrow \mathfrak{m}\,(R'_1 R'_2)$ ist ein Isomorphismus der $\mathfrak{A}$-Vektorgruppe. Sind nämlich in unserem Koordinatensystem die Koordinaten zweier Punktepaare R_i, R'_i bzw.

$$a_i, b_i; \quad a'_i, b'_i \qquad\qquad (i = 1, 2;\ a_i \neq 0),$$

so ist

$$a_1^{-1} a'_1 = a_2^{-1} a'_2 = d$$

der Abstand der beiden $\mathfrak{A}$-Geraden, es ist also

$$a'_i = a_i d,$$

und da nach dem zweiten distributiven Gesetz

$$(-a_1 + a_2)\, d = -a'_1 + a'_2$$

ist, folgt das Behauptete.

9. Das 4-Gewebe mit der Figur $\Sigma.4$.

Da die beiden distributiven Gesetze als wesentlich gleichwertig erscheinen, wollen wir kurz ein Gewebe untersuchen, in welchem an Stelle der Figur $\Sigma.3$ die Figur $\Sigma.4$ gilt. Es ist bequem, daneben noch zu fordern:

Eine $\mathfrak{D}$-Gerade und eine $\mathfrak{C}$-Gerade haben stets entweder einen oder alle Punkte gemeinsam.

Die am Schluß von **6, 8** durchgeführte Auswertung der Voraussetzung $\Sigma.4$ kann auch von der Benutzung der Forderung $\Sigma.3$ unabhängig vorgenommen werden, und wir erhalten so, daß durch die Abbildung zweier fester $\mathfrak{A}$-Geraden mittels $\mathfrak{D}$-Geraden ein Isomorphismus der $\mathfrak{A}$-Vektoren induziert wird.

Sind andererseits α_1, α_2 und α'_1, α'_2 zwei $\mathfrak{A}$-Geradenpaare von gleichem Abstand, d. h. sind die $\mathfrak{D}$-Strecken, die sie bzw. ausschneiden, einander gleich, so bewirkt die Abbildung durch $\mathfrak{D}$-Geraden denselben Isomorphismus.

Sind nämlich A_1, A_2, A'_1, A'_2 die Schnittpunkte der vier $\mathfrak{A}$-Geraden mit der $\mathfrak{B}$-Geraden durch D, sind P_1, P_2 die Schnittpunkte irgend einer $\mathfrak{D}$-Geraden mit α_1 bzw. α_2, P'_1 der Schnitt der $\mathfrak{B}$-Geraden durch P_1 mit

α_1' und P_2' der Schnitt der $\mathfrak{D}$-Geraden durch P_1' mit α_2', so muß die $\mathfrak{B}$-Gerade durch P_2 auch durch P_2' gehen, weil $P_1 P_2 \equiv P_1' P_2'$ sein soll. Dann ist aber auch $A_1' P_1' \equiv A_1 P_1$, $A_2' P_2' \equiv A_2 P_2$. Umgekehrt sieht man auch, daß zwei $\mathfrak{A}$-Geradenpaare, auf denen derselbe Isomorphismus bewirkt wird, gleichen Abstand haben.

Wir können nunmehr von der Operation

$$\mathfrak{a}' = \mathfrak{a}d$$

als der durch Abbildung von $\mathfrak{A}$-Geraden mittels $\mathfrak{D}$-Geraden induzierten Vektorabbildung sprechen.

Es gibt nur ein wohl bestimmtes d, welches ein $\mathfrak{a}$ in ein vorgegebenes $\mathfrak{a}'$ überführt, und es ist

$$(\mathfrak{a}_1 + \mathfrak{a}_2)d = \mathfrak{a}_1 d + \mathfrak{a}_2 d\,.$$

Wir können nun leicht wieder ein einseitig distributives Zahlensystem konstruieren, indem wir Klassen von Vektorpaaren

$$a^* = a^*\,(\mathfrak{a}_1\,d,\,\mathfrak{a}_2\,d)$$

bei variablem d bilden und ähnlich wie in **6, 3** ihre Addition und Multiplikation aus den Verknüpfungen der $\mathfrak{A}$-Vektoren und der $\mathfrak{D}$-Maßzahlen erklären. Die a^* sind übrigens von den in **6, 3** erklärten Streckenverhältnissen a verschieden, auch wenn die beiden distributiven Gesetze gelten. Nur wenn die Multiplikation der Streckenverhältnisse kommutativ ist, fallen die a und die a^* zusammen. Daß man umgekehrt aus jedem einseitig distributiven Zahlensystem ein 4-Gewebe, wie wir es hier voraussetzten, konstruieren kann, wird der nächste Abschnitt zeigen.

10. Analytische Darstellung eines 4-Gewebes mit Figur $\varSigma.4$.

Die analytische Darstellung der $\mathfrak{D}$-Geraden in dem $\mathfrak{A}$, $\mathfrak{B}$-Koordinatensystem mit dem Ursprung D finden wir durch die folgende Überlegung. Ist δ eine beliebige $\mathfrak{D}$-Gerade, auf welcher die Punkte P_1 und P_2 mit den Koordinaten $\mathfrak{a}_{11}$, $\mathfrak{a}_{12}$; $\mathfrak{a}_{21}$, $\mathfrak{a}_{22}$ liegen und ist $\mathfrak{a}_{11}d = \mathfrak{a}_{21}$, so ist auch $\mathfrak{a}_{12}d = \mathfrak{a}_{22}$. Bringen wir nämlich die $\mathfrak{B}$- und $\mathfrak{A}$-Geraden durch P_1, P_2 mit den Koordinatenachsen in Q_1, $(\mathfrak{a}_{11},\,\mathfrak{o})$, und Q_2, $(\mathfrak{a}_{21},\,\mathfrak{o})$, R_1, $(\mathfrak{o},\,\mathfrak{a}_{12})$, und R_2, $(\mathfrak{o},\,\mathfrak{a}_{22})$, zum Schnitt und die $\mathfrak{C}$-Gerade durch D mit den $\mathfrak{A}$-Geraden durch P_1 und P_2 in S_1 und S_2 zum Schnitt, so ist

$$\mathfrak{m}\,(R_1 S_1) = \mathfrak{a}_{12}, \quad \mathfrak{m}\,(R_2 S_2) = \mathfrak{a}_{22} \quad \text{und} \quad \mathfrak{m}\,(R_1 S_1)d = \mathfrak{m}\,(R_2 S_2)\,.$$

Die $\mathfrak{D}$-Gerade durch $\mathfrak{a}_1$, $\mathfrak{a}_2$ hat also die Parameterdarstellung

$$\mathfrak{a}_1 t,\ \mathfrak{a}_2 t,$$

wo t alle $\mathfrak{D}$-Maßzahlen durchläuft.

$$\mathfrak{a}_1 t + \mathfrak{a}_3,\ \mathfrak{a}_2 t,$$

nennen wir die zu $\mathfrak{a}_1 t$, $\mathfrak{a}_2 t$ parallelen Geraden. Im Gegensatz zu früher sind die

$$\mathfrak{a}_1 t, \quad \mathfrak{a}_2 t + \mathfrak{a}_3$$

keine Geraden, und deswegen ist durch irgend zwei Punkte nicht notwendig eine Gerade bestimmt, sondern nur durch einen Punkt D' mit den Koordinaten $(\mathfrak{a}_1, \mathfrak{o})$ und einen weiteren beliebigen Punkt.

Dagegen haben zwei Geraden, die nicht parallel sind, stets einen Punkt gemeinsam. Wir brauchen dies nur für Gerade, die keine $\mathfrak{B}$-Geraden sind, zu beweisen, und diese können wir in der Gestalt

$$\mathfrak{a}_1 t + \mathfrak{a}_3, \; \mathfrak{a}_2 t; \quad \bar{\mathfrak{a}}_1 t + \bar{\mathfrak{a}}_3, \; \bar{\mathfrak{a}}_2 t \qquad\qquad \mathfrak{a}_2 = \bar{\mathfrak{a}}_2$$

ansetzen; es muß für den Schnittpunkt

$$- \bar{\mathfrak{a}}_1 t + \mathfrak{a}_1 t = \bar{\mathfrak{a}}_3 - \mathfrak{a}_3$$

sein, und diese Gleichung ist für $- \bar{\mathfrak{a}}_1 + \mathfrak{a}_1 \neq \mathfrak{o}$ stets auflösbar.

Ebenfalls im Gegensatz zu früher sind jetzt die Transformationen

$$(1) \qquad\qquad \mathfrak{x}' = \mathfrak{x} d + \mathfrak{a}, \quad \mathfrak{y}' = \mathfrak{y} d$$

Kollineationen, und zwar führen die Transformationen

$$(2) \qquad\qquad \mathfrak{x}' = \mathfrak{x} d, \qquad \mathfrak{y}' = \mathfrak{y} d$$

alle $\mathfrak{D}$-Geraden in sich über und allgemein die Transformationen

$$\mathfrak{x}' = (\mathfrak{x} - \mathfrak{a}) d + \mathfrak{a} \qquad \mathfrak{y}' = \mathfrak{y} d$$

die Geraden durch den Punkt $\mathfrak{a}, \mathfrak{o}$ in sich über.

Da die Transformationen (2) dadurch bewirkt werden, daß man in jedem Punkte die gleiche $\mathfrak{D}$-Strecke abträgt, und da andererseits bei (1) jede Gerade in eine zu ihr parallele übergeht, sind $\mathfrak{D}$-Strecken zwischen Parallelen gleich. Dieselben Überlegungen treffen für die $\mathfrak{D}'$-Strecken auf den $\mathfrak{D}'$-Geraden durch irgend einen Punkt $(\mathfrak{a}, \mathfrak{o})$ zu. Folglich gilt der „Satz von DESARGUES" für Dreiecke $P_1\, P_2\, P_3$ und $Q_1 Q_2 Q_3$, deren Seiten bzw. parallel sind und für die die Geraden $P_1 Q_1$, $P_2 Q_2$, $P_3 Q_3$ sich in einem Punkt $(\mathfrak{a}, \mathfrak{o})$ schneiden, nämlich:

$\Sigma. \varDelta.$ *Ist $P_1 P_2$ parallel $Q_1 Q_2$, $P_2 P_3$ parallel $Q_2 Q_3$ und $P_3 P_1$ parallel $Q_3 Q_1$ und schneiden sich $P_1 Q_1$ und $P_2 Q_2$ in einem Punkte D, so geht auch $P_3 Q_3$ durch denselben Punkt D.* D heiße das Zentrum der Figur $\Sigma.\varDelta$. Wie man durch indirekte Schlußweise sieht, ist $\Sigma. \varDelta$ mit der folgenden Umkehrung gleichwertig: Schneiden sich die Geraden $P_1 Q_1$, $P_2 Q_2$ und $P_3 Q_3$ in einem Punkte D und ist $P_1 P_2$ parallel $Q_1 Q_2$, $P_2 P_3$ parallel $Q_2 Q_3$, so ist auch $P_3 P_1$ parallel $Q_3 Q_1$.

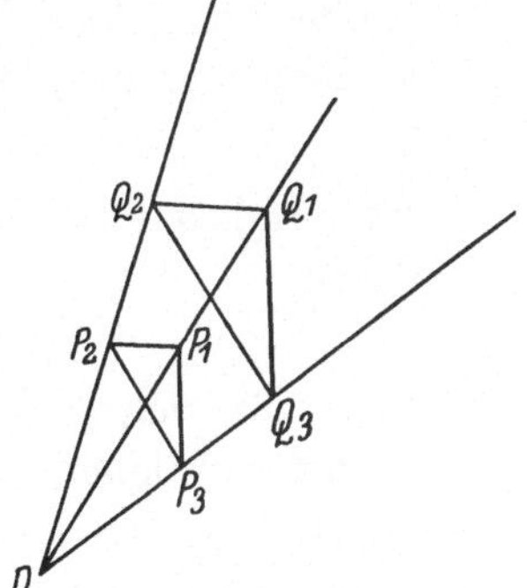

Fig. 28. $\Sigma. \varDelta.$

Ein weiterer Schließungssatz ergibt sich, wenn man die Gruppeneigenschaft der Transformationen (1) in geometrische Konstruktionen übersetzt. Die Kennzeichnung der Geometrie dieses Abschnitts durch Schließungssätze bleibe dem Leser überlassen.

11. Streckenverhältnisse als Schiefkörper.

Nunmehr ziehen wir die Voraussetzungen $\Sigma.3$ mit hinzu. Es gelten dann, wie wir schon in **6, 8** zeigten, für die Addition und Multiplikation der Streckenverhältnisse beide distributiven Gesetze und infolgedessen nach **2, 5** auch das kommutative Gesetz der Addition.

Die Streckenverhältnisse bilden also einen Schiefkörper.

Daraus und aus der Darstellung der Geraden durch die Gleichungen (1) in **6, 6** folgen unmittelbar alle in **5, 12** zusammengestellten Sätze *I.α 1* bis *I.α 5* über die Indizenz von Punkten und Geraden und den Parallelismus der Geraden in der affinen Ebene.

Nach **5, 3** sind die Transformationen $\mathfrak{x}' = \mathfrak{x}$, $\mathfrak{y}' = \mathfrak{y} + \mathfrak{a}$ Kollineationen der aus den 4-Geweben erklärten affinen Ebene, und daher gilt nach dem Schlußergebnis des vorigen Abschnitts der Satz von DESARGUES jetzt allgemein. Daraus folgt: Sind O, P_1, P_2 drei Punkte einer Geraden und O, Q_1, Q_2 drei Punkte einer anderen Geraden und ist $OP_1 : OP = OQ_1 : OQ_2$ nach Definition **5, 6, D. 1**, so ist die durch $Q_1 P_1$ zu der durch $Q_2 P_2$ bestimmten Geraden parallel und umgekehrt. Die in **5, 6** gegebene Definition der Proportionalität mit Hilfe der $\mathfrak{A}$- und $\mathfrak{B}$-Schar und die in **5, 14** gegebene sind also miteinander identisch und bei der Definition der $v(\mathfrak{x}_1, \mathfrak{x}_2)$ können nun $\mathfrak{A}$- und $\mathfrak{B}$-Vektoren für die $\mathfrak{x}_i$ zugelassen werden; die $a(\mathfrak{a}_1, \mathfrak{a}_2)$ werden dann zu Unterklassen der Klassen $v(\mathfrak{x}_1, \mathfrak{x}_2)$.

Mit Hilfe der in **6, 9** erklärten Operation av, worin v jetzt als das den $\mathfrak{D}$-Maßzahlen je eindeutig zugeordnete Streckenverhältnis aufgefaßt werden darf, kann man die Multiplikation von Streckenverhältnissen auch so schreiben: Es ist

$$v(\mathfrak{a}_1, \mathfrak{a}_2)\,\bar{v} = v(\mathfrak{a}_1, \mathfrak{a}_2\bar{v}),$$

Ist nämlich $\bar{v} = v(\bar{\mathfrak{a}}_1, \bar{\mathfrak{a}}_2)$, so ist $\bar{\mathfrak{a}}_1\bar{v} = \bar{\mathfrak{a}}_2$, also ist $\bar{v} = (\mathfrak{a}_2, \mathfrak{a}_2\bar{v})$ und daher

$$v(\mathfrak{a}_1, \mathfrak{a}_2)\, v(\mathfrak{a}_2, \mathfrak{a}_2\bar{v}) = v(\mathfrak{a}_1, \mathfrak{a}_2\bar{v}).$$

Das läßt sich noch weiter verallgemeinern: nach **6, 10** sind ja die Transformationen

$$\mathfrak{a}_1' = \mathfrak{a}_1 v, \qquad \mathfrak{a}_2' = \mathfrak{a}_2 v$$

Kollineationen der affinen Ebene, welche alle Geraden in zu ihnen parallele überführen. Folglich wird jeder Vektor der affinen Ebene in einen zu ihm parallelen Vektor übergeführt. Irgend ein Vektor

$$\mathfrak{x} = \mathfrak{a} + \mathfrak{b}$$

geht offenbar in

$$\mathfrak{x}' = \mathfrak{a}v + \mathfrak{b}v$$

über, es werde dann

$$\mathfrak{x}' = \mathfrak{x}\bar{v}$$

gesetzt. Nun ist nach **5, 14** Satz 5

$$\mathfrak{x} : \mathfrak{x}' = \mathfrak{a} : \mathfrak{a}' = \mathfrak{b} : \mathfrak{b}'$$

und

$$v(\mathfrak{a}, \mathfrak{a}') = v(\mathfrak{b}, \mathfrak{b}') = \bar{v},$$

also ist ebenfalls

$$v(\mathfrak{x}, \mathfrak{x}') = v(\mathfrak{x}, \mathfrak{x}\bar{v}) = \bar{v}.$$

Also ist allgemein

$$v(\mathfrak{x}_1, \mathfrak{x}_2)\,\bar{v} = v(\mathfrak{x}_1, \mathfrak{x}_2)\,v(\mathfrak{x}_2, \mathfrak{x}_2\bar{v}) = v(\mathfrak{x}_1, \mathfrak{x}_2\bar{v}).$$

Das *kommutative Gesetz der Vektoraddition* und der Addition der Streckenverhältnisse läßt sich auch *rein geometrisch* beweisen.

Wir müssen offenbar die Figur Σ. 2 im $\mathfrak{A}\mathfrak{B}\mathfrak{C}$-Gewebe beweisen. Wir knüpfen an die Bezeichnung von **4, 12** an und nennen S_1 den Schnittpunkt von $Q_1 P_1$ mit $R_2 Q_2$ und S_2 den Schnittpunkt der Geraden $O S_1$ mit $R_1 Q_1$. Die Dreiecke $O R_1 P_2$ und $S_1 Q_1 Q_2$ haben paarweise parallele Seiten, die entsprechenden Ecken O, S_1 und R_1, Q_1, bestimmen Geraden, die sich in S_2 schneiden, und nach dem Satz von DESARGUES muß deswegen auch die Gerade $P_2 Q_2$ durch S_2 hindurchgehen.

Betrachten wir nun die Dreiecke $O R_2 P_1$ und $S_2 Q_2 Q_1$, so sind die Seiten $Q_1 S_2$ parallel $O P_1$ und $Q_2 S_2$ parallel $O R_2$, und die Dreiecksgeraden durch entsprechende Ecken $R_2 Q_2$, $P_1 Q_1$ und $O S_2$ schneiden sich in S_1, folglich ist nach der Umkehrung des Satzes von DESARGUES $R_2 P_1$ parallel $Q_1 Q_2$.

12. Literatur über Gewebe.

Während Kapitel **4** alles Wesentliche enthält, was über 3-Gewebe zu sagen ist, ließe sich über 4-Gewebe noch manches Interessante hinzufügen. Das Ausgewählte ist das Wichtigste für die Axiomatik der affinen Ebene, der wir uns im nächsten Kapitel ausschließlich zuwenden wollen. Vorher seien den Geweben noch einige abschließende Worte gewidmet.

Eine einfache Aufgabe ist es, in einem $\mathfrak{A}\mathfrak{B}\mathfrak{C}\mathfrak{E}$-Gewebe, in welchem die in Kapitel 5 vorausgesetzten Inzidenzforderungen

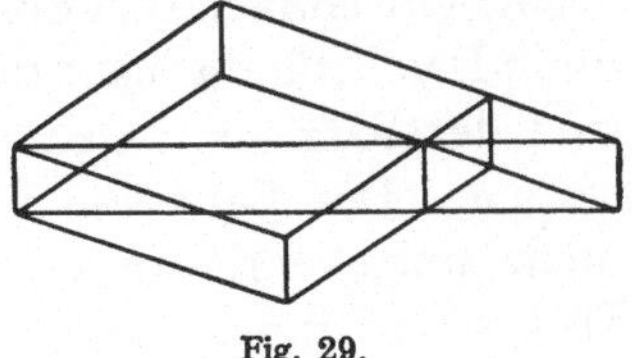

Fig. 29.

erfüllt sind und ferner noch jede $\mathfrak{C}$-Gerade mit jeder $\mathfrak{E}$-Geraden einen Schnittpunkt bestimmt, aus der Figur Σ. δ für drei der Scharen die Figur Σ. *1* in den vier 3-Geweben des 4-Gewebes und die Figur Σ. δ für die vierte Schar nachzuweisen. Wir deuten den Beweis durch die beiden Figuren **29** und **30** an.

Schwieriger ist es, die 4-Gewebe zu kennzeichnen, die sich auf vier Geradenbüschel der affinen Ebene abbilden lassen. Ausgeführt ist dies nur, wenn die Stetigkeitsaxiome mit vorausgesetzt sind[1]. Es ergibt sich dabei ein hübscher Zusammenhang zwischen diesen Geweben und ebenen Transformationsgruppen, der einen Fingerzeig bietet, wie dieFrage allgemein gelöst werden könnte. Jedes in einem solchen 4-Gewebe enthaltene 3-Gewebe erfüllt nach 4, 22 die Figur Σ. 1; es wäre interessant, ein 4-Gewebe mit dieser Eigenschaft kennenzulernen, das sich nicht in eine affine Ebene einbetten ließe und weitere Schließungssätze anzugeben, die ein solches 4-Gewebe vollständig bestimmten.

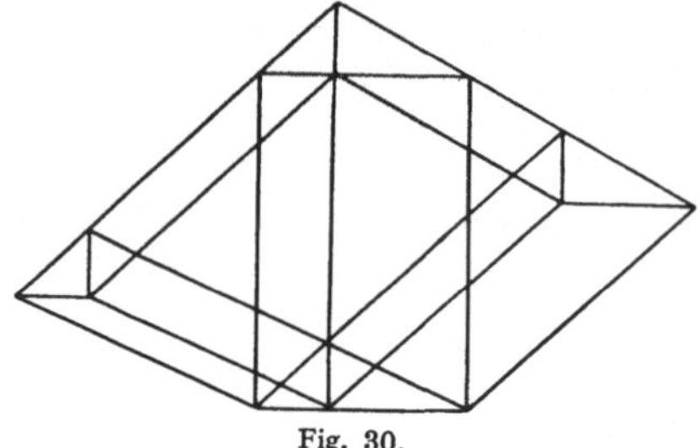

Fig. 30.

Analoge Fragen im dreidimensionalen Raum zu untersuchen, ist keineswegs trivial. Dem 3-Gewebe der Ebene entspricht hier ein 4-Gewebe, dessen Punkte sich auf Tripel von Gruppenelementen (a, b, c) abbilden lassen. Den 4-Geweben der Ebene entsprechen räumliche 6-Gewebe, die in ähnlichen Beziehungen zu räumlichen Transformationsgruppen stehen können, wie die ebenen 4-Gewebe zu ebenen Transformationsgruppen[2]. Diese Gewebe sind auch für die Grundlagen der Geometrie von Bedeutung, weil sie die Geraden des Raumes zu kennzeichnen gestatten würden, ohne daß die Existenz von Ebenen vorausgesetzt wäre[3].

Kapitel 7.

Affine und projektive Geometrie.

Einleitung.

Nachdem wir den Zusammenhang zwischen den Körperaxiomen und den Schließungssätzen der Gewebe kennengelernt haben, ist es leicht, ein einfaches Axiomensystem der affinen Geometrie anzugeben und als vollständig nachzuweisen. Neben den Inzidenzforderungen *I. α.* sind der Satz von DESARGUES und der Satz von PASCAL die Hauptaxiome. Der Satz von DESARGUES folgt aus dem von PASCAL, aber nicht umgekehrt. In der räumlichen Geometrie folgt der Satz von DESARGUES aus den trivialen Inzidenzaxiomen für Punkte, Geraden und Ebenen.

---

[1] Vgl. R. MAYRHOFER: Math. Z. Bd. 28, 1928 und K. REIDEMEISTER: Math. Z. Bd. 29, 1928.

[2] Vgl. E. PODEHL: Hamb. Abhdlg. Bd. 7, 1930.

[3] Zur Ergänzung dieses Abschnitts vergleiche man den Bericht von W. BLASCHKE: Jahresber. d. deutsch. Math.-Ver. Bd. 38, 1929.

Die projektiven Axiome lassen sicht leicht aus den affinen gewinnen. Beweise für Widerspruchsfreiheit und für Unabhängigkeit der geometrischen Axiome ergeben sich aus den entsprechenden Überlegungen für die Körperaxiome in Kapitel 2.

1. Die Axiome der ebenen affinen Geometrie.

Die Axiome der 4-Gewebe können wir leicht zu einem System von Axiomen der affinen ebenen Geometrie umgestalten. Neben den Eigenschaften des $\mathfrak{A}, \mathfrak{B}, \mathfrak{C}, \mathfrak{D}$-Gewebes muß nur noch gefordert werden, daß die Geraden der affinen Ebene mit den durch die Translationen des $\mathfrak{A}, \mathfrak{B}, \mathfrak{C}$-Gewebes aus $\mathfrak{D}$-Geraden hervorgehenden „Geraden" zusammenfallen bzw. daß die Translationen des $\mathfrak{A}, \mathfrak{B}, \mathfrak{C}$-Gewebes Kollineationen der affinen Ebene sind.

In diesem Axiomensystem würden aber die vier Scharen $\mathfrak{A}, \mathfrak{B}, \mathfrak{C}, \mathfrak{D}$ bevorzugt — es ist ja nicht einmal vorausgesetzt, daß je zwei Punkte eine Gerade bestimmen und zwei Gerade entweder parallel sind oder einen Punkt gemeinsam haben. Dies wird vielmehr erst mit Hilfe der Schließungssätze gefolgert.

Nun sind aber die Scharen $\mathfrak{A}, \mathfrak{B}, \mathfrak{C}$ vor den übrigen Scharen paralleler Geraden der affinen Ebene nicht ausgezeichnet, Entsprechendes gilt von der $\mathfrak{D}$-Schar, und wir wollen deswegen ein System von Axiomen angeben, in welchem keine Geradenscharen bevorzugt werden. Wir beweisen das

Theorem: *Die Inzidenzaxiome I. α. 1 bis I. α. 5 und der Satz von* DESARGUES, *$\Sigma. \varDelta$, kennzeichnen die affine Geometrie, die aus einem Schiefkörper erklärt ist.*

Zunächst ergibt sich durch indirekte Schlußweise der kleine DESARGUESsche Satz $\Sigma. \delta$. Sind nämlich P_i, Q_i zwei Dreiecke mit paarweise parallelen Seiten, ist $P_1 Q_1$ parallel zu $P_2 Q_2$ und wäre $P_1 Q_1$ nicht auch zu $P_3 Q_3$ parallel, so müßte der Schnittpunkt von $P_1 Q_1$ mit $P_3 Q_3$ nach $\Sigma. \varDelta$ auch auf $P_2 Q_2$ liegen, im Widerspruch zur Voraussetzung.

$\Sigma. 1$ für drei Scharen paralleler Geraden $\mathfrak{A}, \mathfrak{B}, \mathfrak{C}$ ist eine Folge des kleinen DESARGUESschen Satzes. $\Sigma. 1$ für die Geradenschar $\mathfrak{D}$ durch einen Punkt D und zwei Scharen paralleler Geraden $\mathfrak{A}, \mathfrak{B}$ folgt ebenso aus den beiden Aussagen des DESARGUESschen Satzes selbst.

Die Figur $\Sigma. 3$ folgt ebenfalls nach **5, 4** aus $\Sigma. \delta$. Die Figur $\Sigma. 4$ in **6, 8** ist ein spezieller Fall des DESARGUESschen Satzes.

Der kleine Satz von DESARGUES hat nach **5, 4** zur Folge, daß die Translationen des $\mathfrak{A}\mathfrak{B}\mathfrak{C}$-Gewebes Kollineationen der affinen Ebene sind, daß also die aus den $\mathfrak{D}$-Geraden nach **5, 3** hervorgehenden Geraden mit den Geraden der affinen Ebene identisch sind.

Aus dem Satz von DESARGUES folgt nach **6, 11** und nach **6, 6** also: die Streckenverhältnisse a der affinen Ebene bilden einen Schiefkörper; die Punkte der affinen Ebene lassen sich eineindeutig auf die

Paare a, b so abbilden, daß den Geraden die linearen Gleichungen $ux + vy + w = 0$ entsprechen und umgekehrt. Nach **6, 6** sind schließlich der Schiefkörper $\mathfrak{S}$, aus welchem die affine Ebene analytisch erklärt ist, und der Schiefkörper $\mathfrak{S}'$ der Streckenverhältnisse zueinander isomorph.

Daß bei diesem Beweise gewisse Punkte und Geradenscharen bevorzugt werden, ist natürlich und notwendig: nur so lassen sich Koordinaten einführen und die Beziehung der Geometrie zur Algebra wirklich herstellen.

2. Begründung der Streckenrechnung aus den affinen Axiomen.

Aber es sind natürlich auch andere Beweisanordnungen möglich. Nach O. HÖLDER[1] können wir z. B. so vorgehen:

1. Es wird der kleine DESARGUESsche Satz gefolgert und die Gruppe der Vektoren der affinen Ebene eingeführt wie in Kapitel 5.

2. Erklärt man zwei Strecken OP_1, OP_2 einer Geraden zu zwei Strecken einer anderen Geraden OQ_1, OQ_2 proportional, wenn die Verbindungsgeraden P_1Q_1 und P_2Q_2 parallel sind, und begründet die Proportionenlehre aus dem kleinen Satz von DESARGUES, wie wir dies in **5, 6** getan haben.

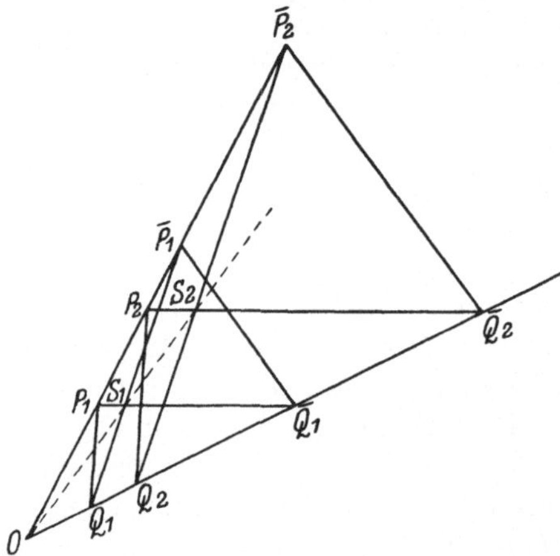

Fig. 31.

3. Erklärt man zwei Strecken OP_1, OP_2 einer Geraden zu zwei Strecken derselben Geraden $O\bar{P_1}$, $O\bar{P_2}$ proportional, wenn es zwei Strecken OQ_1, OQ_2 einer anderen Geraden gibt, die zu beiden Streckenpaaren nach der ersten Erklärung proportional sind, und beweist mittels des Satzes von DESARGUES, daß die Proportionalität von Streckenpaaren transitiv ist und daß es eine und nur eine Strecke OQ_2 gibt, so daß $OP_1 : OP_2 = OQ_1 : OQ_2$ gilt. Zu diesem Beweise werden wir gleich noch einige Bemerkungen hinzufügen.

4. Nun bildet man die Streckenverhältnisse v als Klasse zueinander proportionaler Streckenpaare oder Vektorpaare $v(\mathfrak{x}_1, \mathfrak{x}_2)$. Alsdann kann man wie in **6, 5** die Addition und Multiplikation der Streckenverhältnisse erklären und wie dort die Rechengesetze bis auf das zweite distributive Gesetz aus dem Satz Σ. δ nachweisen.

---

[1] „Streckenrechnung und projektive Geometrie", Leipziger Ber. 1911.

5. Erklärt man nun χv durch $v = v\,(\chi, \chi v)$, so folgt aus **5**, **14** Satz 6 zunächst: sind $\mathfrak{a}, \mathfrak{b}, \mathfrak{c}$ drei nicht parallele Vektoren und ist

$$\mathfrak{a} + \mathfrak{b} + \mathfrak{c} = \mathfrak{o},$$

so ist auch

$$\mathfrak{a}\,a + \mathfrak{b}\,a + \mathfrak{c}\,a = \mathfrak{o}.$$

Ist nun $\qquad \mathfrak{a}_1 + \mathfrak{b} + \mathfrak{c}_1 = \mathfrak{o}, \qquad \mathfrak{a}_2 - \mathfrak{b} + \mathfrak{c}_2 = \mathfrak{o}$

($\mathfrak{a}_1$ und $\mathfrak{a}_2$ parallel, $\mathfrak{a}_1, \mathfrak{b}, \mathfrak{c}_1, \mathfrak{c}_2$ zu je zweien nicht parallel), so ist

auch $\qquad\qquad (\mathfrak{a}_1 + \mathfrak{a}_2) + \mathfrak{c}_1 + \mathfrak{c}_2 = \mathfrak{o}\,.$

Daraus folgt

$$\mathfrak{a}_1 a + \mathfrak{b}\,a + \mathfrak{c}_1 a = \mathfrak{o}, \qquad \mathfrak{a}_2 a - \mathfrak{b}\,a + \mathfrak{c}_2 a = \mathfrak{o},$$

$$(\mathfrak{a}_1 + \mathfrak{a}_2)\,a + \mathfrak{c}_1 a + \mathfrak{c}_2 a = \mathfrak{o},$$

woraus

$$(\mathfrak{a}_1 + \mathfrak{a}_2)\,a = \mathfrak{a}_1 a + \mathfrak{a}_2 a$$

folgt. Da also

$$v\,(\chi_1, (\mathfrak{a}_1 + \mathfrak{a}_2)\,a) = v\,(\chi_1, \mathfrak{a}_1 a) + v\,(\chi_1, \mathfrak{a}_2 a),$$

so folgt das zweite distributive Gesetz.

6. Schließlich stellt man wie in **6**, **10** die Gleichung der Geraden auf.

Der Beweis, daß die Proportionalität transitiv ist, folgt unmittelbar aus dem Satz von DESARGUES, wenn drei Streckenpaare auf drei verschiedenen Geraden vorliegen. Andernfalls ist ein weiterer Schließungssatz nötig, der sofort aus $\varSigma.\,\varDelta$ folgt und hier nur durch die Figur **31** angedeutet sei.

3. Fundamentalsatz der affinen Geometrie.

Der Satz von DESARGUES kann durch die folgenden Forderungen ersetzt werden:

1. Sind O, P_1, P_2 drei Punkte einer Geraden und bestimmen $O Q_1$ eine andere Gerade durch O, so gibt es einen und nur einen Punkt Q_2, so daß

$$O P_1 : O P_2 = O Q_1 : O Q_2\,.$$

2. Sind O, P_1, P_2; O, Q_1, Q_2 und O, R_1, R_2 drei Punkte je dreier verschiedener Geraden durch O und ist

$$O P_1 : O P_2 = O Q_1 : O Q_2 \quad \text{und} \quad O Q_1 : O Q_2 = O R_1 : O R_2,$$

so ist auch

$$O P_1 : O P_2 = O R_1 : O R_2\,.$$

3. Sind O, P_1, P_2 drei Punkte einer Geraden und O, Q_1, Q_2 drei Punkte einer anderen Geraden durch denselben Punkt O und ist $P_1 Q_1$ parallel $P_2 Q_2$, so ist

$$O P_1 : O P_2 = O Q_1 : O Q_2\,.$$

Diese Forderungen kann man auch zusammenfassen in eine einzige, die wir den *Fundamentalsatz der affinen Geometrie* nennen wollen. Zunächst zwei Definitionen:

D. 1: *Zwei verschiedene Gerade heißen parallelperspektiv aufeinander bezogen, wenn die Verbindungsgeraden der zugeordneten Punkte P, P* zueinander parallel sind.*

D. 2: *Die Punkte P einer Geraden γ heißen auf die Punkte P* einer Geraden γ^* affin bezogen, wenn sie perspektiv aufeinander bezogen sind oder wenn es eine Perspektivität $P \to P'$ der Punkte von γ auf die Punkte einer Geraden γ' und eine Perspektivität $P' \to P''$ der Punkte von γ' auf die von γ^* gibt, so daß $P'' = P^*$ ist.* Hierin kann γ und γ^* identisch sein.

Fundamentalsatz der affinen Geometrie: Es gibt eine und nur eine affine Beziehung zwischen zwei verschiedenen Geraden, welche den Punkten P_1, P_2 vorgeschriebene Punkte P_1', P_2' zuordnet.

Daß aus dem Fundamentalsatz $\Sigma. \Delta$ folgt, ist klar. Das Umgekehrte ergibt sich so:

Ist $P_1 = P_1'$, so ist $P_2 \neq P_2'$, und die Parallelen zu $P_2 P_2'$ vermitteln eine affine Zuordnung der gesuchten Art; ist $P_1 \neq P_1'$ und $P_2 \neq P_2'$, so ist entweder $P_1 P_1'$ parallel $P_2 P_2'$ — dann vermitteln die Parallelen zu $P_1 P_1'$ die Affinität. Andernfalls bringen wir die Parallele zu $P_1 P_2$ durch P_1' mit der Parallelen zu $P_1 P_1'$ durch P_2 in R_2 zum Schnitt. Die Gerade $P_1' R_2$ werde nun durch die Parallelen zu $P_1 P_1'$ auf $P_1 P_2$ und durch die Parallelen zu $P_2' R_2$ auf $P_1' P_2'$ perspektiv bezogen. Es gibt also mindestens eine Zuordnung der geforderten Art.

Ist nun P_3 irgend ein weiterer Punkt der Geraden $P_1 P_2$ und P_3' der ihm zugeordnete auf $P_1' P_2'$, so ist $P_1 P_2 : P_1 P_3 = P_1' P_2' : P_1' P_3'$. Dadurch ist aber P_3' eindeutig bestimmt, und es gibt also auch nur eine affine Zuordnung $P \to P'$, die der Forderung $P_i \to P_i'$ $(i = 1, 2)$ genügt.

4. Die räumlichen Inzidenzaxiome und der Satz von DESARGUES.

Es ist wichtig für die Rolle des Satzes von DESARGUES, daß er *sich im Raume aus den Verknüpfungseigenschaften von Punkten, Geraden und Ebenen und dem Parallelenaxiom beweisen läßt.* Die Verknüpfungsaxiome *I.α.1* bis *I.α.5* ergänzen wir durch die folgenden räumlichen Axiome:

I.α.6: Drei nicht auf einer und derselben Geraden liegende Punkte bestimmen stets eine Ebene.

I.α.7: Irgend drei Punkte einer Ebene, die nicht auf einer Geraden liegen, bestimmen diese Ebene.

I.α.8: Wenn zwei Ebenen einen Punkt gemeinsam haben, so haben sie noch einen weiteren Punkt gemeinsam.

I. α. 9: Eine Ebene, welche die verschiedenen Punkte P und Q enthält, enthält auch alle Punkte der durch P und Q bestimmten Geraden.

I. α. 10: Es gibt zwei verschiedene Ebenen,

und behaupten, daß der Satz von DESARGUES aus *I. α. 1* bis *I. α. 10* folgt.

Zwei Ebenen, die keinen Punkt gemeinsam haben, nennen wir parallel. Sind E_1 und E_2 parallele Ebenen, die von einer beliebigen Ebene E_3 in den Geraden γ_1 und γ_2 getroffen werden, so sind γ_1 und γ_2 parallel. Folglich gibt es zu jeder Ebene E_1 durch jeden Punkt P außerhalb von E_1 eine und nur eine parallele Ebene E_2. Sind nämlich E_3 und E_4 zwei Ebenen durch P, welche die parallelen Ebenen E_1 und E_2 bzw. in den Geraden γ_{13}, γ_{14}, γ_{23}, γ_{24} schneiden, so ist γ_{13} parallel γ_{23} und γ_{24} parallel γ_{34}, und durch diese Beziehung ist γ_{23} und γ_{24} eindeutig nach *Iα. 5* und E_2 eindeutig nach *Iα. 7* bestimmt. Umgekehrt folgt hieraus eine einfache Konstruktion der parallelen Ebene. Sind zwei Ebenen E_1, E_2 einer dritten E_3 parallel, so sind sie untereinander parallel. Träfen E_1 und E_2 sich nämlich in einem Punkte P, so gäbe es durch P zwei parallele Ebenen zu E_3.

Um nun den Satz von DESARGUES für die Dreiecke P_i, Q_i und das Zentrum O in der Ebene E_1 nachzuweisen, setzen wir voraus, daß $P_i Q_i$ je eine Gerade durch O bestimmen und daß $P_1 P_2$ parallel $Q_1 Q_2$, $P_1 P_3$ parallel $Q_1 Q_3$ ist. Um zu zeigen, daß auch $P_2 P_3$ parallel $Q_2 Q_3$ ist, ziehen wir durch O eine Gerade, die nicht in E_1 liegt, nehmen auf ihr einen Punkt P_4 an, verbinden P_4 mit P_1, P_2 und P_3, bringen die parallele Ebene zu der durch P_1, P_2, P_4 bestimmten Ebene durch Q_1 (und Q_2) in Q_4 mit der Geraden $O P_4$ zum Schnitt. Alsdann ist $P_4 P_1$ parallel $Q_4 Q_1$, $P_4 P_2$ parallel $Q_4 Q_2$, weil sie Schnittlinien der parallelen Ebenen $P_1 P_2 P_4$ und $Q_1 Q_2 Q_4$ mit den Ebenen $O P_1 P_4$ bzw. $O P_2 P_4$ sind. Daher sind die Ebenen durch P_1, P_3, P_4 und Q_1, Q_3, Q_4 parallel, weil sie bzw. die parallelen Geraden $P_1 P_3$, $Q_1 Q_3$ und $P_1 P_4$, $Q_1 Q_4$ enthalten. Es ist $P_4 P_3$ parallel $Q_4 Q_3$ als Schnittgerade dieser Ebenen mit der Ebene $O P_4 P_3$. Folglich ist auch die durch P_3, P_4, P_2 zu der durch Q_3, Q_4, Q_2 bestimmten Ebene parallel, weil sie die paarweis parallelen Geraden $P_2 P_4$, $Q_2 Q_4$ und $P_3 P_4$, $Q_3 Q_4$ enthalten, und folglich ist $P_2 P_3$ parallel $Q_2 Q_3$, weil sie in E_1 durch diese beiden Ebenen ausgeschnitten werden.

5. Die projektiven Inzidenzaxiome.

Nach der Begründung der analytischen Geometrie kann man jede geometrische Frage in eine algebraische Frage übersetzen. So kann man nun auch die projektiven Transformationen der affinen Ebene erklären und darauf, rein algebraisch, die projektive Geometrie der affinen Ebene aufbauen, wie wir das in **3, 10** andeuteten. Diesen Aufbau wollen wir jetzt geometrisch wenigstens skizzieren.

Wir erweitern zunächst die Punkte und Geraden der affinen Ebene durch die unendlichfernen Punkte und die unendlichferne Gerade, indem wir definieren:

1a. *Jede affine Gerade enthält einen und nur einen unendlich fernen Punkt.*

1b. *Durch jeden unendlich fernen Punkt geht eine Gerade hindurch.*

2a. *Sind zwei Gerade parallel, so haben sie denselben unendlich fernen Punkt gemeinsam.*

2b. *Haben zwei Gerade denselben unendlich fernen Punkt gemeinsam, so sind sie parallel.*

Satz: *Durch jeden Punkt und jeden unendlich fernen Punkt geht eine und nur eine Gerade hindurch.*

Die Gesamtheit der unendlich fernen Punkte nennen wir *„unendlich ferne Gerade"*.

Verstehen wir nun unter Punkten und Geraden jetzt auch unendlich ferne Elemente, so gelten die Schnittpunktssätze *I. α. 1* bis *4*; an Stelle von *I. α. 5* erhalten wir den Satz:

I. π. 5. Zwei voneinander verschiedene Gerade schneiden sich stets in einem Punkt.

Die Gesamtheit der Punkte und Geraden heißt eine *„projektive Ebene"* *I. α. 1* bis *4*, *I. π. 5* die projektiven Verknüpfungsaxiome. In diesen Axiomen ist das unendlich Ferne nicht mehr ausgezeichnet, und man schließt daraus sofort, daß wir auf sehr viele Weisen daraus eine Geometrie ableiten können, in der die Forderungen *I. α. 1* bis *I. α. 5* gelten, indem wir nämlich irgend eine beliebige Gerade auszeichnen, ihre Punkte unendlich ferne nennen und zwei Gerade durch denselben unendlich fernen Punkt parallel nennen.

Man bestätigt leicht die folgenden Sätze:

I. π. 2: Irgend zwei voneinander verschiedene Gerade durch einen Punkt bestimmen diesen Punkt als ihren Schnittpunkt.

I. π. 3: Durch jeden Punkt gehen stets zwei verschiedene Gerade.

I. π. 4: Es gibt drei Gerade, die nicht durch einen Punkt gehen.

Der Vergleich zeigt, daß aus den Inzidenzaxiomen der projektiven Geometrie wieder richtige Sätze hervorgehen, *wenn ganz formal die Worte „Punkte" und „Geraden" miteinander vertauscht werden* — nachdem etwa zuvor alle Inzidenzbeziehungen durch das Wort „inzidieren" ausgedrückt sind. Der so entstehende Satz heißt der zum ursprünglichen *„duale Satz"*.

6. Der Satz von DESARGUES in der projektiven Ebene.

Nun zeigt die Figur des Satzes von DESARGUES ein anderes Aussehen. Sie besteht jetzt aus zehn Geraden und zehn Punkten, von denen jede Gerade mit drei von den Punkten, jeder Punkt mit drei von den Geraden inzidiert. Nehmen wir irgend eine dieser Geraden als die unendlich ferne, so entsteht aus ihr die Figur des affinen Satzes von DESARGUES in der affinen Geometrie bezüglich dieser Geraden.

Genau lautet die projektive Formulierung so:

$\Sigma.\, \varDelta^*$. *Schneiden sich die Geraden durch* $P_i Q_i$ ($i = 1, 2, 3$) *in einem Punkte D und sind* R_1, R_2, R_3 *die Schnittpunkte der Geraden* $P_2 P_3$ *und* $Q_2 Q_3$; $P_1 P_2$ *und* $Q_1 Q_2$; $P_3 P_1$ *und* $Q_3 Q_1$, *so liegen die* R_i *auf ein und derselben Geraden.*

Vertauscht man hierin formal die Worte „Punkt" und „Gerade", so verwandelt sich der Satz in seine Umkehrung, also wieder in einen richtigen Satz. Da mithin alle zu den Axiomen der projektiven Geometrie dualen Sätze wiederum richtige Sätze sind, so muß dies auch für alle Folgerungen aus den Axiomen gelten. Daraus folgt das sog. Dualitätsprinzip: Vertauscht man in den richtigen Sätzen der projektiven Geometrie „Punkte" und „Gerade" miteinander, so erhält man wieder richtige Sätze der projektiven Geometrie.

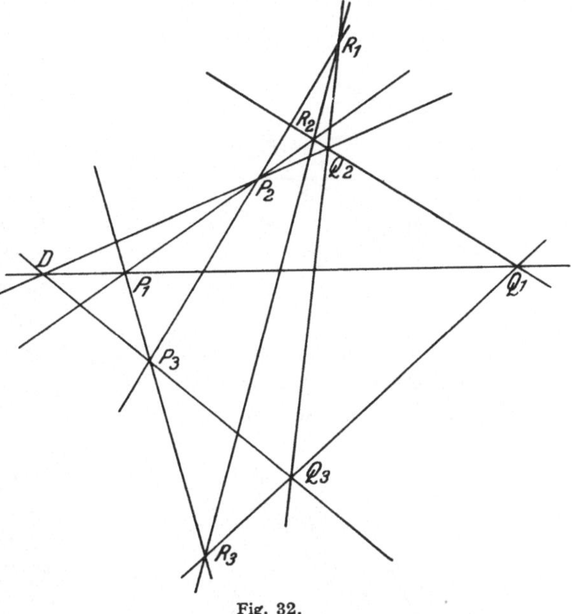

Fig. 32.

Ist in einer projektiven Ebene der Satz von DESARGUES *bezüglich einer Geraden* γ *als der unendlich fernen Geraden erfüllt, so ist er bezüglich jeder Geraden als der unendlich fernen erfüllt.*

Der Beweis sei nur skizziert. Aus Satz $\Sigma.\, \varDelta$ in einer affinen Geometrie mit γ als unendlich ferner Geraden folgt der Satz von DESARGUES für beliebige Geraden ungleich γ als unendlich ferne Geraden unter der Voraussetzung, daß die Zentren auf γ liegen. Ist S irgend ein solcher Punkt und σ eine Gerade durch ihn, so folgt also der Satz insbesondere auch für irgend eine DESARGUESsche Figur, welche diese beiden Stücke enthält. Nehme ich nun σ als unendlich ferne Gerade, so folgt also der Desargues für Dreieckspaare, deren eines Seitenpaar eine feste Richtung hat. Daraus folgt die affine Figur bezüglich σ aber sofort allgemein.

7. Die Streckenverhältnisse in der projektiven Ebene.

Wir können daher in jeder affinen Geometrie der projektiven Ebene Streckenverhältnisse erklären und zeigen, daß sie einen Schiefkörper bilden. Alle diese Schiefkörper sind, wie wir wissen, zueinander isomorph. Geometrisch übersichtlich wird das durch folgende beiden Sätze:

Satz 1: *Sind γ_{u1}, γ_{u2}, γ drei verschiedene Gerade durch U und sind $P_1 P_2$, $Q_1 Q_2$ zwei Strecken auf γ, welche in einer affinen Geometrie bezüglich γ_{u1} vektorgleich sind, so sind sie auch in der affinen Geometrie bezüglich γ_{u2} vektorgleich.*

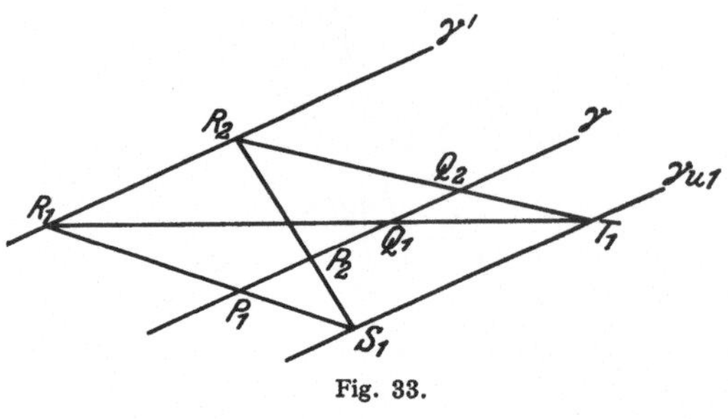

Fig. 33.

Satz 2: *Sind γ_{u1}, γ_{u2}, γ drei verschiedene Gerade durch U und $O P_1$, $O P_2$, $O Q_1$, $O Q_2$ zwei Streckenpaare auf γ, die in der affinen Geometrie bezüglich γ_{u1} proportional sind, so sind sie auch in der bezüglich γ_{u2} proportional.*

Zum Beweise von Satz 1 nehmen wir γ_{u2} als unendlich ferne Gerade und γ_{u1} als x-Achse eines schiefwinkligen Koordinatensystems. γ ist zu γ_{u1} parallel. Ist nun $P_1 P_2 \equiv Q_1 Q_2$, so gibt es also nach Definition der Vektorgleichheit eine Strecke $R_1 R_2$ auf einer Geraden γ' ($\neq \gamma, \gamma_{u1}, \gamma_{u2}$) durch U, so daß $P_1 R_1$ und $P_2 R_2$ einerseits und $Q_1 R_1$ und $Q_2 R_2$ andererseits sich in einem Punkte S_1 bzw. T_1 auf γ_{u1} schneiden. Folglich bestehen aber in der affinen Geometrie bezüglich γ_{u2} die Proportionen

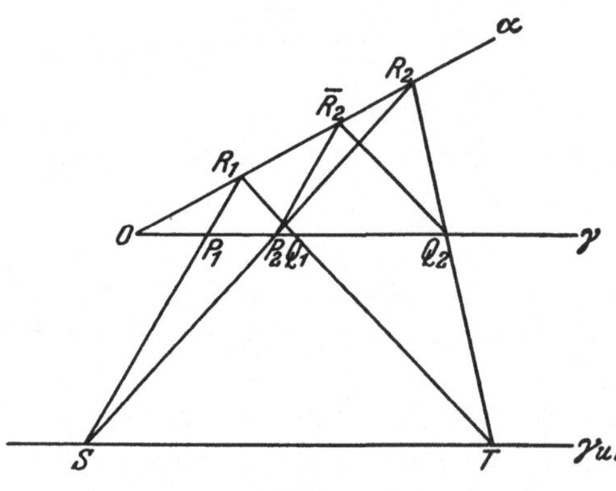

Fig. 34.

$$S_1 R_1 : S_1 P_1 = S_1 R_2 : S_1 P_2 = T_1 R_1 : T Q_1 = T_1 R_2 : T_1 Q_2 ,$$

und folglich repräsentieren sowohl $P_1 P_2$ wie $Q_1 Q_2$ denselben Vektor $\mathfrak{x} d$, wenn $R_1 R_2$ den Vektor $\mathfrak{x}$ und $S_1 R_1 : S_1 P_1$ die Maßzahl d repräsentiert.

Zum Beweise von Satz 2 ziehen wir durch O eine beliebige von γ verschiedene Gerade α und bringen sie mit den Geraden durch einen Punkt S von γ_{u1} und P_1 bzw. P_2 in R_1 bzw. R_2 zum Schnitt und bringen die Gerade $R_1 Q_1$ mit γ_{u1} in T zum Schnitt; aus der Voraussetzung folgt dann, daß die Gerade $T Q_2$ auch durch R_2 geht. Bringen wir nun die Parallele zu $S P_1$ durch P_2 mit α in $\bar{R}_2$ zum Schnitt, so ist zu zeigen, daß auch $\bar{R}_2 Q_2$ parallel zu $R_1 Q_1$ ist. Dies folgt aber sofort aus dem Satz von DESARGUES bezüglich der Geraden α als unendlich ferner Geraden und U als Zentrum.

Hieraus folgt:

Satz 3: *Sind $v^{(1)}$, $v^{(2)}$ die Streckenverhältnisse der affinen Geraden mit der unendlich fernen Geraden γ_{u1} bzw. γ_{u2}, ist γ eine Gerade durch den Schnittpunkt von γ_{u1} und γ_{u2} und sind $P_1 P_2$, $Q_1 Q_2$ zwei Strecken auf γ und ist das Streckenverhältnis*

$$v\,(P_1 P_2, Q_1 Q_2) = v^{(1)} \quad \text{bezügl.} \quad \gamma_{u1} \quad \text{und} \quad = v^{(2)} \quad \text{bezügl.} \quad \gamma_{u2},$$

so ist

$$v^{(2)} = f_\gamma\,(v^{(1)})$$

eine isomorphe Abbildung des Schiefkörpers $v^{(1)}$ auf den Schiefkörper $v^{(2)}$.

Aus Satz 1 und 2 folgt nämlich einerseits, daß $f_\gamma\,(v^{(1)})$ jedem $v^{(1)}$ ein wohlbestimmtes $v^{(2)}$ zuordnet. Aus Satz 1 und der Erklärung der Addition und aus Satz 2 und der Erklärung der Multiplikation folgt andererseits, daß die Abbildung ein Isomorphismus ist.

Satz 4: *Sind γ_1 und γ_2 zwei Gerade, die den Voraussetzungen der Sätze 1 und 2 bezüglich γ genügen und f_1 und f_2 die ihnen zugeordneten Isomorphismen, so ist die durch*

$$f_2^{-1}\,(f_1\,(v^{(1)})) = \bar{v}^{(1)} = f$$

vermittelte eineindeutige Abbildung ein Automorphismus des Schiefkörpers der $v^{(1)}$, und es gibt eine bestimmte Zahl $v_0^{(1)}$, so daß

$$\bar{v}^{(1)} = v_0^{(1)} v^{(1)} v_0^{(1)-1}.$$

Und umgekehrt: ist $\bar{v}^{(1)} = v_0^{(1)} v^{(1)} v_0^{(1)-1}$ irgend ein innerer Isomorphismus zwischen den Streckenverhältnissen bezüglich γ_{u1}, ist γ_{u2} irgend eine Gerade $\neq \gamma_{u1}$, die γ_{u1} in U trifft und γ_1 eine Gerade durch U, so gibt es stets eine zweite Gerade γ_2 durch U, so daß der durch die Abbildung

$$f_2^{-1} f_1\,(v^{(1)}) = \bar{v}^{(1)}$$

vermittelte Isomorphismus gleich $v_0^{(1)} v^{(1)} v_0^{(1)-1}$ ist.

Sind nämlich $O P_1 P_2$ drei Punkte auf γ_1 und $\bar{O}\,\bar{P}_1 \bar{P}_2$ drei Punkte auf γ_2 und schneiden sich $O\bar{O}$, $P_1 \bar{P}_1$ und $P_2 \bar{P}_2$ in S auf γ_{u2}, so ist in der Geometrie bezüglich γ_{u2}

$$O P_1 : O P_2 = \bar{O}\,\bar{P}_1 : \bar{O}\,\bar{P}_2.$$

In der Geometrie bezüglich γ_{u1} ist aber, wenn das durch

$$S P_1 : S \bar{P}_1 = S P_2 : S \bar{P}_2 = S O : S \bar{O}$$

bestimmte Streckenverhältnis gleich $v_0^{(1)}$ und die durch $O P_i$, $\bar{O}\bar{P}_i$ bestimmten Vektoren bzw. gleich $\mathfrak{a}_i$, $\bar{\mathfrak{a}}_i$ gesetzt werden,

$$\bar{\mathfrak{a}}_i = \mathfrak{a}_i v_0^{(1)},$$

und daher

$$v\,(\bar{\mathfrak{a}}_1, \bar{\mathfrak{a}}_2) = v\,(\mathfrak{a}_1 v_0^{(1)}, \mathfrak{a}_1)\, v\,(\mathfrak{a}_1, \mathfrak{a}_2 v_0^{(1)}) = v_0^{(1)-1}\, v\,(\mathfrak{a}_1, \mathfrak{a}_2)\, v_0^{(1)}.$$

8. Der Fundamentalsatz der projektiven Geometrie.

Nach den Sätzen 1 und 2 des vorigen Abschnitts können wir von der *Gleichheit und Proportionen von Strecken auf einer Geraden* reden, nachdem auf dieser Geraden ein uneigentlicher Punkt U ausgezeichnet ist. Es läßt sich auf diesen Sätzen auch die Theorie der Doppelverhältnisse aufbauen für solche Punktequadrupel U, O, E, P, bei denen das durch $OE : OP$ bestimmte Streckenverhältnis in einer Geometrie mit U als unendlich fernem Punkt, zu dem Zentrum des Schiefkörpers der Streckenverhältnisse gehört. Insbesondere ließen sich die harmonischen Punktepaare leicht einführen.

Um das einzusehen, wollen wir jetzt noch untersuchen, wie sich die Streckenverhältnisse beim Projizieren verhalten. Wir erklären:

D. 1: *Zwei verschiedene Geraden heißen perspektiv aufeinander bezogen, wenn die Verbindungsgeraden entsprechender Punkte durch einen festen Punkt S hindurchgehen.*

D. 2: *Zwei Geraden γ und γ^* heißen projektiv aufeinander bezogen, wenn sie perspektiv aufeinander bezogen sind oder wenn die Beziehung durch endlich viele Perspektivitäten zwischen den Geraden*

$$\gamma_1 = \gamma \quad \text{und} \quad \gamma_2, \qquad \gamma_2 \quad \text{und} \quad \gamma_3, \quad \ldots, \quad \gamma_{n-1} \quad \text{und} \quad \gamma_n = \gamma^*$$

vermittelt wird.

Sind nun U, O, E, V vier Punkte von γ, U^*, O^*, E^*, V^* die entsprechenden von γ^*, so wollen wir feststellen, in welcher Beziehung die Streckenverhältnisse $OE : OV$ und $O^*E^* : O^*V^*$ stehen, wenn U bzw. U^* als unendlich ferne Punkte betrachtet werden. Zu diesem Zweck zeichnen wir eine bestimmte Gerade γ_u als unendlich ferne Gerade aus und bezeichnen die Streckenverhältnisse in der affinen Geometrie bezüglich γ_u mit v. Wir wollen alle Punktequadrupel U, O, E, V Maßzahlen $v = v(U, O, E, V)$ zuordnen, und zwar setzen wir fest: Wenn U auf γ_u liegt, so bekommt U, O, E, V die Maßzahl, welche das Streckenverhältnis $OE : OV$ in der affinen Geometrie bezüglich γ_u hat. Liegt U nicht auf γ_u, so legen wir durch U eine beliebige Gerade γ_{1u} und bezeichnen mit $v^{(1)} = v^{(1)}(U, O, E, V)$ das Streckenverhältnis von $OE : OV$ in der affinen Geometrie bezüglich γ_{1u}; ist nun

$$f_1(v^{(1)}) = v$$

ein in Satz 3 des vorigen Abschnitts erklärter Isomorphismus zwischen den Maßzahlen $v^{(1)}$ und v, so setzen wir

$$v(U, O, E, V) = f_1(v^{(1)}).$$

Wir wollen zusehen, wie diese Maßzahlen von den willkürlichen Hilfselementen γ_{1u} und $f_1(v^{(1)})$ abhängen. Ist zunächst

$$\overline{f}_1(v^{(1)}) = v'$$

ein zweiter Isomorphismus der genannten Art zwischen den $v^{(1)}$ und v, so folgt aus Satz 4 des vorigen Abschnittes, daß bei geeignetem v_0

$$v' = v_0 v v_0^{-1}$$

ist. Nunmehr zeigen wir:

Satz 1: *Ist γ_{2u} eine weitere Gerade durch U, ist das Streckenverhältnis $OE : OV$ in der affinen Geometrie bezüglich dieser Geraden $v^{(2)}$, so läßt sich der Isomorphismus $f_2(v^{(2)}) = v$ so wählen, daß*

$$f_1(v^{(1)}) = f_2(v^{(2)})$$

wird.

Zum Beweis bringen wir die Gerade γ_{1u} und γ_u in U_1 und γ_{2u} mit γ_u in U_2 zum Schnitt. D sei ein von U verschiedener Punkt von γ, S_1 ein von U_1 und U verschiedener Punkt von γ_{1u}, S_2 ein von U_2 und U verschiedener Punkt von γ_{2u} und S der Schnittpunkt der Geraden $S_1 S_2$ mit γ_u. Ist ferner V ein Punkt von γ, V_1 der Schnittpunkt von $D U_1$ mit der Geraden $S_1 V$ und V_2 der Schnittpunkt der Geraden $S_2 V$ mit der Geraden $S V_1$, so folgt nach dem Satz von DESARGUES, daß die Gerade $V_2 U_2$ durch D geht. Nimmt man nun V gleich O und E und konstruiert entsprechend die Punkte O_1, E_1 und O_2, E_2, so ist

$$v^{(1)}(U, O, E, V) = v^{(1)}(U_1, O_1, E_1, V_1),$$
$$v^{(2)}(U, O, E, V) = v^{(2)}(U_2, O_2. E_2, V_2),$$
$$v(U_1, O_1, E_1, V_1) = v(U_2, O_2, E_2, V_2).$$

Versteht man also unter $f_1(v^{(1)})$ den durch die Gerade $D U_1$ vermittelten Isomorphismus, und unter $f_2(v^{(2)})$ den durch die Gerade $D U_2$ vermittelten Isomorphismus, so genügen diese den Forderungen des Satzes.

Ferner gilt:

Satz 2: *Sind γ und γ^* zwei perspektiv aufeinander bezogene Geraden und entsprechen dabei den Punkten U, O, E, V die Punkte U^*, O^*, E^*, V^*, so läßt sich die Maßzahl*

$$v(U, O, E, V) = v(U^*, O^*, E^*, V^*)$$

wählen.

Denn in der affinen Geometrie bezüglich der Geraden $U U^*$ ist $OE : OV$ gleich $OE : OV$.

Daraus folgt allgemein:

Theorem: *Sind γ und γ^* zwei projektiv aufeinander bezogene Geraden und entsprechen den Punkten U, O, E, V die Punkte U^*, O^*, E^*, V^*, so gibt es ein v_0, so daß*

$$v(U^*, O^*, E^*, V^*) = v_0 v(U, O, E, V) v_0^{-1}$$

ist.

Dies Theorem verdiente als Fundamentalsatz der projektiven Geometrie bezeichnet zu werden. Bisher pflegt man nur eine Folgerung aus dem Theorem so zu benennen: Ist die Multiplikation der Streckenverhältnisse kommutativ, so ist eine projektive Beziehung zwischen zwei Geraden eindeutig dadurch festgelegt, daß den drei verschiedenen Punkten U, O, E die Punkte U^*, O^*, E^* zugeordnet sind. Man sieht leicht, daß aus diesem Fundamentalsatz der projektiven Geometrie der Fundamentalsatz der affinen Geometrie bezüglich einer beliebigen Geraden γ als unendlich ferner und damit nach **7, 3** der Satz von DE-SARGUES und ferner nach Satz 4 des vorigen Abschnitts das kommutative Gesetz für die Multiplikation der Streckenverhältnisse gefolgert werden kann[1].

9. Satz von PASCAL.

Fordern wir im $\mathfrak{ABD}$-Gewebe die Figur $\Sigma.\ 2$ an Stelle von $\Sigma.\ 1$, so gilt nach **4, 13** auch $\Sigma.\ 1$ und nach **4, 12** wird die $\mathfrak{D}$-Vektoren-verknüpfung kommutativ. Erklären wir die zugehörige affine Geometrie, so bilden ihre Streckenverhältnisse jetzt einen Körper. In jedem 3-Gewebe aus den Geraden durch einen beliebigen Punkt D und zwei Scharen von Parallelen $\mathfrak{A}, \mathfrak{B}$ gilt daher die Figur $\Sigma.\ 2$. Wir beweisen aus ihr einen anderen Schließungssatz, den Satz von PASCAL:

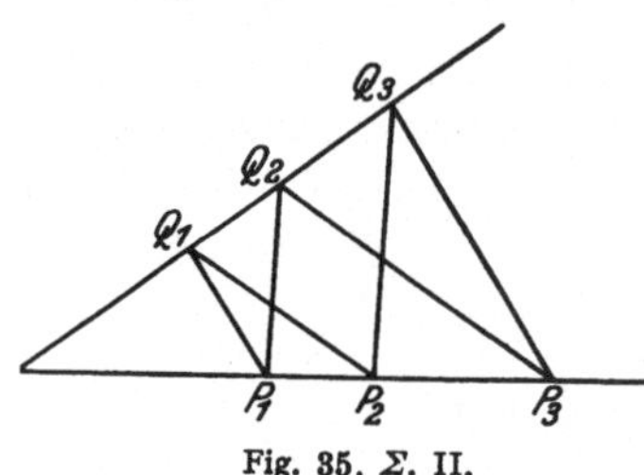

Fig. 35. $\Sigma.$ II.

$\Sigma.\ II.$ *Sind* P_1, P_2, P_3 *drei Punkte einer Geraden und* Q_1, Q_2, Q_3 *drei Punkte einer anderen Geraden und ist die Gerade* $Q_1 P_2$ *parallel zu* $Q_2 P_3$ *und* $P_1 Q_2$ *parallel* $P_2 Q_3$, *so ist auch* $P_1 Q_1$ *parallel* $P_3 Q_3$.

Für den Fall, daß $P_1 P_2 P_3$ parallel $Q_1 Q_2 Q_3$ ist, wurde der Satz schon in **5, 14** unter engeren Voraussetzungen bewiesen.

Wir nehmen daher an, daß die Geraden $P_1 P_2 P_3$ und $Q_1 Q_2 Q_3$ nicht parallel sind. Ihr Schnittpunkt heiße D, der Schnittpunkt der Geraden $P_1 Q_2$ mit der Geraden $P_2 Q_1$ heiße R, der Schnittpunkt der Parallelen zu $Q_1 P_2$ durch Q_3 mit der Parallelen zu $P_1 Q_2$ durch P_3 heiße S.

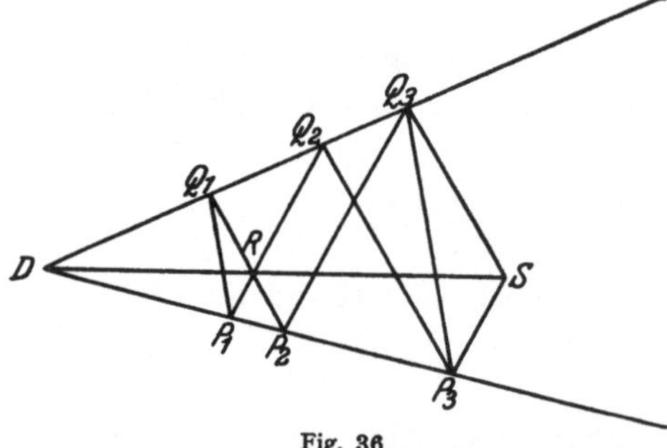

Fig. 36.

Nach Figur $\Sigma.\ 2$ für die Gerade $R P_2$ parallel $Q_2 P_3$ parallel $Q_3 S$; $R Q_2$ parallel $P_2 Q_3$ parallel $S P_3$ geht alsdann die Gerade durch R und S durch den Punkt D, und nach dem Satz von DESARGUES für die Dreiecke $Q_1 R P_1$ und $Q_3 S P_3$ ist daher $Q_1 P_1$ parallel $Q_3 P_3$.

---

[1] Zum weiteren Ausbau der projektiven Geometrie auf diesem Weg vergleiche die auf S. 130 zitierte Arbeit von O. HÖLDER.

Ist D ein uneigentlicher Punkt, so schließt man ganz analog.

Umgekehrt sieht man auch sofort, daß *aus dem Satz von DESARGUES und dem Satz von PASCAL die Axiome Σ. 2 für alle $\mathfrak{A}$, $\mathfrak{B}$, $\mathfrak{D}$-Gewebe gefolgert werden können. Der Satz von PASCAL ist also in einer affinen Geometrie mit dem kommutativen Gesetz der Multiplikation äquivalent.*

10. Der Satz von DESARGUES folgt aus dem Satz von PASCAL.

Es ist nun interessant, daß der Satz von DESARGUES aus dem Satz von PASCAL bewiesen werden kann. Wir beweisen dies in direkter Anlehnung an HESSENBERG[1] folgendermaßen:

Wir setzen voraus, daß $O P_2 Q_2$ mit $P_1 P_3$, $Q_1 Q_3$ nicht parallel sei. Dies ist durch treffende Wahl der Bezeichnung nur dann nicht zu erreichen, wenn für jede Permutation (i, k, l) von $(1, 2, 3)$

$$O P_i Q_i \quad \text{parallel} \quad P_k P_l$$

und

$$O P_i Q_i \quad \text{parallel} \quad Q_k Q_l$$

wäre. In diesem Falle (der übrigens in einer Geometrie nicht möglich ist, in der die Anordnungssätze gelten) wäre aber die zu beweisende Behauptung bereits erfüllt.

Endlich sei hervorgehoben, daß $P_i P_k$ nicht zu $Q_k Q_l$ parallel sein darf, da sonst der Satz trivial wird. Wir gehen also von der die Allgemeinheit nicht beschränkenden Annahme aus, daß von den 4 Geraden $O P_1, O P_2, O P_3, P_1 P_3$ keine zwei parallel sind.

Wir ziehen sodann durch P_1 eine Parallele zu $O P_2$, die $Q_1 Q_3$ in einem Punkte R, $O P_3$ in einem Punkte S schneidet. R fällt nicht nach Q_2 und nicht auf die Gerade $Q_1 Q_2$, da es in diesem Falle nur nach Q_1 fallen könnte. Es ist also $R Q_2$ eine eindeutig bestimmte, von $Q_1 Q_2$ verschiedene, daher zu $P_1 P_2$ nicht parallele Gerade. Sie trifft $P_1 P_2$ in dem Punkt T, den wir noch mit O und S verbinden.

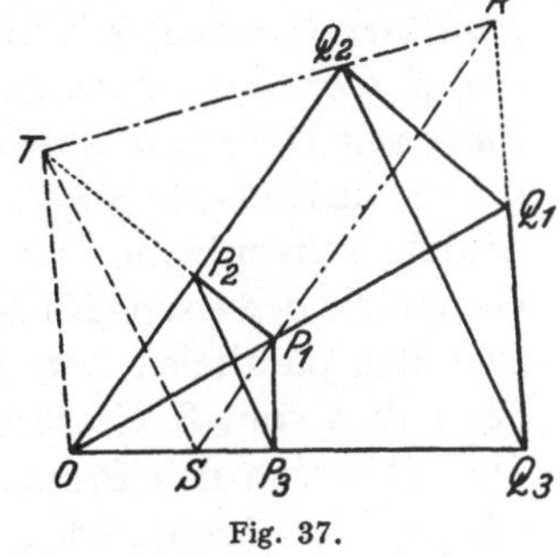

Fig. 37.

Nunmehr bilden O, P_1, Q_1; R, Q_2, T ein PASCALsches Sechseck. Es ist

$$P_1 T \quad \text{parallel} \quad Q_1 Q_2 \quad \text{nach Voraussetzung,}$$
$$P_1 R \quad \text{parallel} \quad O Q_2 \quad \text{nach Konstruktion.}$$

Also ist nach dem PASCALschen Satz

$$(1) \qquad O T \quad \text{parallel} \quad R Q_1, \text{ d. h. parallel } Q_1 Q_3.$$

---

[1] Math. Ann. Bd. 61, 1905. S. 165, 166. Von dort ist auch die Figur entnommen.

Nach Voraussetzung ist daher auch

$$(2) \qquad OT \text{ parallel } P_1 P_3.$$

In dem Sechseck $T, P_2, P_1; P_3, S, O$ ist

$$P_1 S \quad \text{parallel } O P_2 \text{ nach Konstruktion,}$$
$$P_1 P_3 \text{ parallel } O T \text{ nach (2),}$$

also ist nach dem Pascalschen Satz

$$(3) \qquad TS \text{ parallel } P_2 P_3.$$

Endlich ist in dem Sechseck $O, S, Q_3; R, Q_2, T$

$$O Q_2 \text{ parallel } R S \text{ nach Konstruktion,}$$
$$O T \quad \text{parallel } R Q_3 \text{ nach (1).}$$

Also ist nach dem Pascalschen Satz

$$(4) \qquad TS \text{ parallel } Q_2 Q_3,$$

und aus (3), (4) folgt:

$$Q_2 Q_3 \text{ parallel } P_2 P_3.$$

11. Streckenverhältnisse auf Grund des Pascalschen und kleinen Desarguesschen Satzes.

Es genügt ferner neben den Inzidenzaxiomen I α. 1 bis 5 den kleinen Desarguesschen Satz und den Pascalschen Satz für drei beliebige Paare paralleler Geraden, die sich auf zwei festen nicht parallelen Geraden α und β schneiden, vorauszusetzen, um daraus die allgemeine Geltung der Sätze von Desargues und Pascal zu folgern. Das ist wichtig, weil sich der kleine Desarguessche und der Pascalsche Satz für zwei sich rechtwinklig schneidende Gerade leicht aus den Axiomen der euklidischen Geometrie beweisen läßt. $\Sigma. \delta$ folgt aus der Kongruenz paralleler Strecken zwischen parallelen Geraden, $\Sigma. \Pi.$ für rechtwinklige α und β folgt aus der Lehre vom Kreisviereck. Man kann so aus den Kongruenzaxiomen die Lehre von den Proportionen und die Gleichung der Geraden unabhängig vom Archimedischen Axiom folgern[1].

Aus $\Sigma. \delta$ läßt sich die Vektorrechnung begründen. Parallelverschiebungen sind Kollineationen, und daher gilt der Satz von Pascal für drei Paare paralleler Geraden, die sich auf zwei Geraden $\bar{\alpha}$ und $\bar{\beta}$ schneiden, sobald $\bar{\alpha}$ parallel zu α und β parallel zu $\bar{\beta}$ ist.

Schneiden sich α und β in O und sind P_α und P_β Punkte von α bzw. β, deren Verbindungsgeraden einander parallel sind, so ist die Abbildung $\mathfrak{m} (O P_\alpha) \leftrightarrow \mathfrak{m} (O P_\beta)$ nach **4, 12** ein Isomorphismus zwischen den Gruppen der $\mathfrak{A}$-Vektoren parallel zu α und den $\mathfrak{B}$-Vektoren parallel

---

[1] Vgl. Hilberts Grundlagen der Geometrie, § 15.

zu β. Durch Auszeichnung irgend einer festen Schar von Parallelen ordne ich jedem $\mathfrak{B}$- einen $\mathfrak{A}$-Vektor $\mathfrak{m}\,(O\,P_\beta) = \mathfrak{a}$ zu.

Jede Parallelprojektion, bei der P_α auf α dem Punkte P_β auf β entspricht, vermittelt alsdann einen Automorphismus J der Gruppe der $\mathfrak{A}$-Vektoren, indem wir

$$J\,(\mathfrak{m}\,(O\,P_\alpha)) = \mathfrak{m}\,(O\,P_\beta)$$

zuordnen.

Die Figur von Pascal besagt alsdann, diese Automorphismen J bilden eine kommutative Gruppe.

Seien J_1, J_2, J_3 die drei Automorphismen, die den drei Paaren paralleler Geraden der Figur zugeordnet sind. $\mathfrak{a}_1, \mathfrak{a}_2, \mathfrak{a}_3;\ \bar{\mathfrak{a}}_1, \bar{\mathfrak{a}}_2, \bar{\mathfrak{a}}_3$ mögen bzw. die Maßzahlen von $O\,P_1, O\,P_2, O\,P_3;\ O\,Q_1, O\,Q_2, O\,Q_3$ sein. Es ist alsdann

$$\bar{\mathfrak{a}}_1 = J_3\,(\mathfrak{a}_1) = J_2\,(\mathfrak{a}_2), \quad \bar{\mathfrak{a}}_2 = J_2\,(\mathfrak{a}_3) = J_1\,(\mathfrak{a}_1), \quad \bar{\mathfrak{a}}_3 = J_3\,(\mathfrak{a}_3) = J_1\,(\mathfrak{a}_2)\,.$$

Nehmen wir für J_3 den identischen Automorphismus, so bleiben die Gleichungen

$$(1) \qquad\qquad J_1\,(\mathfrak{a}_1) = J_2\,(\mathfrak{a}_3)\,, \quad J_2\,(\mathfrak{a}_2) = \mathfrak{a}_1\,, \quad J_1\,(\mathfrak{a}_2) = \mathfrak{a}_3\,.$$

Diese Gleichungen bedingen einander.

Wir erklären nun eine Multiplikation, indem wir ein bestimmtes Element $\mathfrak{a}_0$ als Einheitselement auswählen und, wenn

$$J\,(\mathfrak{a}_0) = \mathfrak{a}\,,$$

ist, für $J\,(\mathfrak{b}) = \mathfrak{a} \cdot \mathfrak{b}$ schreiben.

Nehmen wir $\mathfrak{a}_2 = \mathfrak{a}_0$, so folgt aus (1)

$$(2) \qquad\qquad\qquad \mathfrak{a}_3\,\mathfrak{a}_1 = \mathfrak{a}_1\,\mathfrak{a}_3\,.$$

Nehmen wir für $\mathfrak{a}_2$ ein beliebiges Element und setzen

$$J_1\,(\mathfrak{a}) = \bar{\mathfrak{a}}_1\,\mathfrak{a}\,, \quad J_2\,(\mathfrak{a}) = \bar{\mathfrak{a}}_2\,\mathfrak{a}\,,$$

so folgen nach (1) die Gleichungen

$$\bar{\mathfrak{a}}_1\,\mathfrak{a}_1 = \bar{\mathfrak{a}}_2\,\mathfrak{a}_3\,, \quad \bar{\mathfrak{a}}_2\,\mathfrak{a}_2 = \mathfrak{a}_1\,, \quad \bar{\mathfrak{a}}_1\,\mathfrak{a}_2 = \mathfrak{a}_3\,,$$

also ist

$$\bar{\mathfrak{a}}_1\,(\bar{\mathfrak{a}}_2\,\mathfrak{a}_2) = \bar{\mathfrak{a}}_2\,(\bar{\mathfrak{a}}_1\,\mathfrak{a}_2)\,,$$

oder durch zweimalige Anwendung von (2)

$$(\bar{\mathfrak{a}}_2\,\mathfrak{a}_2)\,\bar{\mathfrak{a}}_1 = \bar{\mathfrak{a}}_2\,(\bar{\mathfrak{a}}_1\,\mathfrak{a}_2) = \bar{\mathfrak{a}}_2\,(\mathfrak{a}_2\,\bar{\mathfrak{a}}_1)\,.$$

Es gilt also das assoziative Gesetz der Multiplikation. Daraus folgt, daß die J eine kommutative Gruppe bilden. Man kann jetzt die Streckenverhältnisse als Vektorpaare einführen und zeigen, daß sie einen Körper bilden. Weil die Punkte t, $J\,(t)$ bei festem J und variablem t eine Gerade durch O durchlaufen, entsprechen den Geraden die linearen Gleichungen in bekannter Weise[1].

---

[1] Ein anderes Axiomensystem der affinen Ebene, in welcher der Satz von Pascal gilt, findet man diskutiert in den beiden Arbeiten: Die Axiome der zweigliedrigen Gruppen von K. Reidemeister und W. Schernus. Schriften d. Königsberger Gel. Ges., Naturw. Kl., Jg. 4, 1928 und Jg. 5, 1929.

12. Widerspruchsfreiheit der Axiome.

Überblicken wir noch einmal den zurückgelegten Weg: Wir gingen aus von der analytischen Geometrie der euklidischen Ebene, abstrahierten daraus eine Methode, rein analytisch diese Geometrie zu erklären, und verwandten dieselbe dann zur Erklärung einer analytischen affinen und projektiven Geometrie. Zugleich führten wir für die algebraischen Sachverhalte, die wir so konstruierten, eine geometrische Sprechweise ein.

Unter diesen geometrisch formulierten Sätzen erkannten wir alsdann im zweiten Teil einige wenige Sätze als geeignet, die affine und projektive Geometrie ihrerseits zu begründen. Aus den Axiomen über Punkte, Gerade und die Relation „inzidieren" ließ sich nämlich folgern, daß den Punkten Paare von Zahlen aus einem gewissen Körper zugeordnet werden können und daß sich alle Punkteigenschaften in Eigenschaften dieser Zahlenpaare widerspiegeln.

Die affine Geometrie ist danach die Gesamtheit von Sachverhalten, die sich aus den grundlegenden, in den Axiomen festgelegten Sachverhalten logisch deduzieren lassen, und das Lehrgebäude der affinen Geometrie ist die Gesamtheit der Sätze, welche diese Sachverhalte beschreiben. Nehmen wir diese Auffassung als die primäre, so erscheint die Einführung der analytischen Geometrie auf Grund der Axiome zunächst nur als ein Hilfsmittel, um die Folgerungen aus ihnen übersichtlich zu machen.

In Wirklichkeit aber ist die analytische Geometrie auch bei der Erklärung der Geometrie durch Axiome von entscheidender Bedeutung. Es ist nämlich denkbar, daß ein System von Axiomen einen Widerspruch zur Folge hat, und die affine Geometrie kann erst als definiert anerkannt werden, wenn ihre Axiome bestimmt widerspruchsfrei sind. Die analytische Geometrie lehrt nun, daß jedem affinen geometrischen Axiom ein bestimmter algebraischer Sachverhalt entspricht und daher auch jeder richtigen Folgerung aus den Axiomen ein richtiger algebraischer Sachverhalt. Einem Widerspruch der Geometrie müßte also ein Widerspruch der Algebra korrespondieren. Mit der affinen Geometrie müßten also auch die Gesetze der Addition und Multiplikation widerspruchsvoll sein, und das ist bestimmt nicht der Fall, weil die rationalen Zahlen die Grundgesetze des Körpers tatsächlich erfüllen.

13. Unabhängigkeit der Axiome.

Die analytische Geometrie setzt uns weiter vielfach instand, nachzuprüfen, ob wir überflüssige Axiome eingeführt haben oder nicht. Ein Axiom A ist überflüssig oder abhängig, wenn es als Satz aus den übrigen Axiomen gefolgert werden kann, es ist bestimmt nicht überflüssig oder unabhängig, wenn es Beispiele von Dingen, Eigenschaften und Relationen gibt, für die alle übrigen Axiome zutreffen, für die aber Axiom A nicht zutrifft.

So können wir z.B. zeigen, daß aus den Inzidenzaxiomen $I.\alpha.1$ bis $I.\alpha.5$ und aus dem kleinen DESARGUESschen Satz der DESARGUESsche Satz selbst nicht folgt und daß aus dem DESARGUESschen Satz der PASCALsche Satz nicht folgt. Bilden wir nämlich wie in **6, 6** analytische Geometrien aus dem einseitig distributiven Zahlensystem aus **2, 9**, so sind zwar wegen der Kommutativität der Addition der kleine Satz von DESARGUES und wegen der eindeutigen Auflösbarkeit der linearen Gleichungen die Inzidenzaxiome $I.\alpha.1$ bis $I.\alpha.5$ erfüllt, nicht aber der Satz von DESARGUES, weil dann auch das zweite distributive Gesetz gelten würde. Bilden wir dieselbe analytische Geometrie aus dem in **2, 8** angegebenen Schiefkörper, so gilt der Satz von DESARGUES, nicht aber der Satz von PASCAL, weil sonst die Multiplikation kommutativ sein müßte.

Die Forderung $\Sigma.2$ für 3-Gewebe ist von der Forderung $\Sigma.1$ unabhängig, weil sich aus jeder Gruppe ein 3-Gewebe konstruieren läßt und weil es nichtkommutative Gruppen gibt. Die Forderungen $\Sigma.3$ und $\Sigma.4$ für das $\mathfrak{ABCD}$-4-Gewebe sind voneinander und von der Forderung $\Sigma.1$ für das $\mathfrak{ABD}$-Gewebe sowie $\Sigma.2$ für das $\mathfrak{ABC}$-Gewebe unabhängig, weil es einseitig distributive Zahlensysteme gibt, die Forderung $\Sigma.2$ für das $\mathfrak{ABD}$-Gewebe von den übrigen 4-Gewebe-Axiomen, weil es Schiefkörper gibt.

So sieht man, daß unsere Axiome im wesentlichen voneinander unabhängig sind; auf einige ungeklärte Fragen sei jedoch hingewiesen. In **5, 4** setzten wir die Schnittpunktssätze **5, 1** $I.1$ bis 11 und den kleinen DESARGUESschen Satz für $\mathfrak{A}$-Geraden und $\mathfrak{B}$-Geraden voraus. Ungeklärt ist, ob daraus der kleine Satz von DESARGUES allgemein gefolgert werden kann. Ebenfalls bleibt es offen, ob es einseitig distributive Zahlensysteme mit nicht kommutativer Addition gibt, geometrisch gesprochen, ob der Schließungssatz $\Sigma.2$ für das $\mathfrak{ABC}$-Gewebe aus der Voraussetzung $\Sigma.1$ für das $\mathfrak{ABC}$- und $\mathfrak{ABD}$-Gewebe und der Voraussetzung $\Sigma.3$ oder $\Sigma.4$ für das $\mathfrak{ABCD}$-Gewebe folgt oder nicht. Diese beiden Fragen hängen zusammen. Falls es nämlich einseitig distributive Zahlensysteme mit nichtkommutativer Addition gibt, ist, wie man leicht bestätigt, der kleine Satz von DESARGUES allgemein von demselben Satz für $\mathfrak{A}$- und $\mathfrak{B}$-Geraden unabhängig.

14. Algebraischer und geometrischer Aufbau.

Im Prinzip wäre es sehr wohl denkbar, daß der Beweis der Widerspruchsfreiheit für die geometrischen Axiome unmittelbar geführt würde. Ansätze dazu sind in HILBERTs allgemeiner Beweistheorie gegeben. Der enge Zusammenhang zwischen Geometrie und Algebra würde aber dadurch nicht tangiert, denn die zwiefache Möglichkeit, die affine Geometrie zu erklären — aus der Algebra und durch Axiome —, ist an und für sich wichtig und im Wesen der affinen Geometrie begründet. Das wird vielleicht noch klarer, wenn wir die festgestellte algebraisch-geometrische Korrespondenz noch einmal zusammenfassend beschreiben.

Die Axiome $I\alpha. 1$ bis $I\alpha. 5$, $\Sigma. \Delta$ oder $\Sigma. \Pi$ beziehen sich auf die Gegenstände Punkte und Gerade und die eine Relation des Inzidierens zwischen denselben. Alle Folgerungen aus den Axiomen müssen sich also ebenfalls letzten Endes auf diese Gegenstände beziehen und nur die eine Relation des Inzidierens enthalten. Alle Eigenschaften von Figuren der affinen Geometrie oder Relationen zwischen solchen müssen sich durch Ziehen von Geraden und Bestimmen von Schnittpunkten erkennen lassen. Daraus ergibt sich also nach Einführung eines Koordinatensystems: die aus $I.\alpha$, $\Sigma. \Delta$ oder $\Sigma. \Pi$ beweisbaren Inzidenzsätze zwischen Punkten und Geraden sind identisch mit den Sätzen über Zahlenpaare, lineare Gleichungen mit zwei Unbekannten und die Relation des „Erfüllens einer linearen Gleichung", die sich aus den Schiefkörper- oder Körper-Axiomen beweisen lassen. Nun wissen wir aber, daß die Geraden durch „Klassen von den von zwei verschiedenen Punkten linear abhängigen Punkten" ersetzt werden können. Alsdann verwandeln sich alle Aussagen der affinen Geometrie in Aussagen über Punkte allein, und die Grundrelation ist die lineare Abhängigkeit von Punkten. Und wird ein affines Koordinatensystem eingeführt, so entsprechen also den Axiomen Beziehungen zwischen Zahlenpaaren, die gegenüber affinen Transformationen invariant sind. Daraus folgt, daß alle Sätze der affinen Geometrie ebenso übersetzt ebenfalls mit algebraischen gegenüber (H) in **3, 1** invarianten Beziehungen korrespondieren.

Wir können nunmehr aber auch das Umgekehrte beweisen. Wir wissen nämlich, daß sich aus Streckenverhältnissen mit den Maßzahlen $a, b, \ldots$ die Streckenverhältnisse konstruieren lassen, deren Maßzahlen rational von den a, b abhängen. Ist nun irgend ein Satz über Zahlenpaare eines Körpers oder Schiefkörpers vorgelegt und bleibt dieser Satz richtig, wenn die Zahlenpaare gleichzeitig affin transformiert werden, so läßt sich dieser Satz unter Zuhilfenahme irgend eines affinen Koordinatensystems in einen Schnittpunktssatz verwandeln, und zwar in immer denselben Satz, wie auch das Koordinatensystem gewählt ist.

15. Der empirische Raum.

Die dargelegten Untersuchungen sind abstrakter Natur. So wenig sie die Raumanschauung und Experimente über die Raumstruktur voraussetzen, so wenig sagen sie selbst über den empirischen oder anschaulichen Raum aus. Die Zwischenrelation z. B., die hier betrachtet wurde, ist durch Axiome festgelegt, die Zwischenrelation der empirischen Geometrie aber hat eine anschauliche Bedeutung, die durch Axiome niemals erfaßt werden kann.

Wohl aber gilt das Umgekehrte: jede klar festgelegte anschauliche Relation zwischen anschaulichen geometrischen Gebilden hat eine bestimmte Struktur, d. h. bestimmte Sätze aus diesen Relationen sind wahr, bestimmte falsch, und die logischen Folgerungen aus wahren Sätzen sind ebenfalls wahr; die Struktur einer anschaulichen Relation kann also durch anschauliche Bestätigung gewisser Grundtatsachen festgelegt werden.

Jedes System von Axiomen der affinen Geometrie legt also eine Reihe von Experimenten fest, die darüber entscheiden, ob ein anschaulich gegebener Bereich von Gegenständen und Relationen eine affine Geometrie ist oder nicht.

Hinweise auf nach 1930 erschienene Literatur

KNESER, H.: Gewebe und Gruppen. Abh. Math. Sem. Hamburg **9**, 147—151 (1932).

BOL, G.: Gewebe und Gruppen. Math. Ann. **114**, 414—431 (1937).

BLASCHKE, W., u. G. BOL: Geometrie der Gewebe. Berlin **1938**.

BAER, R.: Nets and Groups. Trans. AMS **46**, 110—141 (1939).

NEUMANN, B. H.: On the commutativity of addition. J. London Math. Soc. **15**, 203—208 (1940).

    In dieser Arbeit ist eine auf S. 145 erwähnte Frage beantwortet: Die Addition in einseitig distributiven Zahlensystemen ist kommutativ. Zumindest gilt: Ist S eine Menge mit Verknüpfungen $+$ und $\cdot$ und ist 1) $S, +$ eine Gruppe mit neutralem Element 0, ist 2) $S - \{0\}, \cdot$ eine Gruppe und gilt 3) ein Distributivgesetz, so ist die Verknüpung $+$ kommutativ.

GINGERICH, H. F.: Generalized fields and Desargues configurations. Abstr. of a thesis, Urbana, Ill. **1945**.

BATES, G. E.: Free loops and nets and their generalizations. Amer. J. Math. **69**, 494—550 (1947).

KLINGENBERG, W.: Beziehungen zwischen einigen affinen Schließungssätzen. Abh. Math. Sem. Hamburg **18**, 120—143 (1952). Vgl. auch Abh. Math. Sem. Hamburg **19**, 158—175 (1955).

— Gewebe und Körper. Rev. Fac. Sci. Univ. Istanbul **19**, 86—97 (1954).

ARTZY, R.: Eigenschaften von ebenen Viergeweben allgemeiner Lage. Math. Ann. **126**, 336—342 (1953).

    Weitere Arbeiten von R. ARTZY: Minimum-Netze in abstrakten Geweben. [Hebr.] Thesis Hebr. Univ. Jerusalem 1945. — Viergewebe und Möbius-Netze. [Hebr.] Riveon Lematematika 7, 1—9 (1954). — Über den einfachsten Inzidenzsatz im Möbius-Netz. [Hebr.] Riveon Lematematika 7, 77—78 (1954).

NAUMANN, H.: Über das 2. Distributivgesetz im Zusammenhang mit den Viergeweben von Herrn ARTZY. Math. Ann. **128**, 92—94 (1954).

PICKERT, G.: Projektive Ebenen. Berlin usw. 1955.

— Sechseckgewebe und potenzassoziative Loops (Vortragsauszug). Proc. Internat. Congr. Math. Amsterdam **2**, 245—246 (1954).

Offsetdruck Julius Beltz · Weinheim/Bergstr.

Die Grundlehren der mathematischen Wissenschaften
in Einzeldarstellungen
mit besonderer Berücksichtigung der Anwendungsgebiete

75. Rado/Reichelderfer: Continuous Transformations in Analysis, with an Introduction to Algebraic Topology. DM 59,60; US $ 14.90

76. Tricomi: Vorlesungen über Orthogonalreihen. DM 37,60; US $ 9.40

77. Behnke/Sommer: Theorie der analytischen Funktionen einer komplexen Veränderlichen. DM 79,—; US $ 19.75

79. Saxer: Versicherungsmathematik. 1. Teil. DM 39,60; US $ 9.90

80. Pickert: Projektive Ebenen. DM 48,60; US $ 12.15

81. Schneider: Einführung in die transzendenten Zahlen. DM 24,80; US $ 6.20

82. Specht: Gruppentheorie. DM 69,60; US $ 17.40

83. Bieberbach: Einführung in die Theorie der Differentialgleichungen im reellen Gebiet. DM 32,80; US $ 8.20

84. Conforto: Abelsche Funktionen und algebraische Geometrie. DM 41,80; US $ 10.45

85. Siegel: Vorlesungen über Himmelsmechanik. DM 33,—; US $ 8.25

86. Richter: Wahrscheinlichkeitstheorie. DM 68,—; US $ 17.00

87. van der Waerden: Mathematische Statistik. DM 49,60; US $ 12.40

88. Müller: Grundprobleme der mathematischen Theorie elektromagnetischer Schwingungen. DM 52,80; US $ 13.20

89. Pfluger: Theorie der Riemannschen Flächen. DM 39,20; US $ 9.80

90. Oberhettinger: Tabellen zur Fourier Transformation. DM 39,50; US $ 9.90

91. Prachar: Primzahlverteilung. DM 58,—; US $ 14.50

92. Rehbock: Darstellende Geometrie. DM 29,—; US $ 7.25

93. Hadwiger: Vorlesungen über Inhalt, Oberfläche und Isoperimetrie. DM 49,80; US $ 12.45

94. Funk: Variationsrechnung und ihre Anwendung in Physik und Technik. DM 98,—; US $ 24.50

95. Maeda: Kontinuierliche Geometrien. DM 39,—; US $ 9.75

97. Greub: Linear Algebra. DM 39,20; US $ 9.80

98. Saxer: Versicherungsmathematik. 2. Teil. DM 48,60; US $ 12.15

99. Cassels: An Introduction to the Geometry of Numbers. DM 69,—; US $ 17.25

100. Koppenfels/Stallmann: Praxis der konformen Abbildung. DM 69,—; US $ 17.25

101. Rund: The Differential Geometry of Finsler Spaces. DM 59,60; US $ 14.90

103. Schütte: Beweistheorie. DM 48,—; US $ 12.00

104. Chung: Markov Chains with Stationary Transition Probabilities. DM 56,—; US $ 14.00

105. Rinow: Die innere Geometrie der metrischen Räume. DM 83,—; US $ 20.75

106. Scholz/Hasenjaeger: Grundzüge der mathematischen Logik. DM 98,—; US $ 24.50

107. Köthe: Topologische Lineare Räume I. DM 78,—; US $ 19.50

108. Dynkin: Die Grundlagen der Theorie der Markoffschen Prozesse. DM 33,80; US $ 8.45

109. Hermes: Aufzählbarkeit, Entscheidbarkeit, Berechenbarkeit. DM 49,80; US $ 12.45

110. Dinghas: Vorlesungen über Funktionentheorie. DM 69,—; US $ 17.25

111. Lions: Equations différentielles opérationelles et problèmes aux limites. DM 64,—; US $ 16.00

112. Morgenstern/Szabó: Vorlesungen über theoretische Mechanik. DM 69,—; US $ 17.25

113. Meschkowski: Hilbertsche Räume mit Kernfunktion. DM 58,—; US $ 14.50

114. MacLane: Homology. DM 62,—; US $ 15.50

115. Hewitt/Ross: Abstract Harmonic Analysis. Vol. 1: Structure of Topological Groups. Integration Theory. Group Representations. DM 76,—; US $ 19.00